Mathematica

应用与数学实验

章美月 刘海媛 金 花 芮文娟 主编

中国矿业大学出版社

·徐州·

内容提要

本书在第三版《Mathematica 数学软件及数学实验》的基础上进行了修订，结合数学的各个分支由浅入深地介绍了 Mathematica 的应用和数学实验，选用新版本 Mathematica 11.1 进行介绍。本书共有两篇，第一篇数学软件，分 8 章，第 1、2 章介绍 Mathematica 软件的基本操作、基本计算；第 3 章介绍 Mathematica 软件的编程方法和技巧；第 4 章介绍各种图形的绘制方法；第 5 章介绍 Mathematica 软件在线性代数上的应用；第 6 章介绍 Mathematica 软件在插值、拟合和数学规划上的应用；第 7 章介绍 Mathematica 软件在微分方程求解上的应用；第 8 章介绍 Mathematica 软件在概率论和数理统计上的应用。第二篇数学实验，分 20 个实验。本书设有附录，每一章和每一个实验后面都配有习题，便于读者练习、巩固和提高。

本书可作为高等学校理工类、经管类专业数学软件课程的教材和参考书，也可供工程技术人员、科研工作者使用。

图书在版编目(CIP)数据

Mathematica 应用与数学实验/章美月等主编. —徐州：中国矿业大学出版社，2020.8

ISBN 978-7-5646-4751-3

Ⅰ. ①M… Ⅱ. ①章… Ⅲ. ①Mathematica 软件—应用—高等数学—实验—高等学校—教材 Ⅳ. ①O13-33

中国版本图书馆 CIP 数据核字(2020)第 085750 号

书　　名 Mathematica 应用与数学实验
主　　编 章美月　刘海媛　金　花　芮文娟
责任编辑 周　红
出版发行 中国矿业大学出版社有限责任公司
（江苏省徐州市解放南路　邮编 221008）
营销热线 (0516)83884103　83885105
出版服务 (0516)83995789　83884920
网　　址 http://www.cumtp.com　**E-mail**：cumtpvip@cumtp.com
印　　刷 虎彩印艺股份有限公司
开　　本 787 mm×960 mm　1/16　**印张** 18.75　**字数** 357 千字
版次印次 2020 年 8 月第 1 版　2020 年 8 月第 1 次印刷
定　　价 36.00 元
（图书出现印装质量问题，本社负责调换）

前　言

PREFACE

Mathematica 软件是世界上著名的、具有充分集成环境的符号运算系统，拥有强大的数值计算和符号运算能力。Mathematica 软件中的函数命令都是模拟数学函数的结构来定义的，所有程序都可以看作一个或大或小的函数。Mathematica 软件程序易编写，适用于自然科学和社会科学各领域的科学计算。目前 Mathematica 软件用户数以百万，很多学校把对该软件的学习作为大学生在校的必修课之一，有些学校将该软件作为数学类课程教学改革的支撑平台。Mathematica 软件的应用范围正在不断扩展。

当前，很多高校设置"数学实验"，将其作为一个重要的实践创新课程，旨在通过这一课程使学生学会使用数学，同时培养学生用数学解决实际问题的能力。由于 Mathematica 软件在数学表示和函数绘图上的优势，许多高校采用 Mathematica 软件作为"数学实验"课程的主要工具。为了满足"数学实验"课程教学的需要，我们根据多年的"数学实验"课程教学实践编写了这本《Mathematica 应用与数学实验》。本书的创新之处首先是使用了新版的 Mathematica 11.1 软件系统编制程序，使程序更精练；其次是数学软件和数学实验交相呼应，读者学习更方便。

本书共有两篇，第一篇数学软件，分 8 章，第 1、2 章介绍 Mathematica软件的基本操作、基本计算；第3章介绍Mathematica软件的编程方法和技巧；第4章介绍各种图形的绘制方法；第5章介绍Mathematica软件在线性代数上的应用；第6章介绍Mathematica软件在插值、拟合和数学规划上的应用；第7章介绍Mathematica软件在微分方程求解上的应用；第8章介绍Mathematica软件在概率论和数理统计上的应用。第二篇数学实验，分20个实验，实验1～7为高等数学实验；实验8为特殊图形和声音的实验；实验9为基本编程的实验；实验10～14为数值分析实验；实验15～20为概率统计实验。本书设有附录，每一章和每一个实验后面都配有习题，便于读者练习、巩固和提高。

本书可作为高等学校理工类、经管类专业数学软件课程和数学实验课程的教材和参考书，也可供工程技术人员、科研工作者使用。

由于作者水平有限，不妥之处在所难免，欢迎广大读者批评指正。

编　者

2020年3月

目　录

CONTENT

第一篇　数学软件

第二篇　数学实验

第一篇

数学软件

第 1 章 Mathematica 基本操作与基本量

Mathematica 是美国 Wolfram 公司研制开发的优秀数学软件系统，它是完全集成环境下的符号运算系统。自 1987 年 Mathematica 1.0 版本发布以来，该系统便迅速广为流传，后经不断改进和完善，现已推出了 Mathematica 11.1 及以上版本，本书选用 11.1 版本进行介绍。

因为 Mathematica 系统是在 Windows 系统下运行的，读者需先对 Windows 的操作有一定的了解和掌握。

1.1 Mathematica 系统安装与基本操作

1.1.1 系统安装

安装 Mathematica 系统的基本步骤如下：首先，找到安装盘上的 Setup. exe 文件并双击，出现安装向导对话框；然后，按向导对话框的提示一步一步操作，直到点击“完成”按钮就表示 Mathematica 系统安装好了，之后就可以运行使用了。

1.1.2 启动系统

启动 Mathematica 系统的方法有两种：

① 双击 Windows 桌面上的 Mathematica 图标；

② 单击“开始”菜单的“程序”中的“Mathematica 11.1”选项。

用上述两种方法都可进入 Mathematica 系统的工作窗口，如图 1.1 所示，并取默认文件名为 Untitle-1. nb。

1.1.3 在窗口中的操作

上述工作窗口是用户输入、输出、显示各种信息，以及运行各种程序的区域，用户的全部操作都将在这里进行，这种类型的窗口称为 Notebook 窗口。在这个窗口简单地输入要进行计算的表达式，Mathematica 就会返回结果。例如，输入“2＋3”按执行键 Shift＋Enter，那么将会输出“5”。窗口内容显示如下：

```
In[1]：=2+3
Out[1]=5
```

图 1.1 Mathematica 启动后的窗口

上式中“In[1]：=”是系统提供的输入提示符，表示第一次输入。“Out[1]=”也是系统提供的输出提示符，表示这一行的结果是对应于“In[1]：=”的。它们是系统在执行后自动显示的，用户不需要输入。

1.1.4 文件的保存、调用和运行

(1) 文件保存

在工作窗口做好的内容，如果想保存起来供以后多次使用，可单击“File(文件)”菜单下的“Save(保存)”选项，出现一个对话框，在其中输入文件名，扩展名是“.nb(笔记本文件)”。如果在工作窗口写好了一段程序要保存起来，可单击“File(文件)”菜单下的“Save Special (另存为特定)”选项中的“Text”，出现一个对话框，在其中输入文件名，扩展名是“.m(程序代码文件)”。

(2) 文件调用和运行

笔记本文件和程序代码文件的打开：单击“File(文件)”菜单下的“Open(打开)”选项，出现一个对话框，输入要打开的文件名即可。Mathematica 可打开多个文件窗口进行轮换操作。程序代码文件的运行：在 Mathematica 的工作窗口用命令“≪”运行，如在工作窗口输入“≪D:\cx.m”表示运行 D 盘上的 Mathematica 程序代码文件“cx.m”，马上会得到程序的执行结果。

1.1.5 窗口的关闭和系统的退出

(1) 窗口的关闭

要想关闭某文件工作窗口而不退出 Mathematica 系统窗口，只要单击要关闭文件的工作窗口右上角的关闭按钮“×”，或者单击“File(文件)”菜单的

“Close(关闭)”选项。

(2) 系统的退出

要退出系统,只要单击系统窗口右上角的关闭按钮“×”,或者单击“File(文件)”菜单的“Quit(退出)”选项。

1.1.6 中止计算

在使用Mathematica时,有时由于运行时间太长或者是其他情况,希望它在运行过程中停止计算,可采用两种方法:

① 按“Alt+,”或“Alt+.”来结束或中断计算;

② 用“Kernel”菜单下的“Cancel Kernel”选项。

1.1.7 寻求帮助

要获得系统帮助,可用以下两种方法:

① 用“Help”菜单;

② 用“?”或“??”命令向系统查询运算符、函数和命令的定义及用法,它们的格式是:

```
? name          (* 显示有关name的信息 *)
?? name         (* 显示有关name的详细信息 *)
```

如:若想查一下命令Plot的信息,可输入:

```
? Plot
```

1.2 数

在Mathematica系统里将数大致分为两类:一类是基本常数,包括整数、有理数、实数和复数;另一类是系统的内部常数,包括数学、物理中常见的某些常数。这些数的概念同数学中的概念完全一样,它们的表示方法同数学中的表示方法也基本一致。但需要指出的是,如果计算机字长允许的话,在Mathematica系统里,这些数可以具有任意的长度和精确值。

在这些数之间常常需要进行加、减、乘、除以及乘方等算术运算,这些算术运算的运算符在Mathematica系统里分别用+,-,*,/,^等来表示,它们同数学中的符号也基本一致。

1.2.1 数的表示和计算

1.2.1.1 整数

在Mathematica系统里,整数由一串连续的数字组成,数字之间不允许有空格或其他字符。在Mathematica系统里可以对任意大的整数进行计算,系统将保持输入的和计算后输出的整数永远是精确的,不会将大的整数转化为浮点数形式。例如：

In[1]：=5^30

Out[1]=931322574615478515625

In[2]：=3^13

Out[2]=1594323

In[3]：=5^30+3^13

Out[3]=931322574615480109948

注意：

① 乘法符号“*”可以用空格代替，例如 a*b 可写成 a b，但不能写成 ab。

② 算术运算的优先顺序同数学中的优先顺序完全一致，即先乘方，再乘除，最后是加减，但可以用括号改变其优先顺序。

③ 同级运算的顺序也同数学中的一样，即依顺序从左到右进行。例如 3-2+1表示(3-2)+1，9/3*2 表示(9/3)*2，而不是 9/(3*2)。需要注意的是，乘方运算结合顺序是从右向左进行，例如 4^3^2 表示 4^(3^2)，即 4^(3*3)，而不是(4^3)^2，即(4^3)*(4^3)，这也同数学中的结合顺序一致。

④ 负号用减号表示，直接写在数的前面即可，这也同数学习惯完全一样。

⑤ 如果参加运算的整数都是精确数，那么运算的结果也一定是精确数，Mathematica 系统绝不轻易丢失信息。

1.2.1.2 有理数

与数学中的有理数一样，在 Mathematica 系统里任何有理数都可用两个整数的商来表示。例如：

In[4]：=6/9

Out[4]=$\frac{2}{3}$

In[5]：=477/103

Out[5]=$\frac{477}{103}$

在 Mathematica 系统里，对有理数将自动化简，约去分子与分母中的公因数，而且最后结果也一定是精确的。

1.2.1.3 实数(浮点数)

数学中的实数在 Mathematica 系统里用浮点数表示。浮点数是指含有一个小数点的数字串，它至少包含一位有效数字，数字串的长度可以任意。因此用浮点数来表示实数可以具有任意的精度。然而在书写时，数字串的长度总是有限位的，这样就有必要引入实数在不同精度要求下的近似记法。在 Mathematica

系统里用符号N[x,n]来表示实数x具有n位精度的近似值(当$x \geq 1$时,n位精度包含小数点,当$x<1$时,n位精度不包含小数点),例如:

In[6]:=1/7

Out[6]= $\frac{1}{7}$ (* 1/7的精确值 *)

In[7]:=N[1/7,17]

Out[7]=0.14285714285714286 (* 1/7具有17位精度的近似值 *)

In[8]:=Pi

Out[8]=π (* π的精确值 *)

In[9]:=N[Pi,20]

Out[9]=3.1415926535897932385 (* π具有20位精度的近似值 *)

需要再次强调的是:当整数、有理数、实数进行混合运算时,如果参加运算的数都是精确的,那么在Mathematica系统下运行的结果也一定是精确数,绝不轻易丢失信息。如果其中有一些是近似数,那么运算的结果也只能是近似数,但保持尽可能高的精度,仍然不轻易丢失信息。

注:(* … *)为Mathematica系统的注释符号,两个*号之间为注释内容,注释部分可以放在程序的任何位置。

1.2.1.4 复数

同数学中的复数表示法一样,Mathematica系统里的每一个复数也表示为$z=x+\mathrm{I}y$,其中x与y为实数,I为虚数单位,即$\mathrm{I}=\sqrt{-1}$,在数学里习惯将I写为i,复数和复数以及复数和实数的运算规则与数学中的规则一样。复数的运算函数见表1.1。

表1.1 复数的运算函数

函数	意义
Re[z]	求z的实部
Im[z]	求z的虚部
Conjugate[z]	求z的共轭复数
Abs[z]	求z的模数
Arg[z]	求z的辐角

1.2.1.5 数学常数

最常见的数学常数见表1.2。

表 1.2 常见的数学常数

函　数	意　义
Pi	圆周率 $\pi,\pi=3.14159\cdots$
E	自然对数的底 $e,e=2.71828\cdots$
Degree	角度，$1°=\pi/180$
I	虚数单位 $i,i=\sqrt{-1}$
Infinity	无穷大，即∞
Indeterminate	不定值，即$\frac{0}{0},\frac{\infty}{\infty}$

此外，还有欧拉常数、黄金分割常数、光速常数、万有引力常数等数学、物理中常见的常数。对这类常数，在 Mathematica 系统里将它们设置为系统的内部常数，用时可以利用 Help 命令到系统中查询。

1.2.2 数的转换

在有些情况下常需要对数的不同类型进行转换。例如，将有理数转换为实数，将精确数转换为近似数等。前面在实数举例中用到的符号 N[ ]就是这种转换函数之一。表 1.3 列出的是最常用的转换函数。

表 1.3 转换函数

转换函数	意　义
N[x]	把 x 转换为实数形式
N[x,n]	把 x 转换为近似实数，精度为 n
Rationalize[x]	把 x 转换为有理数近似值
Rationalize[x,dx]	把 x 转换为有理数近似值，误差小于 dx

例如：

In[1]：=N[1/7]

Out[1]=0.142857

In[2]：=N[1/7,30]

Out[2]=0.142857142857142857142857142857

In[3]：=Rationalize[0.1]

Out[3]=$\frac{1}{10}$

In[4]：=Rationalize[$\sqrt{3}$]

Out[4]=$\sqrt{3}$(* 找不到精确的等于$\sqrt{3}$的有理数,只能保存实数形式的$\sqrt{3}$ *)

1.2.3 数的输出形式

在 Mathematica 计算中,常用函数 N[ ]将符号运算的结果转换为数值结果,或将有理数的准确值转换为近似数。如果参与计算的数都是准确值,则计算结果将按准确值的方式输出。如果参与计算的数是近似数,则计算的结果必是近似数,系统将会根据数值类型与数值大小给出合理的输出形式。如果对输出形式有精度方面的特殊要求,则可利用表 1.4 所示科学记数形式进行输出。

表 1.4 数的输出形式

函 数	意 义
N[表达式]	以实数形式输出表达式
N[表达式,n]	以 n 位精度的实数形式输出表达式
ScientificForm[表达式]	以科学记数形式输出表达式

例如:

In[1]:=Pi+Sin[2/3]

Out[1]=π+Sin[$\frac{2}{3}$]　　(* 参与计算的数都是精确数,输出的结果也是精确数 *)

In[2]:=Pi+ Sin[2./3]

Out[2]=3.75996　　(* 参与计算的数中有一个近似数 Sin[2./3],输出的结果也是近似实数 *)

In[3]:=N[E,20]

Out[3]=2.7182818284590452354

In[4]:=ScientificForm[%+1./3]

(* %表示上一次输出的结果,见注 *)

Out[4]//ScientificForm=3.05162

注:符号%的含义如下:

%　　(* 表示上一次输出的结果 *)

%%　　(* 表示倒数第 2 次输出的结果 *)

%%…%(共 k 个)　　(* 表示倒数第 k 次输出的结果 *)

%n　　(* 表示以 n 为序号的那一次输出 Out[n]的结果 *)

1.3 变　　量

当计算很长时，为了方便计算或保存中间结果，常需要把内部数字结果用一个名字来定义，变量就是起到这个作用。

1.3.1 标识符

标识符是由英文字母开头的字母数字串。字母与数字的长度可以不限，但不能包含空格或标点符号。例如，a，bce，Aa12 等均为合法的标识符，而 2ab，x * y等均为不合法的标识符。

1.3.2 变量命名

在数学里，人们已经熟悉利用各种符号描述函数的方法，例如 $y=\cos(2x+3)$，$z=\log(x+1)$，$u=e^{-x}$等。

在 Mathematica 系统里为了描述上面的函数，也必须首先给变量命名。例如，将其中的变量(含自变量与因变量)x,y,z,u,x_1,x_2,x_3用标识符命名为 x，y，z，u，x1，x2，x3，而将其中的常用数学基本函数第一个字母大写，如 sin，log，$e^{()}$，用标识符命名为 Sin，Log，Exp 等。

用标识符给变量命名时一般是以英文字母开头，由字母、数字组成的一串字符。变量名不能以数字开头。给函数命名时，除了要遵守标识符的规定外，还要遵守函数命名的一些规则，这将在下一节作介绍。

标识符除了可给变量命名和给函数命名外，还可有别的用途，例如可以用它来表示计算中的单位：

```
In[1]:=10m+2m
Out[1]=12m
```

1.3.3 变量赋值

在 Mathematica 系统里运算符“＝”的作用是赋值，常常用它来给变量赋一个值，这个值可以是一个数值、一个数组、一个表达式，甚至是一个图形。常见格式如表 1.5 所示。

表 1.5　赋值表达式

赋值表达式	意　义
x=值	给变量 x 赋值
x=y=值	给变量 x,y 赋同样的值
{x,y,…}={值 1,值 2,…}	把右边序列中的各元素值赋给左边序列中的对应元素变量
x=. 或 Clear[x]	清除 x 的值

例如：

In[1]：=x=14+2　　（＊ 将数值14与2相加后的结果赋值给变量 x＊）

Out[1]=16

In[2]：=x=y=10　　（＊ 将数值10同时赋值给变量 x 与变量 y＊）

Out[2]=10

变量 x 一旦被赋值10，这个值将长期保留，直到它被清除或被重新赋值为止。保留期间，无论在何处使用这个变量 x，它将被数值10代替。再如：

In[3]：=P3=x^3+3＊x^2-4＊x+5

Out[3]=$5-4x+3x^2+x^3$

变量 P_3 一旦被赋值多项式 $5-4x+3x^2+x^3$，在以后的运算中凡是用到 P_3 的地方，也就相当于在那里写上了这个多项式。

对于已经赋值的变量，当不再使用而且想清除掉时，可随时用“=.”清除掉。例如：

In[4]：=x=.

在这个命令执行后，变量 x 的值就不存在了。读者应当特别注意随时将以后不再使用的变量的值清除掉，以免影响后面某些计算结果的正确性。

1.3.4 置换运算

Mathematica系统提供了“/.”置换运算符，用户可以轻易地把表达式中的某些量替换成想要代表的数、符号或表达式，并且此值不会存放在变量中。置换运算的调用格式如下：

表达式/. x→值

表达式/. {x→值1,y→值2,…}

例如：

In[1]：=1+x+3x²/. x→1

Out[1]=5

In[2]：=1+x/. x→Sin[x]

Out[2]=1+Sin[x]

In[3]：=Cos[x]+Cos[x]Sin[x]/. Cos→Tan

Out[3]=Tan[x]+Sin[x] Tan[x]

In[4]：=x+y+z/. {x→1,y→-1,z→0}

Out[4]=0

1.4 表

1.4.1 表的描述

在 Mathematica 系统里,常常将一些有关联的元素组合成一个整体,并将其称为表(List)。表中的元素可以是数,也可以是函数,还可以是表达式等;同一表中的元素可以有不同的数据类型。表常被用来表示数学中的向量、矩阵或集合。表在形式上是用花括号括起来的一组元素,元素之间用逗号分隔。例如:

In[1]:={1,x,y}

In[2]:={1,1,{1,2},2}

当表中的元素较少时,可以采用直接输入的形式来生成表。

变量={元素1,元素2,…}

即在给出表名的同时又给出了表中的元素,但在更多的时候要利用建表函数 Table、Range 和 Array 来生成。而在利用建表函数时常常要用到循环描述。

循环描述的一般形式是:

{循环变量,循环初值,循环终值,循环步长}

其执行过程是循环变量从初值开始,按照所给步长逐步递增(或递减),直到达到或超过终值的界限为止。循环变量、初值、终值和步长可为整数、有理数和实数。

常见的几种循环函数见表1.6。

表1.6 循环函数

函数	意义
{i,min,max,step}	*i* 从 min 开始到 max,按步长 step 增加
{i,min,max}	同上,当步长为1时可省略不写
{i,max}	*i* 从1到 max,初值 min 为1时可略去不写
{max}	重复 max 次

除了上面的单循环外,有时还要用到多重循环。多重循环是在写循环描述的地方连续写几个上面形式的循环描述,它们之间用逗号分开。例如:

{i,imin,imax},{j,jmin,jmax}

这就是一个关于变量 i 与 j 的二重循环描述,它表示 i 从 imin 开始到 imax,且对每一个 i 值,j 从 jmin 到 jmax。

1.4.2 建表函数

利用建表函数来生成表是十分方便的。

1.4.2.1 Range(数值表建表函数)

数值表建表函数使用格式见表 1.7。

表 1.7 数值表建表函数

函　　数	意　　义
Range[正整数 n]	生成表{1,2,3,…,n}
Range[m,n]	生成表{m,m+1,m+2,…,n}(m<n)
Range[m,n,d]	从 m 开始按步长 d 递增,直到 n 的界限为止

例如:Range[1,10]

=\{1,2,3,4,5,6,7,8,9,10\}

Range[1,10,2]

=\{1,3,5,7,9\}

从现在开始下文将逐渐省略掉输入提示符 In[ ]:与输出提示符 Out[ ] 。

1.4.2.2 Table(通项表建表函数)

通项表建表函数使用格式见表 1.8。

表 1.8 通项表建表函数

函　　数	意　　义
Table[f_i,{i,min,max,step}]	依照通项 f_i 的规律,i 从 min 变到 max,以 step 为步长
Table[f_i,{i,min,max}]	当步长为 1 时,步长可省略不写
Table[f,{max}]	依照通项 f,给出 max 个元素的表
Table[f_{ij},{i,imin,imax},{j,jmin,jmax}]	生成一个多维表

例如:

Table[x^2,{x,2,5}]

={4,9,16,25}

Table[1+x,{x,1,3}]

={2,3,4}

Table[x+1,{5}]

={1+x,1+x,1+x,1+x,1+x}

Table[Sin[x],{x,0,1,0.3}]

={0.0,0.29552,0.564642,0.783327}

Table[m+n,{m,3},{n,5}]

={{2,3,4,5,6},{3,4,5,6,7},{4,5,6,7,8}}

1.4.2.3 Array(特殊表建表函数)

特殊表建表函数使用格式如下：

Array[函数 f,整数 n]

Array[函数 f,{n1,n2,…}]

例如：

Array[Sin,4]

={Sin[1],Sin[2],Sin[3],Sin[4]}

等价于 Table[Sin[n],{n,4}]

N[%]

={0.841471,0.909297,0.14112,−0.756802}

Array[a,{2,3}]

={{a[1,1],a[1,2],a[1,3]},{a[2,1],a[2,2],a[2,3]}}

等价于 Table[a[i,j],{i,2},{j,3}]

从上面的例子容易看出，凡能用函数 Range 与函数 Array 生成的表，都能用函数 Table 生成，Mathematica 系统提供函数 Range 与 Array 的目的是让用户有更多的方便与选择余地，但可以将重点放在对函数 Table 的掌握与使用上。

1.4.3 表中分量的取出

根据不同的情况，有时需要对表的整体进行运算，有时只需对表中的某些部分(一个元素或一部分元素)进行运算，这就需要取出表中的部分分量。取出表中的部分分量的一般操作见表 1.9。

表 1.9 表中分量的取出

函数	意义
t[[n]] Part[t,n]	表 t 中的第 n 个元素
t[[−n]] Part[t,−n]	表 t 中的倒数第 n 个元素
First[list]	表 t 中的第一个元素
Last[list]	表 t 中的最后一个元素
t[[{n1,n2,…}]] Part[t{n1,n2,n3,…}]	给出由 t 的第 $n_1,n_2,n_3,\cdots$ 个元素组成的表
t[[i,j]]	t 的第 i 个子表中的第 j 个元素

例如：已知t1＝Range[3,9]

＝{3,4,5,6,7,8,9}

则有t1[[3]]＝5

t1[[－3]]＝7

First[t1]＝3

Last[t1]＝9

t1[[{2,4,5,7}]]＝{4,6,7,9}

又如，已知t2＝Table[m＋n,{m,3},{n,5}]

＝{{2,3,4,5,6},{3,4,5,6,7},{4,5,6,7,8}}

则有 t2[[2,3]]＝5

1.4.4　表的运算

表的运算主要包括表的结构运算与表的集合运算两部分。

1.4.4.1　表的结构运算

在 Mathematica 系统中，当一个表 t 与一个标量 a 进行四则运算时，只需要将 a 与 t 中的每一个元素作用一次即可，运算的结果仍然是一个表。

当两个表 t_1 与 t_2 进行加减运算时，首先要求 t_1 与 t_2 的长度相同(即 t_1 与 t_2 中元素的个数一样多)，然后将 t_1 与 t_2 对应位置上的元素相加或相减即可，运算的结果也仍是一个表。

两个表的相乘、相除以及更一般的运算，我们将放到线性代数中去介绍。表 1.10 列出几个常见的表的结构运算函数。

表 1.10　表的结构运算函数

函　数	意　义
Join[t1,t2,…]	将表 $t_1,t_2,\cdots$ 连成一个表
Union[t1,t2,…]	合并几个表，去掉表中重复元素，然后对元素排序
Sort[t]	将表 t 中的元素按照标准顺序排序
Union[t]	去掉表 t 中的重复元素后对元素排序
Reverse[t]	将表 t 中元素的顺序倒过来
RotateLeft[t,n]	将表 t 中元素向左转 n 个位置
RotateRight[t,n]	将表 t 中元素向右转 n 个位置
Apply[Plus,t]	将表 t 中所有元素加在一起
Apply[Times,t]	将表 t 中所有元素乘在一起

例如，已知t1＝{1,3,5,7,2,6,10}；

t2＝Table[2n－1,{n,1,7}]
＝{1,3,5,7,9,11,13}

则有

Join[t1,t2]
＝{1,3,5,7,2,6,10,1,3,5,7,9,11,13}
Union[t1,t2]
＝{1,2,3,5,6,7,9,10,11,13}
Sort[t1]
＝{1,2,3,5,6,7,10}
Reverse[t1]
＝{10,6,2,7,5,3,1}
RotateLeft[t2,3]
＝{7,9,11,13,1,3,5}
RotateRight[t2,3]
＝{9,11,13,1,3,5,7}
Apply[Plus,t1]
＝34
Apply[Times,t1]
＝12600

1.4.4.2 表的集合运算

在数学里,几个集合之间可以进行“并”“交”“补”的运算。将这些概念引申到Mathematica里,类似地,在几个表之间也可定义“并”“交”“补”的运算,见表1.11。

表1.11 表的集合运算函数

函数	意义
Union[t1,t2,…]	几个表的“并”,由表 $t_1,t_2,\cdots$ 中所有不同元素组成的表
Intersection[t1,t2,…]	几个表的“交”,由表 $t_1,t_2,\cdots$ 中公共元素组成的表
Complement[t1,t2]	表 t_1 与表 t_2 的“补”,列出 t_1 中有而 t_2 中没有的元素组成的表

例如,已知t1＝{1,2,3,4,5}
t2＝{3,4,5,6,7,8}

则有 Union[t1,t2]
＝{1,2,3,4,5,6,7,8}
Intersection[t1,t2]

```
={3,4,5}
Complement[t1,t2]
={1,2}
```

1.5 函　　数

在Mathematica系统中集成了大量的内部函数,计算时给人们带来很大的方便。这些函数可以分为两大类:一类是在数学中常见的并且给出了明确定义的函数,如三角函数、反三角函数等,称为数学函数;另一类是在Mathematica系统里给出定义的,具有计算和操作方面性质的函数,如画图函数、方程求根函数等,称为操作函数。数学函数又可大致分为基本初等函数和非初等函数两种,下面将分别进行简单介绍。

1.5.1 基本初等函数与初等函数

1.5.1.1 基本初等函数

常用的基本初等函数见表1.12。

表1.12 基本初等函数

中文名称	数学符号	Mathematica符号
三角函数	$\sin x,\cos x,\tan x$ $\cot x,\sec x,\csc x$	Sin[x],Cos[x],Tan[x] Cot[x],Sec[x],Csc[x]
反三角函数	$\arcsin x,\arccos x,\arctan x$ $\mathrm{arccot}\, x,\mathrm{arcsec}\, x,\mathrm{arccsc}\, x$	ArcSin[x],ArcCos[x],ArcTan[x] ArcCot[x],ArcSec[x],ArcCsc[x]
双曲函数	$\sinh x,\cosh x,\tanh x$ $\coth x,\mathrm{sech}\, x,\mathrm{csch}\, x$	Sinh[x],Cosh[x],Tanh[x] Coth[x],Sech[x],Csch[x]
反双曲函数	$\mathrm{arsinh}\, x,\mathrm{arcosh}\, x,\mathrm{artanh}\, x$ $\mathrm{arcoth}\, x,\mathrm{arsech}\, x,\mathrm{arcsch}\, x$	ArcSinh[x],ArcCosh[x],ArcTanh[x] ArcCoth[x],ArcSech[x],ArcCsch[x]
幂函数	$x^{1/2}$(或$\sqrt{x}$)	Sqrt[x]
指数函数	e^x	Exp[x]
对数函数	$\ln x$(自然对数,以e为底)	Log[x]

以上函数常被作为各种计算机语言库函数里的标准函数而被调用。在Mathematica里它们也被用户作为最基本的内部函数使用。注意,Mathematica调用内部函数时第一个字母一定要大写。

1.5.1.2 初等函数

将常量、变量与基本初等函数经过有限次的四则运算以及有限次的函数复合(函数套函数),并且能用一个解析式子表示的函数,称为初等函数。

例如:$y = 2\sin 3x + \frac{1}{3}\cos x^2$,$y = \log(e^{-2x} + \sqrt{1-x^2})$… 均是初等函数;由 $y = |x|$,$y' = x^2 + y^2$,$y = \int \frac{\sin x}{x}dx$ …所确定的函数均不是初等函数。

显然,初等函数里包含了全部基本初等函数。

在自然科学与工程技术中最常见的函数是初等函数,它占有十分重要的地位,希望读者给予应有的重视。

1.5.2 非初等函数与特殊函数

凡不满足初等函数定义要求的函数,均可称为非初等函数。比如上面所列举的后 3 个函数便是非初等函数,又如下面用积分定义的函数 $\Gamma(x)$ 与 $B(p,q)$:

$$\Gamma(x) = \int_0^{+\infty} e^{-t}t^{x-1}dt, (x > 0)$$

$$B(p,q) = \int_0^1 t^{p-1}(1-t)^{q-1}dt, (p > 0, q > 0)$$

上面两式分别称为 Gamma 函数与 Beta 函数(非初等函数)。有些非初等函数,如 Bessel 函数、Legender 函数,由于它们在数学物理问题中具有特殊的意义,又将它们从非初等函数中划分出一小类,叫作特殊函数类。

1.5.3 系统操作函数与运算函数

由于处理和求解数学问题的需要,在 Mathematica 里专门设计了一大批具有求解和操作性质的函数,比如第 2 章中的各种符号运算函数、各种数值计算函数等,第 3 章中的各种绘图函数,都可将它们归属到操作或运算函数类中。这类操作函数与运算函数同前面介绍过的数学函数有着明显的区别,数学函数常被称为处理的对象,而操作函数与运算函数常是处理的手段。

在一些计算机高级语言中,常看到阶乘函数、取整函数、取余函数、随机函数等,这都是为了处理这些数学问题的需要而专门设计的,因此可以将它们归属到系统的运算函数类中。然而,根据不同的需要,有时系统又将它们放入数学函数类中。表 1.13 列出几个最常见的操作函数与运算函数。

表 1.13 系统操作函数与运算函数

函 数	意 义
n!	n 的阶乘 $n(n-1)(n-2)\cdots 2\cdot 1$
n!!	n 的双阶乘 $n(n-2)(n-4)\cdots$
Quotient[m,n]	m/n 的整数部分
Mod[m,n]	m/n 的余数部分

续表 1.13

函　　数	意　　义
GCD[n1,n2,…]	$n_1,n_2,\cdots$的最大公约数
LCM[n1,n2,…]	$n_1,n_2,\cdots$的最小公倍数
Prime[k]	第 k 个素数
Random[ ]	产生一个 0 与 1 之间的随机数
Random[Real,{a,b}]	产生一个 a 与 b 之间的随机实数
Abs[x]	x 的绝对值
Sign[x]	x 的符号 $=\begin{cases}1, x>0\\0, x=0\\-1, x<0\end{cases}$

例如：

In[1]：=Random[Integer,{1,100}]

（＊要生成 1 到 100 之间的一个整数＊）

Out[1]=1

1.5.4　函数名的书写规则

通过上面的举例读者容易看到，在 Mathematica 中函数名的书写规则可以归纳如下：

① 常用基本函数名必须以大写字母开头，后面的字母小写，如 Sin，Tan 等。当函数名可分成几个段时，每个段的开头字母都要大写，其后小写，如 ArcTan，FindRoot 等。

注：第 3 章要介绍的自定义函数名的开头字母不必大写。

② 函数名是一个字符串，中间不允许有空格。

③ 函数中的参数表是用方括号而不是用圆括号括起来的，这一点与数学习惯写法很不一致，希望读者特别注意。参数表用方括号而不用圆括号是为了避免有时在数学中圆括号的多意性引起的混淆，例如：$a(x+y)$的含义是什么？代表常数 a 与变量 $x+y$ 相乘？或是代表以 $x+y$ 为变量的一个二元函数 $a(x+y)$？如果写成 $a[x+y]$，那么可以肯定它代表 Mathematica 中的某一个函数。

容易看到，函数名书写的上述规定必须首先符合标识符的规定，即所有的函数名也总是用标识符来书写的。

1.6 表达式

1.6.1 表达式的基本组成

前面几节的讨论中已经涉及表达式的概念，今后各章的介绍里还将继续涉及这一概念。在 Mathematica 系统里处理问题的任何一个工具，任何一个被处理的对象，以及任何一个完整的输入都被看作是表达式。为了后面学习的需要，我们不妨先给表达式一个初步的描述。表达式可以分为两类：一类是简单表达式，另一类是复杂表达式。简单表达式没有内部结构，不能再分解为更简单的成分，如数、变量名、字符串等。复杂表达式是具有一定结构的能够分解为一些简单表达式的组合等。因此，可以将表达式初步描述如下：表达式是由常量、变量、函数、命令、运算符、标点以及括号按一定规则组成的实体。表 1.14 中给出的几个例子就是常见的表达式。

表 1.14　常见表达式

表达式	意　义
x	输入一个变量
Sin[x]	输入正弦函数
1+2	将两个常量相加
x*(y+z)	将两个变量 y 与 z 相加后再乘以 x
Sin[x]/Cos[x]	将两个三角函数相除
FindRoot[x^2−5*x+6==0,{x,1}]	求二次方程的一个实根
Plot[Exp[−x],{x,2,5}]	画出指数函数 $y=e^{-x}$ 在[2,5]上的图形
x==y	问 x 与 y 相等吗？返回真 True 或假 False

表 1.14 中的 x，Sin[x]是简单表达式，其余各例则是复杂表达式。

1.6.2 表达式的统一形式

1.6.2.1 表达式统一形式的结构

上面已对表达式做了初步的描述，这种描述形式主要是从数学需要角度出发，侧重于感性认识给出来的。表达式的这种形式可称之为输入形式或一般形式，它表现在具体例子中的形式千差万别、多种多样，这给 Mathematica 系统对表达式的处理带来了很大困难。因此，系统需要将其转化为统一的形式以利于处理，这种转化后的形式称为统一形式或完全形式，见表 1.15。

表1.15　表达式的形式及其含义

输入形式(或一般形式)	统一形式(或完全形式)	数学含义
a+b+c	Plus[a,b,c]	将常量a,b,c相加
x*y*z	Times[x,y,z]	将变量x,y,z相乘
a-b	Plus[a,Times[-1,b]]	将b乘-1,再与a相加
x^n	Power[x,n]	将x取n次幂
x/y	Times[x,Power[y,-1]]	将x乘以y的-1次幂
{a,b,c}	List[a,b,c]	给出一个以a,b,c为元素的表
x=4	Set[x,4]	给x赋值4
x→a	Rule[x,a]	将x变换为a
∫sinbxdx	Integrate[Sin[bx],x]	将$\sin bx$对x求不定积分

将表达式的一般形式转换为统一形式,为系统处理表达式提供了极大的方便,这是人们对表达式的一种理性的认识。然而,人们在阅读和输入表达式时如果采用统一形式显然很不方便,甚至十分麻烦,因此仍然采用输入形式。只是在系统进行计算机内部处理时采用而且必须采用统一形式,当进行输入和输出时,系统将会把统一形式自动转换为一般形式。

有了表达式的统一形式,很容易将它提升为抽象的形式$f[e_1,e_2,\cdots]$,其中$f,e_1,e_2,\cdots$都是简单的或复杂的表达式,将f称为表达式的头或头部,而将$e_1,e_2,\cdots$称为表达式的元素,或第一,第二,……分量,f也可称为第0个分量。容易看到,每一个复杂表达式都是简单表达式经过嵌套而成的。

1.6.2.2　表达式形式的查看

查看表达式形式时经常用到的函数是:

Head[表达式]　　　　返回表达式的头

FullForm[表达式]　　　　返回表达式的统一形式

例如:

```
Head[1+c]
=Plus                  (* 给出运算符名 *)
Head[{a,b,c,1,2,3}]
=List                  (* 给出一个表名 *)
Head[123.234]
=Real                  (* 给出数值类型名 *)
```

```
Head[Cos[x]]
=Cos                                (* 给出函数名 *)
FullForm[2x+2x*y]
= Plus[Times[2,x],Times[2,x,y]]
FullForm[{{1,2},{3,4},{5,6}}]
= List[List[1,2],List[3,4],List[5,6]]
FullForm[x+2xy+x^6]
=Plus[x,Power[x,6],Times[2,x,y]]
```

通过对表达式形式的查看,掌握它的统一形式,有助于人们对表达式结构的理解。

1.6.2.3 表达式元素的操作

对于每一个表达式的统一形式,都可将它分成若干个分量,每一个分量又可再分为若干个子分量,十分类似于表的结构,因而可以利用操作表中元素的方法来操作表达式中的元素(分量)。

例如:u=x+3xy+y^2;

```
FullForm[u]
=Plus[x,Times[3,x,y],Power[y,2]]
```

由上面统一形式可以得到

```
u=x+3xy+y²
u[[2]]=3xy
u[[2,2]]=x
u[[2,3]]=y
u[[3,2]]=2
```

如果将上面表达式统一形式去掉所有的头,并将其中方括号全部改写为花括号,就可得到同此表达式对应的一张表$\{x,\{3,x,y\},\{y,2\}\}$。同时还能对应地看到,一个表达式的结构有几层,每层中的元素是什么。

1.7 常见括号的使用

不同的括号在Mathematica中的使用意义不同,只有了解清楚各括号的用法,才能在表达式的输入和编程中得心应手。各括号的用法见表1.16。

表1.16 常见括号的使用

括号	用法	举例
[ ]	用于函数,把自变量括起来	Sin[x]
{ }	用于列表,把序列括起来	{a,b,c}
( )	用于组合运算	(Sin[1]+7)*8
[[ ]]	用于从表中取值	In[1]:=T1={1,2,3} Out[1]={1,2,3} In[2]:=T1[[1]] Out[2]=1

1.8 语法回顾

在结束本章之前,我们再来回顾一下Mathematica的语法。

① 内部函数和内部常数的第一个英文字母必须大写;

② 函数的自变量用[ ]括起来;

③ 乘法中的乘号可以用空格代替;

④ 幂用^表示,如5^3表示5^3,要把幂写到指数上去,也可直接按下快捷键Ctrl+^。

习题1

1. 练习安装Mathematica系统。

2. 练习用不同的方式启动和退出Mathematica系统。

3. 练习寻求帮助的方法。

4. 在Mathematica工作窗口中练习操作下面问题。

(1) $a=3,b=4,c=2,d=6$,求$a+b-c\times d,d-a\times b/c$。

(2) 画出函数$y=\sin x+\cos(x/3)$在区间$[-2,2]$上的图形。

5. 打开两个工作窗口,练习将一个工作窗口中的内容拷贝到另一个工作窗口中。

6. 计算下列各式的值:

(1) $5^{100}+3^{20}\times 3^{111}$, 6^{10};

(2) $\frac{1}{9}+\frac{2}{15}$, $2.5-\frac{3}{52}$;

(3) π^2，$\sqrt{e}$，sin 2/3，$\log_2 10$，arcsin 1/2，30!,40!!，cos(2arccos 1/3－arccos 1/6)。

7. 计算上面第6题(3)小题中各题的值，分别精确到10位与20位。

8. 求函数 $y=e^{-x^2}+\cos x-\sin 3x$ 在 $x=0.511,1.023,2.533,3.033$ 各点的值，精确到50位。(提示：把 x 的各取值点中的小数如0.511写为分数)

9. 对 x 取很小的正实数，验证 $\frac{\sin x}{x}\approx 1$。

10. 对 n 取很大的正实数，验证 $(1+\frac{1}{n})^n \approx e$。

11. 计算下列复数，并求模和辐角。

(1) $(2+3i)(1-3i)$；

(2) $\frac{1}{i}-\frac{i}{1+i}$；

(3) $2i^6+i^8-4i^{10}$；

(4) $(1-i)^8/(1+i)^6$。

12. 建立下面各表：

(1) {1,3,5,…,100}；

(2) {1,4,9,16,…,100}；

(3) {1/2,1/3,1/4,…,1/100}；

(4)
$$\begin{matrix} 11 & 12 & 13 & 14 \\ 21 & 22 & 23 & 24 \\ 31 & 32 & 33 & 34 \\ 41 & 42 & 43 & 44 \end{matrix}$$

13. 取出12题(1),(2),(3)表中第1、第5与倒数第3个元素。

14. 分别对12题(1),(2),(3)表中的所有元素求和、求积。

15. 随机生成10个元素数值范围在(0,1)之间的表，并将元素从小到大排序。

16. 随机生成10个元素数值范围在(11,20)之间的表，并将元素从大到小排序。

17. 求{861,1 638,2 415}的最大公约数与{48,105,120}的最小公倍数。

18. 变量名与内部函数名书写的规则有什么相同之处与不同之处？

第2章 基本运算

数学中的很多基本运算，比如求极限运算、求积分运算、求导数运算，在 Mathematica 中很容易用函数求得，本章将介绍这些基本运算函数的使用方法。另外，许多数学问题的求解通常有两条途径可循：一是求它的解析解，二是求它的数值解。所谓解析解是指能够用一个（具有初等函数结构的）解析式精确表示的解，即通常所说的能够用数学表达式表示的解。例如求二次方程 $ax^2+bx+c=0$ 的根，它的数值解就可表示为 $x_{1,2}=(-b\pm\sqrt{b^2-4ac})/2a$。又如求微分方程 $y'=3$，它的解析解可以表示为 $y=3x+c$（其中 c 为任意常数）等。

符号运算主要解决具有精确解析解的那一类数学问题，而现实生活中有很多问题是没有解析解的。对于这一类问题，我们就要设法去求它的近似数值解。

2.1 多项式运算

在很多基本运算中都用到多项式，下面列出多项式的常用运算函数，见表 2.1 。

表 2.1 多项式常用运算函数

运算类型	函数表示	意义
化简	Simplify[表达式]	设法化简表达式，寻求等价的最简形式
化简	FullSimplify[表达式]	使用更广泛的变换化简表达式
展开	Expand[表达式]	展开分子，每项除以分母
展开	ExpandAll[表达式]	分子与分母完全展开
分解	Factor[表达式]	将表达式分解因式，表示为最简因式的乘积
通分	Together[表达式]	用于通分，把所有的项放在同一分母上，并化简
约分	Cancel[表达式]	用于约分，消去分式中分子和分母的公因式
分项	Apart[表达式]	将有理分式分解为一些最简分式之和
集项	Collect[表达式，某一个（或某几个）变量]	将表达式按照某一个（或某几个）变量的幂次进行集项

【例 2.1】 化简下面各表达式：

(1) $3\sin^2 t+2\sin t+\cos^2 t$

(2) $(x-1)(x^2+1)+x(x^2-1)$

(3) $\dfrac{x^3+1}{x+1}$

解 (1) 输入：P1＝3Sin[t]^2＋2Sin[t]＋Cos[t]^2；

Simplify[P1]

运行后得到结果：2－Cos[2t]＋2Sin[t]

(2) 输入：P2＝(x－1)(x^2＋1)＋x(x^2－1)；

Simplify[P2]

运行后得到结果：$-1-x^2+2x^3$

(3) 输入：P3＝(x^3＋1)/(x＋1)；

Simplify[P3]

运行后得到结果：$1-x+x^2$

注：为了书写方便，把输入命令和得到的结果写在一起。比如上例中，(1)简写为：

P1＝3Sin[t]^2＋2Sin[t] ＋Cos[t]^2

Simplify[P1]＝2－Cos[2t]＋2 Sin[t]

也就是说，等号前的字符表示输入的函数命令，等号后面的字符表示按Shift＋Enter运行后所得的结果。

【例 2.2】 展开下面各表达式：

(1) $(x^2+1)(x+1)^3$

(2) $(a+\sin x)(b+\cos x)$

(3) $\dfrac{x(x+3)^2}{(x+1)(x+2)}$

解 (1) P4＝(x^2＋1)(x＋1)^3

Expand[P4]＝$1+3x+4x^2+4x^3+3x^4+x^5$

(2) P5＝(a＋Sin[x])(b＋Cos[x])

Expand[P5]＝ab＋aCos[x]＋bSin[x]＋Cos[x]Sin[x]

(3) P6＝x(x＋3)^2/((x＋1)(x＋2))

Expand[P6]＝$\dfrac{9x}{(1+x)(2+x)}+\dfrac{6x^2}{(1+x)(2+x)}+\dfrac{x^3}{(1+x)(2+x)}$

ExpandAll[P6]＝$\dfrac{9x}{2+3x+x^2}+\dfrac{6x^2}{2+3x+x^2}+\dfrac{x^3}{2+3x+x^2}$

【例 2.3】 将多项式 x^3-1 分解因式。

解 P7=x^3-1

Factor[P7]=(-1+x) (1+x+x^2)

【例 2.4】 将表达式 $\frac{2(x+1)}{x^3-1}$ 进行分项。

解 P8=2(x+1)/(x^3-1)

Apart[P8]=$\frac{4}{3(-1+x)}-\frac{2(1+2x)}{3(1+x+x^2)}$

【例 2.5】 将表达式 $\frac{1}{x-1}-\frac{1+x}{1+x^2}$ 进行通分。

解 Together[$\frac{1}{x-1}-\frac{1+x}{1+x^2}$] = $\frac{2}{(-1+x)(1+x^2)}$

【例 2.6】 将分式 $\frac{2(x+1)}{x^3+1}$ 进行约分。

解 P9=2(x+1)/(x^3+1)

Cancel[P9]=$\frac{2}{1-x+x^2}$

【例 2.7】 将表达式 $x+xy+2x^2+3x^2y^2$ 对变量 x 集项。

解 P10=x+xy+2x^2+3x^2 * y^2

Collect[P10,x]=x+xy+x^2(2+3y^2)

【例 2.8】 将表达式 $x^4+(a+y)(x+y^3)x^2+(3+y^3)x^2$ 对变量 x 与 y 集项。

解 P11=x^4+(a+y)(x+y^3)x^2+(3+y^3) x^2

Collect[P11,{x,y}]=$x^4+x^3(a+y)+x^2(3+(1+a)y^3+y^4)$

Collect[P11,{y,x}]=$3x^2+ax^3+x^4+x^3y+(1+a)x^2y^3+x^2y^4$

从例 2.8 中可以看到,如果集项的变量有多个,那么集项的结果根据变量顺序要求的不同会有所不同,但只是形式上的不同。

2.2 表达式的近似值计算

在 Mathematica 系统里,对表达式的计算是这样进行的,如果表达式中含有带小数位的实数,则 Mathematica 系统经过计算输出带小数位的结果;否则,Mathematica 系统经过计算输出精确结果。

【例 2.9】 计算函数 $y=(\sqrt{x^2+1})+\arcsin\sqrt{\frac{4-x}{4+x}}$ 在 $x=1$ 处的精确值和近似值。

解 (1) 输入 x=1;

```
y=Sqrt[1+x^2]+ArcSin[Sqrt[(4-x)/(4+x)]]
```

运行后得精确值

$=\sqrt{2}+\mathrm{ArcSin}[\sqrt{\frac{3}{5}}]$

(2) 输入 x=1;

```
y=Sqrt[1.0+x^2]+ArcSin[Sqrt[(4-x)/(4+x)]]
```

运行后得近似值

=2.30029

一般情况下,用下列格式求表达式近似解:

N[表达式]	以实数形式输出表达式
N[表达式,n]	以 n 位精度的实数形式输出表达式

【例 2.10】 已知 $f(x)=x+\sin x+\cos 3x$,试求当 $x=-\pi/6, \pi/3, \pi/2$ 时,$f(x)$的近似值。

解 输入 x={-Pi/6, Pi/3, Pi/2};

```
N[x+Sin[x]+Cos[3*x]]
```

运行后得

={-1.0236,0.913223,2.5708}

【例 2.11】 求 $z=\mathrm{e}^{-xy}\cos(x+y)$ 在 $x=1$, $y=2$ 处的函数近似值。

解 输入 x=1;y=2;

```
N[Exp[-x*y]*Cos[x+y]]
```

运行后得

=-0.133981

2.3 函数的极限

数学中函数的极限需要分为两种情况:一种是当 $x\to x_0$(x_0 为一定常数)时,函数 $f(x)\to A$;另一种是当 $x\to\infty$(∞ 为无穷大记号,包括 $+\infty$ 与 $-\infty$)时,$f(x)\to A$。函数的极限在数学里记为 $\lim\limits_{x\to x_0}f(x)=A$ 与 $\lim\limits_{x\to\infty}f(x)=A$,而在 Mathematica 里记为 Limit[f(x),x→x0]与 Limit[f(x),x→Infinity],这里的"Infinity"可以用符号"∞"代替。具体格式见表 2.2。

表 2.2 求函数极限

函 数	意 义
Limit[f(x),x→x0]	求 x 在趋向于 x_0 时 $f(x)$ 的极限
Limit[f(x),x→x0,Direction→1]	求 $f(x)$ 在 x_0 的左极限值
Limit[f(x),x→x0,Direction→−1]	求 $f(x)$ 在 x_0 的右极限值
Limit[f(x),x→∞]	求 x 趋向于∞时 $f(x)$ 的极限
Limit[f(x),x→+∞]	求 x 趋向于+∞时 $f(x)$ 的极限
Limit[f(x),x→−∞]	求 x 趋向于−∞时 $f(x)$ 的极限

【例 2.12】 求 $\lim\limits_{x\to 0}\dfrac{\sin x}{x}$。

解 Limit[Sin[x]/x,x→0]=1

函数 $f(x)=\dfrac{\sin x}{x}$ 在 $x=0$ 处的函数值虽不存在(为不定型 $\dfrac{0}{0}$),当 $x\to 0$ 时的极限值是存在的。

【例 2.13】 求 $\lim\limits_{x\to 1}(1-x)\tan\dfrac{\pi}{2}x$。

解 Limit[(1−x) * Tan[Pi * x/2],x→1]=$\dfrac{2}{\pi}$

【例 2.14】 求 $\lim\limits_{x\to\infty}\dfrac{\arctan x}{x}$。

解 Limit[ArcTan[x]/x,x→Infinity]=0

注:对某些函数,利用 Mathematica 系统虽然求出了极限,但却不能保证所得结果的正确性。例如,$\lim\limits_{x\to 0}\arctan\dfrac{1}{x}$ 在 Mathematica 系统中可以求得 Limit[ArcTan[1/x],x→0]=π/2,但这个结果是错误的。因为此函数在 $x=0$ 点左极限存在且等于 $-\pi/2$,右极限也存在且等于 $\pi/2$,但左、右极限不相等,故知正确的答案是极限不存在。读者不妨利用平面曲线作图法,画出 $y=\dfrac{x^n}{1+x^n},n\geqslant 1$ 与 $y=\arctan\dfrac{1}{x}$ 在 $-2\leqslant x\leqslant 2$ 上的图形,便可直观地看到产生上述问题的原因。

更要强调指出的是,出现上述情况只是在极少数函数的极个别点上发生,对于常见函数的绝大多数点来说,利用 Mathematica 系统求出的极限结果可以肯定是正确的。

2.4 导函数与偏导数

2.4.1 求导函数

求给定函数的导函数是符号运算中十分典型的内容之一，在数学里将函数 $f(x)$ 的 n 阶导数记为 $f^{(n)}(x)$ 或 $\frac{\mathrm{d}^{(n)} f(x)}{\mathrm{d}x^n}$, $n=1,2,\cdots$。在 Mathematica 里求导数的符号是 D，其具体用法如下：

D[f(x),x]

D[f(x),{x,n}]

上面第一式是将 $f(x)$ 对 x 求一阶导数，而第二式是将 $f(x)$ 对 x 求 n 阶导数，式中的 D 是求导符号。

【例 2.15】 已知 $v=xe^{-x}$，试求 v 的一阶、二阶和五阶导数 v_x，v_{xx} 与 v_{xxxxx}。

解 v=x*Exp[-x]

v_x=D[v,x]=$e^{-x}-e^{-x}x$

v_{xx}=D[v,{x,2}]=$-2e^{-x}+e^{-x}x$

v_{xxxxx}=D[v, {x, 5}]=$5e^{-x}-e^{-x}x$

求导符号 D 不只可用于求一元函数的导数，也可用于求二元(以及多元)函数 $f(x, y)$ 的偏导数。

2.4.2 求偏导数

D[f(x, y), x, y] 将 $f(x, y)$ 先对 x 求导，再对 y 求导

D[f(x, y),{x, m},{y, n}] 将 $f(x, y)$ 先对 x 求 m 阶导数，再对 y 求 n 阶导数

【例 2.16】 已知 $z=x^4+y^4-\cos(2x+3y)$，试求 z_x，z_{xx}，z_{xxy}，z_{xyy}。

解 z=x^4+y^4-Cos[2x+3y]

z_x=D[z, x]

=$4x^3$+2Sin[2x+3y]

z_{xx}=D[z_x, x] (* 或=D[z, {x, 2}] *)

=$12x^2$+4Cos[2x+3y]

z_{xxy}=D[z_{xx}, y] (* 或=D[z, {x, 2}, {y, 1}] *)

=-12Sin[2x+3y]

z_{xyy}=D[z_x, {y, 2}] (* 或=D[z, {x, 1}, {y, 2}] *)

=-18Sin[2x+3y]

2.4.3 导数的近似值计算

在 Mathematica 系统里计算导数值的过程同数学里的大致相似，即先求出

导函数,再将其中的变量替换为指定点而算出其值。有些情况下导函数及表达式无法求得(例如当函数 $f(x)$ 用数据形式给出时),或者可以求得但十分复杂,这时人们通常用各种差分格式去近似代替导函数。

【例 2.17】 已知 $f(x)=\mathrm{e}^{-2x}$,试求 $f'(1)$,$f''(-1)$,$f'''(2)$。

解 Clear[x];

```
f=Exp[-2x];
fx=D[f, x]
  =-2e^-2x
N[fx/. x->1]
  = -0.270671
fxx=D[f, {x, 2}];
N[fxx/. x->-1]
  = 29.5562
fxxx=D[f, {x, 3}];
N[fxxx/. {x->2}]
  = -0.146525
```

【例 2.18】 已知 $u=x^4+y^4-\cos(\frac{\pi}{2}x+\frac{\pi}{3}y)$,试求 $u'_x(1,1)$,$u''_{xy}(2,-2)$ 及 $u^{(5)}_{yxxyy}(3,2)$。

解 Clear[x, y]

```
u=x^4+y^4-Cos[Pi * x/2+Pi * y/3]
ux=D[u, x]
N[ux/. {x->1, y->1}]
=4.7854
uxy=D[u, x, y]
N[uxy/. {x->2, y->-2}]
=0.822467
uyxxyy=D[u, {y, 1}, {x, 2}, {y, 2}]
N[uyxxyy/. {x->3, y->2}]
=1.41676
```

2.5 不定积分与定积分

2.5.1 不定积分

求不定积分是数学基本运算的重要内容,可以将它看作求导运算的一种逆运算。

求给定函数 $f(x)$ 的不定积分，就是要求 $f(x)$ 的全体原函数 $F(x)+c$，二者之间的关系是 $\frac{\mathrm{d}}{\mathrm{d}x}[F(x)+c]=f(x)$。全体原函数构成了一个函数族，其中任意两个函数之间仅差一个常数，因此只需求出其中任意一个原函数就可以了。

求不定积分在数学里的符号是

$$\int f(x)\mathrm{d}x=F(x)+c$$

在 Mathematica 系统中的格式是

Integrate[f(x), x]　或　$\int$f(x)dx　(* 将常数 c 略去不写 *)

上式中 Integrate 是求不定积分的符号，$f(x)$ 为被积函数，x 为积分变量。在 Mathematica 系统中也可以直接像数学中一样输入 $\int$f(x)dx 运行就得到积分结果，但结果中任意常数 c 不写出来，这一点要非常注意。

【例 2.19】 求 $\int \mathrm{e}^{ax}\sin 4x\mathrm{d}x$。

解 Integrate[Exp[ax] * Sin[4x], x]

$$=\frac{\mathrm{e}^{\mathrm{ax}}(-4\mathrm{Cos}[4\mathrm{x}]+\mathrm{aSin}[4\mathrm{x}])}{16+\mathrm{a}^2}$$

或者直接输入 $\int \mathrm{e}^{\mathrm{ax}}\mathrm{Sin}[4\mathrm{x}]\mathrm{dx}$ 后按下"Shift+Enter"键后结果就出来了，即

In[1]:= $\int \mathrm{e}^{\mathrm{ax}}\mathrm{Sin}[4\mathrm{x}]\mathrm{dx}$

Out[1]= $\frac{\mathrm{e}^{\mathrm{ax}}(-4\mathrm{Cos}[4\mathrm{x}]+\mathrm{aSin}[4\mathrm{x}])}{16+\mathrm{a}^2}$

【例 2.20】 求 $\int \frac{2}{1-x+x^2}\mathrm{d}x$。

解 $\mathrm{Integrate}[\frac{2}{1-\mathrm{x}+\mathrm{x}^2},\mathrm{x}]=\frac{4\ \mathrm{ArcTan}[\frac{-1+2\mathrm{x}}{\sqrt{3}}]}{\sqrt{3}}$

注：在初等函数范围内，不定积分有时是不存在的，亦即当 $f(x)$ 为初等函数，而 $\int f(x)\mathrm{d}x$ 却不一定是初等函数。例如，已知 $\frac{\sin x}{x}$，$\frac{1}{\log x}$，e^{-x^2}，$x^{-1}\mathrm{e}^x$ 均为初等函数，而 $\int \frac{\sin x}{x}\mathrm{d}x$，$\int \frac{1}{\log x}\mathrm{d}x$，$\int \mathrm{e}^{-x^2}\mathrm{d}x$，$\int x^{-1}\mathrm{e}^x\mathrm{d}x$ 却不能用初等函数表示出来，又如调用

Integrate[Sin[x]/x, x]=SinIntegral[x]

得到的结果是一个非初等函数(称为积分正弦函数)。在使用 Mathematica 函数时,读者应充分注意到这种情况。

2.5.2 定积分

在数学里求定积分(精确计算)的公式是

$$\int_a^b f(x)\mathrm{d}x = F(x)\big|_a^b = F(b) - F(a)$$

它的含义是函数 $f(x)$ 在区间 $[a, b]$ 上的积分值,等于 $f(x)$ 的任一原函数 $F(x)$ 在上限 b 的值与在下限 a 的值之差。

如果 $f(x)$ 的原函数 $F(x)$ 在初等函数范围内存在且容易求出,并且形式比较简单,那么自然地就采用精确计算公式求积分了。Mathematica 系统为我们提供了按照这种思路求定积分的调用函数,其调用格式如下:

Integrate[f(x), {x, a, b}] 或者 $\int_a^b \mathrm{f(x)dx}$

这个调用函数的形式与不定积分的几乎相同,差别仅是定积分必须给出变量的积分范围 $\{x, a, b\}$。

【例 2.21】 求 $\int_0^a (1+\sin x)\mathrm{d}x$ 。

解 $\int_0^a (1+\mathrm{Sin}\,[\mathrm{x}])\mathrm{dx} = 1+\mathrm{a}-\mathrm{Cos}[\mathrm{a}]$

2.5.3 定积分与重积分的数值计算

2.5.3.1 定积分的数值计算

当被积函数 $f(x)$ 的原函数 $F(x)+c$ 不能用初等函数表示时,则定积分 $\int_a^b f(x)\mathrm{d}x$ 没有初等函数的精确表达式,这时对定积分的值只能作近似数值计算。Mathematica 系统为我们提供的对定积分进行近似数值计算的函数是 NIntegrate,它的调用格式如下:

格式 1:NIntegrate[f(x), {x, a, b}]

格式 2:$\int_a^b \mathrm{f(x)dx}$ (* $a,b,f(x)$ 中要求含有带小数位的数 *)

式中 $f(x)$ 为被积函数,x 为积分变量,a 为积分下限,b 为积分上限,有时 a 可取到 $-\infty$,b 可取到 $+\infty$。还有就是直接用 $\int_a^b f(x)\mathrm{d}x$,只要 a,b 或 $f(x)$ 中有一个数是带小数点的实数就可以得到近似值结果。

【例 2.22】 计算 $\int_2^{10} \frac{2+\sin x}{1+x}\mathrm{d}x$。

解 输入 NIntegrate[(2+Sin[x])/(1+x), {x, 2, 10}]

=2.62853

或者输入$\int_{2.0}^{10}\frac{\mathrm{Sin}[\mathrm{x}]+2}{\mathrm{x}+1}\mathrm{dx}$,另外用$\int_{2}^{10}\frac{\mathrm{Sin}[\mathrm{x}]+2.0}{\mathrm{x}+1}\mathrm{dx}$也能得到正确的近似解2.62853。

【例 2.23】 计算$\int_0^{10}\arctan(1+\sqrt{3x})\mathrm{d}x$。

解 这个积分虽能用初等函数精确表示,但表达式比较复杂,也可近似计算。输入

```
y=ArcTan[1 + Sqrt[3x]];
NIntegrate[y, {x, 0, 10}]
= 13.3728
```

【例 2.24】 计算$I_1=\int_0^{+\infty}\mathrm{e}^{-x^2}\mathrm{d}x$的近似解,保留20位有效数字。

解 输入

```
y=Exp[-x^2];
I1=Integrate[y, {x, 0, Infinity}]
```

$=\frac{\sqrt{\pi}}{2}$

```
N[I1, 20]
= 0.88622692545275801365
```

例2.24是直接用定积分求精确解,再用N[x,n]函数求20位精度的近似解。

2.5.3.2 重积分的数值计算

同定积分概念一样,二重积分$\iint\limits_G f(x,y)\mathrm{d}x\mathrm{d}y$的值,不仅依赖于被积函数$f(x,y)$,同时依赖于积分区域$G$的情况。如果$G$为矩形区域,则计算过程将变得十分简单;如果$G$为一般的(有界)区域,则计算过程将会变得比较复杂,因此有必要分情况讨论。

(1) 矩形区域G:$a\leqslant x\leqslant b$, $c\leqslant y\leqslant d$上的二重积分

$I=\iint\limits_G f(x,y)\mathrm{d}x\mathrm{d}y$,可将它转化为二次定积分如下:

$$I=\int_c^d\left[\int_a^b f(x,y)\mathrm{d}x\right]\mathrm{d}y=\int_a^b\left[\int_c^d f(x,y)\mathrm{d}y\right]\mathrm{d}x$$

对此,Mathematica系统给出的调用函数格式如下:

格式1: NIntegrate[f(x, y), {x, a, b}, {y, c, d}]

格式2: $\int_{\mathrm{c}}^{\mathrm{d}}\mathrm{dy}\int_{\mathrm{a}}^{\mathrm{b}}\mathrm{f(x,y)dx}$

【例 2.25】 计算$\iint\limits_G e^{-(x^2+y^2)}\mathrm{d}x\mathrm{d}y$,$G$ 为$-1\leqslant x\leqslant 1,0\leqslant y\leqslant 2$。

解 输入 NIntegrate[Exp[-x^2-y^2], {x, -1, 1}, {y, 0, 2}]

=1.31752

(2) 一般(有界)区域 G 上的二重积分

由于 G 的情况多样、复杂,Mathematica 系统没有给出相应的计算函数,然而可以利用数学里重积分计算的知识将二重积分转化为二次定积分后,再利用前面定积分的符号运算工具,便可计算出一般区域上的二重积分了。由二重积分计算知识得:

$$I=\iint\limits_G f(x,y)\mathrm{d}x\mathrm{d}y$$

$$=\int_{x_1}^{x_2}\mathrm{d}x\int_{y_1(x)}^{y_2(x)}f(x,y)\mathrm{d}y \quad (* \text{ 先对 } y \text{ 积分,再对 } x \text{ 积分 } *)$$

或 $$=\int_{y_1}^{y_2}\mathrm{d}y\int_{x_1(y)}^{x_2(y)}f(x,y)\mathrm{d}x \quad (* \text{ 先对 } x \text{ 积分,再对 } y \text{ 积分 } *)$$

【例 2.26】 计算$\iint\limits_G \sin(x+y)\mathrm{d}x\mathrm{d}y$,$G$ 为由曲线 $y=2x$ 与 $y=x^2$ 所围成的区域,如图 2.1 所示。

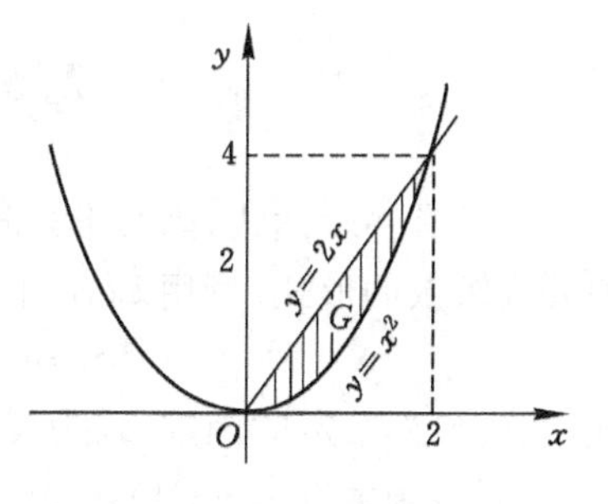

图 2.1 积分区域 G

解 $$\iint\limits_G \sin(x+y)\mathrm{d}x\mathrm{d}y$$

$$=\int_0^2\mathrm{d}x\int_{x^2}^{2x}\sin(x+y)\mathrm{d}y$$

(* 先 y 后 x *)

或 $$=\int_0^4\mathrm{d}y\int_{y/2}^{\sqrt{y}}\sin(x+y)\mathrm{d}x \quad (* \text{ 先 } x \text{ 后 } y *)$$

输入
```
z = Sin[x + y];y1 = x^2;y2 = 2x;
s1 = Integrate[z, {y, y1, y2}];     (* 先对 y 积分 *)
s2 = Integrate[s1, {x, 0, 2}];      (* 再对 x 积分 *)
N[s2]
 = 0.294441
```

作为练习,读者也可将上面例子先对 x 积分后,再对 y 积分,看看结果如何。

(3) 一般区域上的多重积分

按照上面的思路,不难将计算推广到更多重的积分上去。

【例 2.27】 已知上半球体 $x^2+y^2+z^2\leqslant r^2$, $z\geqslant 0$ 内某种物质的密度分布

函数为 $u=1+z$，试求此半球的总质量 M(设 $r=3$)。

解 由重积分的物理意义知

$$M=\int_{-r}^{r}\int_{-\sqrt{r^2-x^2}}^{\sqrt{r^2-x^2}}\int_{0}^{\sqrt{r^2-x^2-y^2}}(1+z)\mathrm{d}x\mathrm{d}y\mathrm{d}z$$

```
Clear[x, y, y1, y2];
r=3;u=1+z;
z1=0;z2=Sqrt[r^2-x^2-y^2];y1=-Sqrt[r^2-x^2];y2=-y1;
x1=-r;x2=r;
s3=Integrate[u, {z, z1, z2}];
s4=Integrate[s3, {y, y1, y2}];
s5=Integrate[s4, {x, x1, x2}];
M =N[s5]
  =120.166
```

若取 $u=1$，则可得到半球的体积 $M=56.548\,7$。

2.6 幂级数展开

对于有些表达式，因其形式较复杂或为了近似计算其结果，常常需要把它们展开成级数的形式，可用 Series[ ]来展开幂级数。它的调用格式如下：

Series[f(x), {x, x0, n}]

式中 $f(x)$为给定的函数，x_0为展开点的坐标，n 为展开的最高次幂。

例如：函数 $\log(x+1)$在 $x=0$ 处包含 x^5 的幂级数展开。

即 Series[Log[x+1],{x,0,5}] $=x-\frac{x^2}{2}+\frac{x^3}{3}-\frac{x^4}{4}+\frac{x^5}{5}+O[x]^6$

【例 2.28】 将 $\sin x$ 在 $x=0$ 点做 Taylor 展开至前 8 项。

解 Series[Sin[x], {x, 0, 8}]

$=x-\frac{x^3}{6}+\frac{x^5}{120}-\frac{x^7}{5040}+O[x]^9$

(* 式中 x^{2k}项在系统中均为 0，略去不写 *)

上式中最后一项 $O[x]^9$ 称为 Taylor 展开的余项，它表明了在展开点 $x_0=0$ 附近，如果将$|x|$看作一阶无穷小量，那么余项将是一个 $k\leqslant 9$ 阶无穷小。如果丢掉这项高阶无穷小，那么将会得到

$$\sin x\approx x-\frac{x^3}{6}+\frac{x^5}{120}-\frac{x^7}{5\,040}$$

这样就将 $f(x)=\sin x$ 在 $x=0$ 点附近近似地表示为七次多项式了。

【例 2.29】 将 $\log x$ 在 $x=1$ 点做 Taylor 展开至前 4 项。

解 Series[Log[x], {x, 1, 4}]

$$=(x-1)-\frac{1}{2}(x-1)^2+\frac{1}{3}(x-1)^3-\frac{1}{4}(x-1)^4+O[x-1]^5$$

同理可得

$$\log x\approx (x-1)-\frac{1}{2}(x-1)^2+\frac{1}{3}(x-1)^3-\frac{1}{4}(x-1)^4$$

2.7 求和与求积

在数学中,将 m 个项的和 $u_1+u_2+\cdots+u_m$ 简记为 $\sum_{n=1}^{m}u_n$,即 $\sum_{n=1}^{m}u_n=u_1+u_2+\cdots+u_m$,而将 m 个项的积 $u_1\times u_2\times\cdots\times u_m$ 简记为 $\prod_{n=1}^{m}u_n$,即 $\prod_{n=1}^{m}u_n=u_1\times u_2\times\cdots\times u_m$。有时 m 可以取到无穷大,那么问题就变成无穷项的和与无穷项的积了。在 Mathematica 系统中设计有求和与求积函数,它们的调用格式是:

求和 Sum[u_n, {n, n_1, n_2}] 或者 $\sum_{n=n_1}^{n_2}u_n$

求积 Product[u_n, {n, n_1, n_2}] 或者 $\prod_{n=n_1}^{n_2}u_n$

式中 u_n 为通项,n 为通项的项数,n_1 为起始项,n_2 为终止项,n_2 可以取有限数,也可以取 Infinity(即$+\infty$)。

【例 2.30】 求 $\sum_{n=1}^{3}\frac{x^n}{2n}$ 与 $\sum_{n=1}^{\infty}\frac{x^n}{2n}$。

解 Sum[x^n/(2n), {n, 1, 3}] $=\frac{x}{2}+\frac{x^2}{4}+\frac{x^3}{6}$

$$\sum_{n=1}^{\infty}\frac{x^n}{2n}=-\frac{1}{2}\mathrm{Log}[1-x]$$

【例 2.31】 已知 $u_n=1+\frac{1}{n^5}$,试求 $\prod_{n=1}^{5}u_n$ 与 $\prod_{n=1}^{\infty}u_n$。

解 Product[$(1+\frac{1}{n^5})$, {n, 1, 5}] $=\frac{14333231}{6912000}$

$\prod_{n=1}^{\infty}(1+\frac{1}{n^5})=1/(\mathrm{Gamma}[1-(-1)^{1/5}]\,\mathrm{Gamma}[1+(-1)^{2/5}]\,\mathrm{Gamma}[1-(-1)^{3/5}]\,\mathrm{Gamma}[1+(-1)^{4/5}])$

注：Gamma[1－(－1)$^{1/5}$]＝Gamma $[x]=\Gamma(x)=\int_0^{+\infty}\mathrm{e}^{-t}t^{x-1}\mathrm{d}t\quad(x>0)$。

2.8 方程与方程组求解

2.8.1 方程与方程组的精确解

这里的方程主要是指代数方程(或方程组)，例如：$x^n+nx-1=0$ 与 $\log x+x=2$ 等。当代数方程最高次项的次数 $n\leqslant 4$ 时，方程的根(或解)可以用公式精确地表示出来，例如二次方程的根就可表示成 $x_{1,2}=(-b\pm\sqrt{b^2-4ac})/2a$。对 $n\geqslant 5$ 时的一般代数方程，数学上已经证明不可能有公式解，对于一般的超越方程也不存在精确的公式解。当精确公式解不存在时，我们只能去求它的近似数值解。如果精确公式解存在，我们自然希望首先求出这种解来，它的最大优点之一是便于我们对解的结构进行分析讨论与估计。

Mathematica 系统提供了求解各类代数方程精确解的求解函数 Solve，它的调用格式如下：

Solve[方程(或方程组)，未知量]

数学上表示方程的等号“＝”在 Mathematica 系统中用两个等号“＝＝”来表示。有些超越方程(或方程组)，也可以用上面的 Solve 函数求解。

【例 2.32】 求方程 $x^3+2x=0$ 的根。

解 Solve[x^3＋2x＝＝0，x]//Simplify

$=\{\{x\to 0\},\{x\to -i\sqrt{2}\},\{x\to i\sqrt{2}\}\}$

【例 2.33】 求方程组 $\begin{cases}x^2-y=m\\x+y=n\end{cases}$ 的根。

解 Solve[{x^2－y＝＝m，x＋y＝＝n}，{x，y}]

$=\{\{x\to\frac{1}{2}(-1-\sqrt{1+4m+4n},\ y\to\frac{1}{2}+n+\frac{1}{2}\sqrt{1+4m+4n}\},$

$\{x\to\frac{1}{2}(-1+\sqrt{1+4m+4n},\ y\to\frac{1}{2}(1+2n-\sqrt{1+4m+4n})\}\}$

【例 2.34】 求解方程 $\sqrt{2x-1}+\sqrt{x}=b$。

解 这是一个无理代数方程，经过若干变换后总可以将它转化为有理代数方程，因此这样的方程也可利用 Solve 函数求解。

Solve[$\sqrt{2x-1}+\sqrt{x}$＝＝b，x]

$=\{\{x\to 1+3b^2-2\sqrt{b^2+2b^4}\},\{x\to 1+3b^2+2\sqrt{b^2+2b^4}\}\}$

2.8.2 非线性方程(组)的近似解

对于一般的高次代数方程与一般的超越方程,即非线性方程,由于不存在精确的解析解,所以不能利用符号运算求解,只有通过各种方法去求它的近似数值解。下面介绍如何用切线法(牛顿法)和割线法求方程的近似解。

2.8.2.1 牛顿法

Mathematica 系统为我们提供的牛顿法求近似解的调用函数是 FindRoot,其调用格式是

FindRoot[f(x), {x, x_0}]

FindRoot[{f1(x,y),f2(x,y)}, {x, x_0},{y, y_0}]

式中 $f(x)$ 为给定的求根方程 $f(x)=0$ 中的等号左边函数,$f_1(x,y)$,$f_2(x,y)$ 分别为给定的求根方程组 $f_1(x,y)=0$,$f_2(x,y)=0$ 中的等号左边函数,x,y 为未知量,x_0 为选定的初始点,即牛顿迭代公式中 x_n 的初值,x_0 的选取可以有多种方法,我们用具体例子说明如下。

【例 2.35】 求方程 $\cos 2x-x=0$ 的实根。

解 为了得到一个初始点 x_0,可以先采用分析方法:

令 $f(x)=\cos 2x-x$,易知 $f(x)$ 在区间 $(-\infty,+\infty)$ 上连续可微,而且 $f(0)>0$,$f(1)<0$。由 $f(x)$ 在区间 $[0,1]$ 上的连续性知,在 $[0,1]$ 上必有一点 x_0 使 $f(x_0)=0$,不妨将 x_0 取为 $[0,1]$ 的中点,即 $x_0=0.5$,有

FindRoot[Cos[2x]-x, {x, 0.5}]

={x→0.514933}

【例 2.36】 求方程 $x^5-5x+1=0$ 的一个实根。

解 这是一个 5 次代数方程,很可能有 5 个实根,为了找到一个初始点 x_0,还可采用图形法如下:

令 $y=x^5-5x+1$,利用 Plot 函数画出这条平面曲线,观察此曲线同 Ox 轴的交点 M_i,M_i 的横坐标 x_i 的大致位置便是一个初始点(M_i 的纵坐标 y_i 均为 0),如图 2.2(a)所示。

或者令 $y_1=x^5$,$y_2=5x-1$,利用 Plot 函数画出这两条平面曲线,在它们的交点 N_i 处,N_i 的横坐标 x_i 的大致位置便是一个初始点。

输入 Plot[{y_1,y_2}, {x, -4, 4}] 或 Plot[{x^5, 5x-1}, {x, -4, 4}]

运行结果如图 2.2(b)所示。

从图形可以看到,所给方程共有 3 个实根,它们分别位于区间 $[-2,-1]$,$[0,1]$,$[1,2]$ 上。比如,要想求出 $[-2,-1]$ 上的那个实根,不妨将 x_0 取在 $[-2,-1]$ 的中点上,即 $x_0=-1.5$,则有:

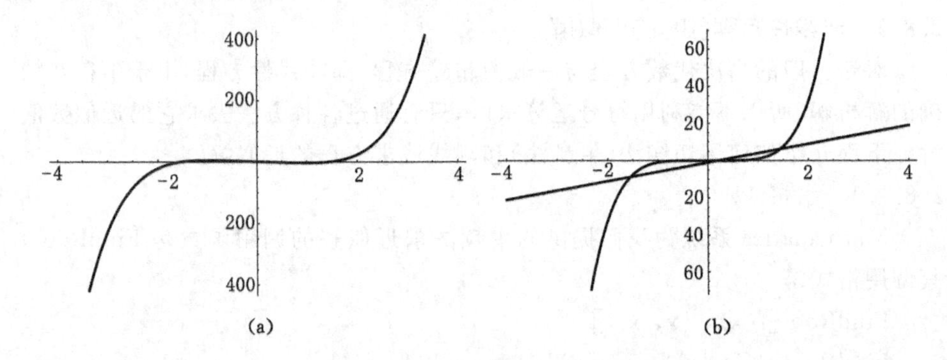

图 2.2 运行结果

FindRoot[x^5－5＊x＋1= =0, {x, －1.5}]

=－1.54165

如果将初始点分别取 $x_0=0.5$ 与 1.5,则可得到另外两个实根是 0.200 064 与 1.440 5。

【例 2.37】 求方程组 $\begin{cases} x+y=1 \\ \sin x-\cos y=0.1 \end{cases}$ 的一个实根。

解 利用画图法找此例的初始点有一些麻烦,我们将使用第 3 种办法,即随机生点来得到 x_0。

函数 Random[ ] (＊ 生成一个 0 与 1 之间的随机数 ＊)

函数 Random[Real, {a, b}] (＊ 生成一个 a 与 b 之间的随机数 ＊)

观察所给方程组知,在 $0\leqslant x\leqslant 1$ 与 $0\leqslant y\leqslant 1$ 的范围内很可能存在实根,故不妨取 x_0=Random[ ], y_0=Random[ ],则有:

FindRoot[{x+y= =1, Sin[x]－Cos[y]= =0.1}, {x, Random[ ]}, {y, Random[ ]}]

={x→1.46394, y→－0.46394}

2.8.2.2 割线法

Mathematica 系统为我们提供的割线法求近似解的调用函数也是 FindRoot,其调用格式是:

FindRoot[f(x), {x, x_0, x_1}]

式中 $f(x)$为给定的求根方程 $f(x)=0$ 中的等号左边函数,x 为未知量,x_0,x_1为选定的两个初始点。初始点的设置可以用上面牛顿法中的分析法和画图法确定。

【例 2.38】 求方程 $\sin(\cos x^2)-x=0$ 的实根。

解 FindRoot[Sin[Cos[x^2]]－x, {x, 0.5}]

= {x → 0.749074}

【例 2.39】 求方程 $|x|-3\cos x=0$ 的实根。

解 FindRoot[Abs[x] - 3 Cos[x], {x, -1, 6}]

= {x → 1.17012}

2.8.2.3 多项式根的数值解

如果 $f(x)$ 是 n 次多项式,解方程 $f(x)=0$ 就相当于求 n 次多项式的根的问题,而 n 次多项式在复数域上有 n 个根,上面介绍的 FindRoot 一次只能求一个根,现在要求出这 n 个根就必须用 NSolve 或 NRoots 函数了。它们的调用格式见表 2.3。

表 2.3 多项式的数值解

函数	意义
NSolve[多项式==0,x]	求多项式的所有近似解
NSolve[多项式==0,x,n]	求多项式的所有近似解,保留有效位数为 n 位
NRoots[多项式==0,x]	求多项式的所有近似解且解之间用逻辑或运算连接

【例 2.40】 求方程 $x^5-5x+1=0$ 的所有根。

解 输入

NSolve[x^5-5x+1==0,x]

={{x→-1.54165},{x→-0.0494564-1.49944i},{x→-0.0494564+1.49944i},{x→0.200064},{x→1.4405}}

【例 2.41】 求方程 $x^5-5x+1=0$ 的所有根,并保留 20 位有效数字。

解 输入

NSolve[x^5-5x+1==0,x,20]

={{x→-1.5416516841045247594},

{x→-0.0494564079335053606-1.4994413672391491358i},

{x→-0.0494564079335053606+1.4994413672391491358i},

{x→0.20006410262997539129},{x→1.4405003973415600893}}

【例 2.42】 求方程 $x^5-5x+1=0$ 的所有根,使输出结果用或运算连接。

解 输入

NRoots[x^5-5x+1==0,x]

运行后得

x==-1.54165||x==-0.0494564-1.49944i||x==-0.0494564+1.49944i||x==0.200064||x==1.4405

注:NRoots 与 NSolve 的输出结果只是显示方式不同。

2.9 不等式求解

求解不等式也是数学中的一个重要内容。求解不等式的函数格式如下：

Reduce[不等式(或不等式组),未知量]

【例 2.43】 求不等式 $x(x^2-2)(x^2-3)>0$ 的解。

解 Reduce[x(x^2-2)(x^2-3)>0,x]

$=-\sqrt{3}<x<-\sqrt{2}||0<x<\sqrt{2}||x>\sqrt{3}$

【例 2.44】 求不等式组 $x^2-4x-6<0$ 和 $x^2-6x+2>0$ 的解。

解 Reduce[{x^2-4x-6<0&&x^2-6x+2>0},x]

$=2-\sqrt{10}<x<3-\sqrt{7}$

【例 2.45】 求解方程组 $x(x^2-2)(x^2-3)>0, y+x>0$ 的解。

解 Reduce[{x(x^2-2)(x^2-3)>0,y+x>0},{x,y}]

$=(-\sqrt{3}<x<-\sqrt{2}\&\&y>-x)||(0<x<\sqrt{2}\&\&y>-x)||(x>\sqrt{3}\&\&y>-x)$

2.10 迭代方程求解

Mathematica系统中对形如 $a(n)=a(n-1)+a(n-2), a(0)=0, a(1)=1$ 类型的迭代方程也提供了求一般项 $a(n)$ 的操作函数,格式如下：

RSolve[迭代方程,a[n],n]

【例 2.46】 求 $a(n)=n+a(n-1), a(0)=0$ 的一般项 $a(n)$。

解 RSolve[{a[n]==n+a[n-1],a[0]==0},a[n],n]

$=\{\{a[n]\to=\frac{1}{2}n(1+n)\}\}$

2.11 三角变换

Mathematica系统提供了数学中三角函数的变换函数,主要变换格式见表2.4所列。

表 2.4 三角变换函数

函数	意义
TrigExpand[三角表达式]	将三角函数表达式展开成和的形式
TrigFactor[三角表达式]	将三角函数表达式展开成积的形式
TrigReduce[三角表达式]	用倍角化简三角函数表达式

例如：

TrigExpand[Sin[x]Cos[x]]= Cos[x]Sin[x]

TrigFactor[Sin[x]Cos[x]+Sin[2x]]=3Cos[x]Sin[x]

TrigReduce[Sin[x]Cos[x]+Sin[2x]] $=\frac{3}{2}$Sin[2x]

习题 2

1. 化简下列各式：

(1) $(x-2)(x^2+2x+4)+(x+5)(x^2-5x+25)$；

(2) $(y-2)(y^2-6y-9)-y(y^2-2y-15)$。

2. 展开下列各式：

(1) $(a+b)^3$；

(2) $(x+y-z)^2$。

3. 分解下列各式：

(1) x^5+y^5；

(2) a^8-b^8。

4. 约去下列分式中的公因式：

(1) $\dfrac{x^3+y^3}{x^2-y^2}$；

(2) $\dfrac{x^2+y^2-z^2+2xy}{x^2-y^2+z^2-2xy}$。

5. 对下列分式通分后化简：

(1) $\dfrac{b-c}{a}+\dfrac{c-a}{b}+\dfrac{a-b}{c}$；

(2) $\dfrac{1}{x+1}+\dfrac{2}{x-2}-\dfrac{3}{x+3}$。

6. 将下列分式分解为最简分式之和：

(1) $\dfrac{x-3}{x^3-x}$；

(2) $\frac{2(1+x^2)}{(x-1)(x+1)^2}$。

7. 求下列函数的极限：

(1) $\lim\limits_{x\to 0}\frac{\tan 3x-\sin 9x}{x^3+1}$；

(2) $\lim\limits_{x\to y}\frac{e^x}{x-y}$；

(3) $\lim\limits_{x\to\infty}\left(\frac{x+1}{x-3}\right)^x$。

8. 求下列函数的导数：

(1) $y=a\sin x$，求 y''；

(2) $y=e^{-x}\ln x$，求 y''；

(3) $y=\frac{1}{1+x}$，求 $y^{(20)}$；

(4) $u=\ln\sin\sqrt{x^2+y^2+z^2}$，求 u_y，u_{xy}，u_{xyz}。

9. 求下列函数的积分：

(1) $\int\frac{1}{(x+1)^2(x^2+1)}dx$；

(2) $\int\frac{\arcsin x}{x^2}dx$；

(3) $\int_1^{e^2}\frac{1}{x+\sqrt{1+\ln x}}dx$。

10. 将下面函数作幂级数展开：

(1) $f(x)=\ln x$ 在 $x=0$ 点展开至 $n=9$；

(2) $\varphi(x)=\frac{x}{x^2+2}$ 在 $x=-3$ 点展开至 $n=4$。

11. 求下列和式与积式：

(1) $\sum\limits_{k=1}^{\infty}k^2x^k$；

(2) $\prod\limits_{n=1}^{\infty}\frac{1}{e^{n^2}}$。

12. 求解下列各方程：

(1) $x^3-3x+6=0$；

(2) $\sqrt{x-6}+\sqrt{2x+1}=c$；

(3) $\begin{cases}5x-y+1=m\\x^2+8y^2=n\end{cases}$。

13. 计算下列函数在各点的值：

(1) $y = \ln\sqrt{1+x^2} + \arccos\frac{x}{2}$，求当 $x = 0,1,2$ 时的 y 值；

(2) $y = \frac{\ln\sin x}{1+\cos x}$，求当 $x = 0,\pi/6,\pi/4,\pi/3,\pi/2$ 时的 y 值；

(3) $u = \cos\sin\sqrt{x^2+y^2+z^2}$，求当 $(x, y, z) = (0, 1, 1), (1, 0, 2)$ 时的 u 值。

14. 计算下列导数在各点的近似值：

(1) $y = \arcsin\frac{x}{2}$，求当 $x = 0,1,2$ 时的 y' 与 y'' 的值；

(2) $y = \frac{\sin x}{1+\cos x} + x\sqrt{1+x^2}$，求当 $x = 0,\pi/6,\pi/4$ 时 y'' 与 y''' 的值；

(3) $z = \frac{x-y}{1+xy}$，求当 $(x, y) = (1, 2)$ 时 z_x，z_{xy}，z_{xx} 的值；

(4) $u = \ln\sin\sqrt{x^2+y^2+z^2}$，求当 $(x, y, z) = (1, 2, 3)$ 时 u_y，u_{xy}，u_{xyz} 的值。

15. 计算下列定积分值：

(1) $\int_0^{\pi/4}\mathrm{d}t\int_0^1\sqrt{1-r^2}\,\mathrm{d}r$；

(2) $\int_0^1\mathrm{d}x\int_0^{\sqrt{1-x^2}}\sqrt{1-x^2-y^2}\,\mathrm{d}y$；

(3) $\int_0^1\mathrm{d}x\int_0^{1-x}\mathrm{d}y\int_0^{1-x-y}\frac{x+y}{(1+x+y+z)^6}\mathrm{d}z$。

16. 用牛顿法求下列方程(组)的近似实根：

(1) $\cos x - x = 0$；

(2) $\begin{cases}3x-4y+1=1\\x^2+y^2=4\end{cases}$；

(3) $\begin{cases}x+y+z=6\\x+yz+zx=8\\\mathrm{e}^{-x}+\ln y+z=2\end{cases}$。

17. 用割线法求下列方程(组)的近似实根：

(1) $x^5+5x+1=0$；

(2) $x^2-4x+\ln x=0$。

18. 求 $x^8+5x+1=0$ 的所有根。

第3章 程序与编程

前面学习了有关 Mathematica 的各种基本运算及操作，为了使 Mathematica 更有效地工作，可以编制 Mathematica 程序使其实现一定的功能。本章将介绍如何编写 Mathematica 程序。

3.1 自定义函数

Mathematica 系统中虽然有大量的内部函数，但有时仍然不能满足用户的需要，用户可以定义自己需要的函数，本节将介绍自定义函数的定义方法及应用。

3.1.1 自定义一元函数

自定义一元函数方法如下：

f[x_]：＝自选表达式

如 $f[x\_]:=2x+3$，如果将此式同数学中常用的函数定义符号 $f(x)=2x+3$ 相比较，容易看到二者间的差别。按照 Mathematica 的规定，应该将圆括号换为专用于函数的方括号，即 $f[x]=2x+3$，于是二者间的主要差别为：一是自变量“$x\_$”与“x”的差别，二是定义符“：＝”与“＝”的差别。

3.1.1.1 $x_$与 x 功能上的差别

【例 3.1】 通过下面的例子观察 $x_$的用法和意义。

解
```
In[1]：＝f[x_]：＝2x＋3b;
In[2]：＝f[x]
Out[2]＝3b＋2x
In[3]：＝f[y]
Out[3]＝3b＋2y
In[4]＝f[b]
Out[4]＝5b
In[5]：＝f[{1,2,3}]
Out[5]＝{2＋3b,4＋3b,6＋3b}
```

【例 3.2】　通过下面的例子观察 x 的用法和意义。

解　In[1]：=g[x]：=2x+3b;

In[2]：=g[x]

Out[2]=3b+2x

In[3]：=g[y]

Out[3]=g[y]

In[4]：=g[b]

Out[4]=g[b]

In[5]：=g[{1,2,3}]

Out[5]=g[{1,2,3}]

上面例子说明：

① 自定义函数符号 $f[x\_]:=2x+3b$ 中的 x(在 x 后面必须紧跟着一个下划线)同数学函数符号 $f(x)$ 中 x 的功能基本上一样，都是起着自变量的作用，在 Mathematica 里将 $x\_$ 称为规则变量或模式变量；而 $f[x]$ 中的 x 类似于数学里的一个常量，即 $f[x]$ 只代表 $f[x\_]$ 在某一点的值。

② $f[x\_]:=2x+3b$ 中模式变量 $x\_$ 代表着一类重要的实体，它不仅可以取实数，还可以取向量和矩阵，以及由 f 所规定的同右端表达式中与 $x\_$ 相匹配的任何结构的量。

3.1.1.2　“=”与“：=”功能上的差别

它们的主要差别是：前者为立即赋值，后者为延时赋值。亦即使用“=”时，右边表达式在定义时被立即赋值，而使用“：=”时，右边的表达式在定义时暂不赋值，直到被调用时才被赋值。

【例 3.3】　通过下面的例子观察“=”与“：=”功能上的差别。

解　In[1]：=Clear[f,g];

In[2]：=x=3;

In[3]：=f[x_]=x^2　(* 立即赋值，输出结果 9 *)

Out[3]=9

In[4]：=g[x_]：=x^2 (* 延时赋值，只是内存记住定义，不输出结果 *)

In[5]：=g[x]　　　　(* 调用 $g[x]$，才能输出结果 9 *)

Out[5]=9

上面例子说明，“f[x_]=x^2”在定义时便被赋值 $x=3$，在调用它时，“f[x]”中的值已是 3^2 了，而“g[x_]：=x^2”在定义时暂时不赋值，直到调用时“g[x]”才被赋值“g[3]=3^2=9”。

在使用自定义函数时，要特别注意到它与数学中已经习惯使用的函数符号

$f(x)$在这两点上的不同,以避免一些不必要错误的发生。

例 3.3 中设置开头语句“Clear[f,g]”,是为了清除掉前面对 f 与 g 的所有定义,否则容易引起同例 3.1,3.2 中 f,g 的混淆,常用的清除函数有:

Clear[f]　　　清除 f 的所有定义

3.1.2 自定义多元函数

自定义多元函数与一元函数类似,只是变量多, 其一般形式是

f[u_,v_,p_,…,w_]:=自选表达式

例如自定义二元函数的一般形式是

f[u_,v_]:=自选表达式

例如:

```
Clear[x]
x[u_,v_]:=Cos[u]*Cos[v];
y[u_,v_]:=u*Sin[v];
z[u_,v_]:=a*Sin[u]+b*v;
```

共有 3 个自定义二元函数,这为我们绘制参数曲线面提供了很大的方便。

类似的还可以定义三元、四元以及更多元的自定义函数。

例如:h[a_,k_,x_]:=a+k-x

　　s[a_,b_,c_,x_]:=a*Sin[b*x+c]

3.2 纯函数

在 Mathematica 中还常用到一种没有函数名字的函数,这种特殊形式的函数称为纯函数。

3.2.1 纯函数的一般形式

纯函数的一般形式如下:

Function[表达式]　　　(注*:此表达式中变量用#1,#2 等表示*)

Function[自变量,函数表达式]

例如:

```
In[1]:=Function[#+3]
Out[1]=#1+3&
In[2]:=Function[#+3][2]
Out[2]=5
In[3]:=Function[x,1+x];            (* 定义纯函数 1+x *)
In[4]:=Function[x,1+x][2]          (* 计算 1+x 在 x=2 处的值 *)
```

```
Out[4]=3
In[5]:=Function[{x,y},x+y-x*y][1,2]
Out[5]=1
```

3.2.2 纯函数的缩写形式

上面纯函数的一般形式与通常函数的书写形式相比较麻烦，需要输入更多的字符，如果采用函数的缩写形式就会简便得多，缩写形式如下：

函数表达式 &

式中，用 & 代替了 Function，省略了自变量，如果是一元函数自变量，用符号 # 表示，多元时则用 #n 表示第 n 个自变量。例如，上面例子的缩写形式为：

```
f=(1+#)&
f[2]=3
g=(#1+#2-#1*#2)&
g[1,2]=1
```

另外，符号 ## 表示所有的自变量，##n 表示第 n 个以后的自变量。例如：

```
In[6]:=f[x,##,y,##]&[a,b,c,d]
Out[6]=f[x,a,b,c,d,y,a,b,c,d]
```

3.3 表达式求值与变换规则

3.3.1 表达式求值

在 Mathematica 系统中，所有输入的实体都可称为表达式，系统对表达式的处理过程称为求值过程，求值的结果可能是一个数值、一个图形、一个表达式等。求值的对象是表达式，求值的结果也是表达式，因此可将求值过程看作是从表达式到表达式的一种变换，或者是一种映射。Mathematica 对表达式的处理系统由一个求值系统和一个变换规则库组成。变换规则库通常由系统内部已有的函数组成，用户也可新建一些函数加入规则库中。求值的过程是系统运用库中的各种规则对表达式进行变换，一直到库中没有变换规则可利用为止，新得到的表达式就是对原输入表达式求值的结果。系统的求值能力则由变换规则库中有些什么规则直接决定。下面先以一个简单例子来说明一下表达式的求值过程。

【例 3.4】

```
In[1]:=Join[{1,2,3},{4,5,6}](* 将2个表{1,2,3}与{4,5,6}连接起来 *)
Out[1]= {1, 2, 3, 4, 5, 6}
```

上面表达式输入并开始执行后，系统在已有的变换规则库里找到一条与 Join 有关的规则，然后进行相应的变换，最后得到结果{1, 2, 3, 4, 5, 6}并输出。

【例 3.5】

```
In[2]：=x=1;y=2;
f[x]=x+6;
g[y]=y-1;
h[x,y]=x*y+f[x]/g[y]
Out[5]=9
```

上面输入的 5 个表达式，分别由用户定义了 5 条变换规则，系统将按照用户的这些规则进行变换，得到结果(数值 9)后并输出。系统刚启动时，用户定义的规则集合为空，规则库里只有系统内部的规则，接着用户定义的变换规则也将被加入规则库中，用户在使用时不会感到系统规则与用户规则有什么根本的区别。

3.3.2 变换规则

变换规则可分为自动使用的规则与非自动使用的规则 2 类。

(1) 自动使用的规则

由上述内容可知，对表达式的求值过程就是系统对表达式进行一系列的使用变换规则的过程，系统原有的变换规则与用户新建的变换规则(函数或表达式)均被存入系统的规则库里，在求值时系统将会自动查阅与使用。其中用"="与"：="定义的规则都属于这一类，可称之为自动使用的规则，比如在前面表达式求值中所举的 2 个例子就是这样的例子。

(2) 非自动使用的规则

非自动使用的规则不能放入系统的规则库中，求值系统无法找到它们，因而系统不能自动使用，要由用户来说明这些规则，并要求它们做某些变换时，这些规则才能对表达式发挥作用。在数学里有许多等式描述的演算规则，它们经常从两个不同的方向被人们使用。例如 $x^2-1=(x+1)(x-1)$，根据不同的需要，可以要求它从左到右展开，也可以要求它从右到左合并。像这样的演算规则就应该放入非自动使用的规则中，因为在定义自动使用规则时，总是按照一个方向来考虑和进行变换的。

(3) 带有条件的规则

在延时赋值号"：="定义的变换规则中，还可附加条件，它们的定义形式如下：

模式：=表达式/;条件

其中/;是附加条件用的操作符。

【例 3.6】 利用带条件的规则定义递归函数 $f(n)=f(n-2)+nf(n-1)$。

解 In[1]：=f[0]=1;

```
f[1]=2;
f[n_]:=f[n-2]+n*f[n-1]/;IntegerQ[n]&&n>0
```

其中附加条件的内容是当 n 为整数时其值为真，否则为假，同时还要求 $n>0$。

按上面定义 $f(n)$ 后，若输入

```
f[10]
```

则得到

```
= 12714721
```

【例 3.7】 利用带条件的规则定义分段函数

$$g(x)=\begin{cases}1+x, & -1\leqslant x<1\\ 3-x, & 1\leqslant x\leqslant 3\\ 0, & \text{otherwise}\end{cases}。$$

解
```
g[x_]:=1+x/;     -1<=x<1;
g[x_]:=3-x/;     1<=x<=3;
g[x_]:=0/;       x<-1||x>3
```

这样定义的规则除了模式与对象表达式必须匹配以外，同时还要求附加条件也要满足，执行的结果才能正确。

3.4 全局变量与局部变量

编写 Mathematica 程序时不必预先声明变量的类型，默认用户所使用的变量都是全局变量。但这样做会有一定的麻烦：一是可能因忘记自己使用过的变量从而导致发生错误；二是调用他人编写的程序时，难以弄清哪些变量已经用过。尤其是在多人共同编写供别人使用的程序系统时，在程序内部就应使用局部变量而不是全局变量，以免发生变量冲突。所以在编程之前先介绍建立局部变量的方法，就是使用模块结构或块来建立并使用局部变量，其格式如下：

```
Module[{x,y,…},语句体]
Module[{x=x0,y=y0,…},语句体]
Block [{x,y,…},语句体]
Block[{x=x0,y=y0,…},语句体]
```

第一式中 Module、第三式中 Block 表示一种模块结构，表{$x,y,\cdots$}中的变量 $x,y,\cdots$被声明为局部变量，语句体为程序表达式，通常为复合表达式。第二式、第四式中在建立局部变量 $x,y,\cdots$时，可以赋给初值 $x_0,y_0,\cdots$，以上四式都以表达式语句体运行的结果作为返回值。那么 Module 模块与 Block 块有什么差别呢？Mathematica 在执行 Module 模块时直接把局部变量的值代入语句体中显性出现的局部变量中参与计算。而 Mathematica 在执行 Block 块时不仅直接把局部变量的值代入语句体中显性出现的局部变量中计算，也代入隐性出现的变量中参与计算。

【例 3.8】

In[1]：=x=16;(＊把 16 赋给全局变量 x，执行该语句时，不显示结果＊)

In[2]：=Module[{x},x=Sin[Pi/4];Print[x]] (＊设置 x 为局部变量＊)

Out[2]= $\frac{1}{\sqrt{2}}$

In[3]：=x

Out[3]=16

上例说明模块 Module 中局部变量 x 的值 Sin(π/4)不会改变同名全局变量 x 的值(x=16)。

注：Mathematica 语句中，除 Print 这样的输出语句外，"；"在语句的末尾表示执行该语句时，结果不显示在屏幕上。"；"在语句的内部表示该符号前后语句是一个整体。

【例 3.9】

In[4]：=x=12;y=13;z=14;

In[5]：=Module[{x,y,z},x=1;y=3;z=x+y;Print[x,y,z]]

Out[5]=1 3 4 (＊ 局部变量 x,y,z 的值 ＊)

In[6]：={x,y,z}

Out[6]={12,13,14} (＊ 全局变量 x,y,z 的值 ＊)

Mathematica 程序也像 C、Fortran 等其他语言程序一样，有各种语句类型，下文将逐一介绍。

【例 3.10】 举例说明 Block 与 Module 的不同。

In[7]：=m=i^2;

In[8]：=Block[{i=a},i+m]

Out[8]=a+a^2

In[9]：=Module[{i=a},i+m]

Out[9]=a+ i^2

3.5 顺序语句

在 Mathematica 中的顺序语句，就是各语句逐行输入，没有拐弯，亦即一串用分号或回车隔开的表达式序列。

例如：In[1]：$=x_1=1;x_2=x_1+2;x_3=x_2+3$

In[2]：$=x_4=x_3+x_2+3$

上述表达式的含义是按顺序依次执行，得到 x_1，x_2 的结果不显示，得到的 x_3，x_4 的结果显示。结果如下：

Out[1]=6

Out[2]=12

3.6　条件语句

在 Mathematica 中提供有 3 种描述条件分支结构的语句，它们分别是 If 语句、Which 语句和 Switch 语句。

3.6.1　If 语句

If 语句是最为常用的条件分支结构语句，它的一般形式是：

If[逻辑表达式 e,表达式 s]

它的具体形式有：

If[逻辑表达式 e,表达式 s_1]

当 e 的值为真(成立)时，就执行 s_1 一次，s_1 的值就是整个 If 结构的值；否则，若 e 的值为假时，那么返回 Null(没有结果显示)。

If[逻辑表达式 e,表达式 s_1,表达式 s_2]

当 e 的值为真时，执行 s_1，并将 s_1 的值作为整个结构的值；否则，执行 s_2，并将 s_2 的值作为整个结构的值。

If[逻辑表达式 e,表达式 s_1,表达式 s_2,表达式 s_3]

当 e 的值为真时，执行 s_1；当 e 的值为假时，执行 s_2；当 e 的值不能判定为真或为假时，执行 s_3，并将三者之一的结果作为整个 If 结构的值。

【例 3.11】 利用 If 语句描述绝对值函数 $f(x)=|x|=\begin{cases}x, & x\geqslant 0\\ -x, & x<0\end{cases}$。

解　f[x_]：=If[x≥0,x,-x]；

【例 3.12】 利用 If 语句描述符号函数 $g(x)=\begin{cases}1,x>0\\0,x=0\\-1,x<0\end{cases}$，并求 $g(0)$，$g(-2)$，$g(3)$ 的值。

解　In[1]：=g[x_]：=If[x>0,1,If[x= =0,0,-1]]；

In[2]：=g[0]

Out[2]=0

In[3]：=g[-2]

Out[3]=-1

In[4]：=g[3]

Out[4]=1

从例3.12看到If语句可以嵌套使用。

3.6.2　Which语句

Which语句的一般形式为：

Which[条件 e_1，表达式 s_1，条件 e_2，表达式 s_2，…，条件 e_n，表达式 s_n]

Which[条件 e_1，表达式 s_1，…，条件 e_n，表达式 s_n，True，表达式 s]

第一式的含义是：当条件 e_1 成立时，则执行表达式 s_1；当 e_1 不成立而 e_2 成立时则执行 s_2；依此类推至 e_n，并将执行的结果 s_i 作为整个语句的结果返回；如果 e_i 都不成立，则返回Null，不显示结果。

第二式中以True作为最后一个条件，用来处理其他情况。

【例3.13】　试用Which语句描述分段函数

$$f_1(x)=\begin{cases}\dfrac{x^2-1}{x-1}, & -1\leqslant x<2\\ 5-x, & 2\leqslant x<5\end{cases},$$

并求 $f_1(0)$，$f_1(1)$，$f_1(2)$，$f_1(3)$ 的值。

解　f_1[x_]：=Which[x≥-1&&x<2，(x^2-1)/(x-1)，x≥2&&x<5，5-x]

f_1[0]=1，f_1[1]=输出："碰到无穷表达式$\frac{1}{0}$"，f_1[2]=3，f_1[3]=2

函数 $f_1(x)$ 在区间[-1,5]上除 $x=1$ 外处处有定义，如图3.1所示。

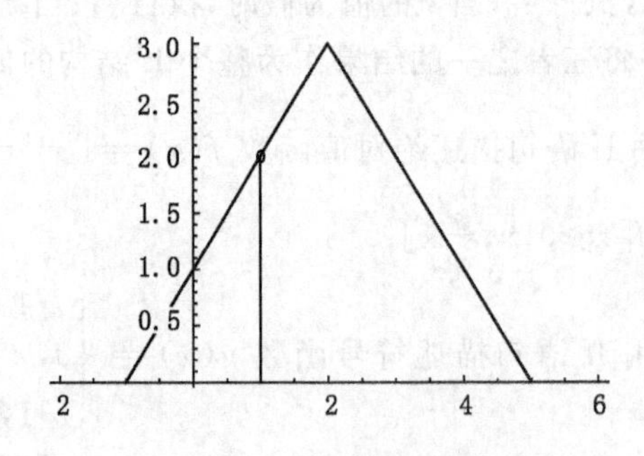

图3.1　运行结果

【例 3.14】 试用 Which 语句描述函数 $f_2(x)=\begin{cases}\dfrac{x^2-1}{x-1}, & -1\leqslant x<2\\ 5-x, & 2\leqslant x<5\\ 0, & \text{otherwise}\end{cases}$，并求 $f_2(0)$，$f_2(1)$，$f_2(2)$，$f_2(3)$ 的值。

解 f2[x_]：=Which[x≥−1&&x<2,(x^2−1)/(x−1),x≥2&&x<5,5−x,True,0]

f2[0]=1，f2[1]=输出："碰到无穷表达式$\frac{1}{0}$"，f2[2]=3，f2[3]=2

$f_2(x)$在$(-\infty,+\infty)$上处处有定义，但在 $x=1$ 处不连续。

3.6.3 Switch 语句

Switch 语句的一般形式为：

Switch[判别表达式 ep，模式 m_1，表达式 s_1，模式 m_2，表达式 s_2，…]

首先对判别表达式 ep 求值，将结果按顺序与模式 m_i 匹配，遇到第一个可匹配的模式 m_{i0} 时，以它对应表达式 s_{i0} 的值作为整个语句的值。如果没有能匹配的模式，则整个语句的结果是 Null。

【例 3.15】 In[1]：=x=6; y=2;Switch[x/y,0,t0,1,t1,2,t2,3,t3,4,t4]

Out[1]：=t3

3.7 循环语句

顺序语句的平铺直叙虽然好，但有时有些语句要重复执行多次，若按顺序编写程序，显得程序太长，这就要用到循环语句。在 Mathematica 中有 3 种描述循环的语句，分别为 For 语句、While 语句和 Do 语句。

3.7.1 For 语句

For 循环语句的一般形式为：

For[循环初值 e_1，终止条件 e_2，循环变量修改值 e_3，循环体 e_4]

For 循环执行的步骤是：先给 e_1 赋初值，随之检查 e_2 的情况。如果 e_2 为真，则执行循环体 e_4，然后执行 e_3 修改循环变量，再跳到 e_2 检查终止条件。如此循环执行，直到 e_2 为假时结束。

【例 3.16】

```
In[1]：=For[i=6,i<10,i=i+1,Print[i]]
        6
        7
```

8

9

式中，$i=i+1$ 可以像C语言一样用 $i++$ 表示。

【例 3.17】

```
In[2]:=For[i=1;t=x,i^2<10,i++,t=t^2+1;Print[t]]
```

（*语句内部的";"表示前后语句是一个整体复合表达式*）

$1+x^2$

$1+(1+x^2)^2$

$1+(1+(1+x^2)^2)^2$

其中 e_1 是一个复合表达式 $i=1;t=x$，e_4 也是一个复合表达式 $t=t\hat{}2+1;$ Print[t]。

【例 3.18】

```
In[3]:=A=Array[a,{2,3}]
Out[3]={{a[1,1],a[1,2],a[1,3]},{a[2,1],a[2,2],a[2,3]}}
In[4]:=For[i=1,i<=2,i++,
         For[j=1,j<=3,j++,a[i,j]=x^i*y^j]]
In[5]:=A//MatrixForm
Out[5]//MatrixForm=
```

$$\begin{pmatrix} xy & xy^2 & xy^3 \\ x^2y & x^2y^2 & x^2y^3 \end{pmatrix}$$

For型循环允许嵌套(如例3.18)，使用嵌套可以处理带有多个循环变量的问题。

在循环中常见的一些赋值方式见表3.1。

表 3.1 For 循环常见赋值方式

赋值方式	意义	赋值方式	意义
i++	i 加 1	i--	i 减 1
++i	i 先加 1	--i	i 先减 1
i+=di	i 加 di	i-=di	i 减 di
x*=c	x 乘以 c	x/=c	x 除以 c
{x,y}={y,x}	变换 x 与 y 的值		

3.7.2 While 语句

While 循环语句的一般形式为：

While[条件 e_1,循环体 e_2]

While 循环执行的步骤是:首先判定条件 e_1,当 e_1 为真时执行循环体 e_2 一次,重复这个过程,直到 e_1 为假时结束。

【例 3.19】 求大于 100 且小于 110 的素数。

解　In[1]:=n=100;

```
While[(n=n+1)<110,If[PrimeQ[n],Print[n]]]
  101
  103
  107
  109
```

此例是输出显示大于 100 且小于 110 的素数,式中条件 $(n=n+1)<110$ 也可以改写为复合表达式的形式 $n=n+1;n<110$。

3.7.3　Do 语句

Do 循环语句的一般形式为:

Do[循环体 e_1,{循环范围 e_2}]

它的具体形式见表 3.2。

表 3.2　Do 循环语句的形式

函　　数	意　　义
Do[e_1,{n}]	将循环体 e_1 执行 n 次
Do[e_1,{i,n}]	以步长为 1,i 从 1 增加到 n,将 e_1 执行 n 次
Do[e_1,{i,m,n,di}]	以步长为 di,i 从初值 m 变化到终值 n
Do[e_1,{i,imin,imax},{j,jmin,jmax},…]	随 i,j,…执行多重循环

这种循环语句简单明了,对于简单的多重循环使用 Do 显然比使用 For 简便,其中的步长 di 可以取负值。

【例 3.20】

```
In[1]:=Do[Print[i^3],{i,3}]
  1
  8
  27
```

【例 3.21】

```
In[2]:=A=Array[a,{2,3}];
In[3]:=Do[a[i,j]=x^i*y^j,{i,1,2},{j,1,3}]
```

In[4]：=A//MatrixForm

$$\text{Out}[4]=\begin{pmatrix} xy & xy^2 & xy^3 \\ x^2y & x^2y^2 & x^2y^3 \end{pmatrix}$$

对于多重循环，使用 Do 比使用 For 显得简便。由于 For 语句中允许使用比较复杂的终止条件，可以将 Do 视为 For 的一种特殊情况。

3.8 跳转语句

3.8.1 Return 语句

Return 语句的使用形式如下：

Return[ ]	中断函数求值过程，无返回结果
Return[表达式 S]	中断函数求值过程，以表达式 S 的值作为执行结果返回

【例 3.22】

```
f[x_]:=(If[x>5,Return[begin],t=x^3;Return[t-7]];Print[abc])
f[3]=20
f[6]=begin
g[x]:=(If[x>5,Return[begin],t=x³];Print[abc])
g[3]=abc
```

这里自定义函数“f[x_]”是执行圆括号中的全部语句，如果不使用 Return，则语句将依次执行。当最后表达式末尾没有分号时，返回的只能是该表达式的求值结果，否则无返回结果。

编程中经常要用到 Return 语句，在 For，Do，While，Switch 型结构中均可使用。

3.8.2 Goto 语句

利用 Goto 和 Label 语句，可以实现一个复合表达式内部的跳转，其使用形式如下：

Label[标志 t]，式中 t 仅仅是一个标识符，它不被求值，Label 也仅仅标出复合表达式中的一个位置，它本身什么也不做。

Goto[标志 t]，将程序执行立即转移到处于同一复合表达式里的具有同一标志 t 的 Label 表达式的位置上去，从那里向后执行。

【例 3.23】

```
Module[{s=2},Label[t];Print[s];s+=1;If[s<6,Goto[t]]]
```

执行后得

2

3

4

5

3.8.3 Break 与 Continue 语句

Break 与 Continue 常常用于非正常结束循环，它们的使用格式如下：

Break[ ]　　　　　立即退出本层循环

Continue[ ]　　　　跳转到下一次循环

以上两个函数对于 For,While 和 Do 循环结构均可使用。

【例 3.24】

输入　a=1;

Do[a=n*a;Print[a];If[a>10,Break[ ]],{n,20}]

运行后得

1

2

6

24

在此例中指明，当 $a>10$ 时，执行 Break[ ]，终止循环。

【例 3.25】

输入　a=1;

Do[a = n + a; Print[a]; If[n < 4, Continue[ ], a = 10 n], {n, 6}]

运行后得

2

4

7

11

45

56

在此例中指明，当 $n<4$ 时，执行 Continue[ ]立即进入下一次循环，继续输出 a，而不执行 $a=10n$；从 $n=4$ 开始不执行 Continue[ ]，而执行 $a=10n$ 以后再进入下一次循环。

3.9 输入和输出

在编程中经常要用到信息的输入和输出，下面介绍常用的输入和输出函数。

3.9.1 输入

3.9.1.1 交互式输入

交互式输入又称等待键盘输入，常用的输入函数有 Input 与 InputString 2 个，其使用格式见表 3.3。

表 3.3 交互式输入函数

函 数	意 义
Input[]	要求用键盘输入完整的表达式
Input["提示字符串"]	作用同上，但在等待输入时，先在屏幕上显示提示字符串
InputString[]	与 Input[ ]类似
InputString["提示字符串"]	与 Input["提示字符串"]类似

例如：

In[1]：=Input[]

当上式被执行后，立即在屏幕上弹出一个等待输入的窗口，如图 3.2 所示，光标处即可键入想要输入的表达式，例如键入 1.2，再单击窗口右下方的确定按钮后，弹出窗口随即关闭，屏幕上显示 1.2。

图 3.2 对话界面

Out[1]=1.2

In[2]：=Input["x_0="] （＊ 执行过程同 In[1]，但显示问号？处换为显示字符串 x_0= ＊）

Out[2]=1.2

In[3]：=Input[]　　　　（* 在键入 1.2 处换为键入 $x+y$ *）

Out[3]=x+y

上述输入方式对于一些需要输入信息量小的问题，如方程求根时需要输入初始点或初始区间，此方式十分简单、灵活、方便。而对于一些需要输入信息量大的问题，如线性方程组求解、约束非线性规划求解等，就常常需要输入大量的数据、大量的函数表达式等，在这种情况下采用键盘输入就很不方便了。倘若采用调入文件或从文件读入数据的方式，就可使问题得到满意的解决。

3.9.1.2　调入一个文件

如果需要输入的信息是大量的函数表达式等情况时，可以预先建立一个存放这些表达式的文件，并且取好相应的文件名，当需要这些信息时，直接调用这个文件即可。调用的格式如下：

Get["文件名"]　　（* 这里的双引号不能省略 *）

<<文件名

后者是前者的简化。其中文件名前面可以带有路径，如果没有指明路径，默认路径是这个软件的目录和某些子目录。

3.9.1.3　从文件读入数据

如果需要输入的信息是大量的数据（例如大型矩阵）时，可以预先建立一个存放这些数据的文件，并且取好数据文件名。当需要这些数据时，直接从这个文件中读入数据即可，其调用格式见表 3.4。

表 3.4　读入函数

函　数	意　义
Read["文件名"]	这里的双引号不能省略
Read["文件名",type]	带有数据类型说明 type
Read["文件名",{type1,type2, …}]	按指定类型一次读入多组数据，返回结果是一个表

常用的数据类型见表 3.5。

表 3.5　常用数据类型

函　数	意　义
Real	浮点数
Number	整数或浮点数
String	以换行符结尾的字符串

其余的可利用 Help 功能查看。

【例 3.26】 求解线性方程组 $\boldsymbol{AX}=\boldsymbol{b}$。

解 其中 $\boldsymbol{A}$={{1,2,3},{2,3,4},{3,4,7}};$\boldsymbol{b}$={6,9,14};

先将矩阵 $\boldsymbol{A}$ 与向量 $\boldsymbol{b}$ 分别存入文件 A.txt 与 b.txt 中。

```
Save["A.txt",A];
Save["b.txt",b];
```

求解方程组时,可直接从上述文件中读取 A 与 b。

```
A=Read["A.txt"]
b=Read["b.txt"]
X=LinearSolve[A,b]
```

运行后可得 $\boldsymbol{X}$={1,1,1}。

另外还有一个输入函数 Import,其功能也十分强大,它可以从文件输入文本、数据、图形、动画、声音等,能识别各种格式的文件。它的调用格式如下:

Import["文件名.扩展名"]

从一个文件"文件名.扩展名"中输入该文件的内容,这里必须有标准的扩展名。

3.9.2 输出

系统的基本屏幕输出函数是 Print,它的使用格式是:

Print[表达式 1,表达式 2,…]

依次输出表达式 1,表达式 2,…,相邻两个表达式之间不留空格,整个输出完毕后换一行。

【例 3.27】

```
In[1]:=Print[1,2,3,4];Print[a,b,c]
       1234
       abc
In[2]:=Do[Print[i," ",i^2],{i,3}]
       1  1
       2  4
       3  9
```

循环输出 i 与 i^2 的值,i 与 i^2 之间留空格,空格(或者别的字符串)必须放在双引号之中。

3.10　程序实例

【例 3.28】　设银行的利率为 3.14%，将 1 000 元存入银行，问多长时间连本带利翻一番？

解　输入

```
money=1000;
years=0;
While[money<2000,years=years+1;money=money*(1+0.0314)];
Print["years=",years,"          money=",money]
```

运行结果：

```
years=23          money=2036.22
```

【例 3.29】　求不超过 1 000 的偶数之和与奇数之和。

解

```
oshu=0;
jshu=0;
i=0;
Do[i=i+1;If[EvenQ[i],oshu=oshu+i,jshu=jshu+i],{1000}];
oshu
jshu
```

运行结果：

```
250500
250000
```

【例 3.30】　画出前 100 个素数的散点图。

解

```
t1=Table[Prime[n],{n,1,100}];
ListPlot[t1]
```

（图略）

【例 3.31】　观察 $\sqrt[n]{n}$ 前 100 项的变化趋势，然后求 $n\to\infty$ 时的极限。

解　先画出散点图，程序如下：

```
t=N[Table[ⁿ√n,{n,1,100}]];
ListPlot[t,PlotStyle->PointSize[0.015]]
```

运行程序后得到图 3.3。

从图 3.3 中看出，这个数列似乎收敛于 1。

下面以数值的方法来说明这一变化趋势。

程序如下：

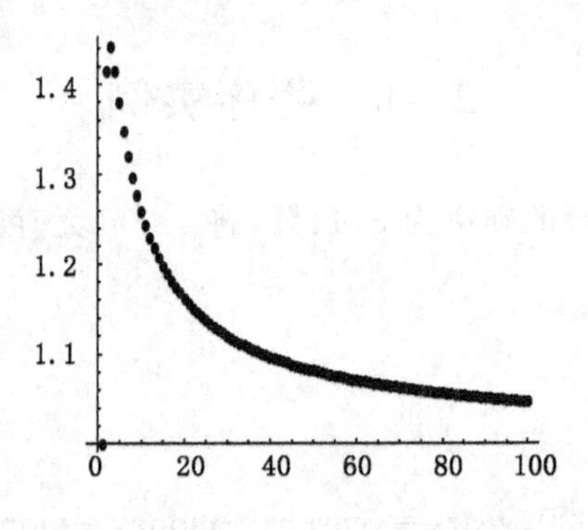

图 3.3 运行结果

```
m=2;
xn=0;
For[i=2, i<200, i=i+50, If [ Abs [xn-1]> 10^-2, xn=√i,20]; Print
[i,"        ",N[xn,20]]]
```

运行结果如下：

```
2     1.4142135623730950488
52    1.0789468819762780499
102   1.0463865737253046766
152   1.0336041256078356432
```

【例 3.32】 混沌现象——三角形自相似。

解

```
Array[a, 3];
a[1] = {0, 0};
a[2] = {2, Sqrt[3]};
a[3] = {1, 2Sqrt[3]};
b[0] = Table[Random[Real, 4], {2}];
k = 0;
g[n_] := Do[i = Random[Integer, {1, 3}]; b[k + 1] = (b[k] +
a[i])/2; k = k + 1, {n}];
n = Input[n];
g[n];
x = Table[b[i], {i, 2, n}];
ListPlot[x]
```

运行：在输入窗口输入 10000

运行结果如图 3.4 所示。

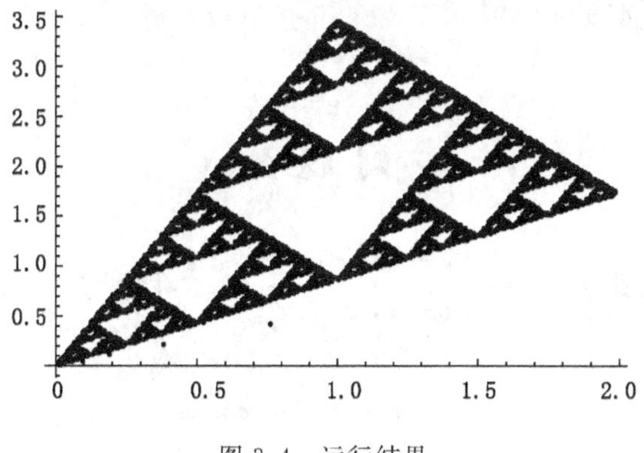

图 3.4　运行结果

3.11　其他问题

3.11.1　迭代深度问题

In[1]：=f[0]=1;f[n_]：=2f[n－1];

In[2]：=f[254]

Out[2]=28948022309329048855892746252171976963317496166410141009864396001978282409984

In[3]：=f[1023]

$RecursionLimit::reclim: Recursion depth of 1024 exceeded during evaluation of f[1－1].

Out[3]=Hold[2f[1023－1]]　　（* 有溢出警示 *）

像上面问题的迭代，Mathematica 默认只能迭代 1023 次，也就是说最多只能求到 f[1022]，要想求出更深的迭代，要用 $RecursionLimit 进行迭代深度的设置。例如：

In[4]：= $RecursionLimit=1300;　　（* 设置迭代深度为 1 000 *）

In[5]：=f[1024]

Out[5]=179769313……216　　（* 溢出警示没有了 *）

3.11.2　值链深度问题

在数学处理中有时需要进行类似 h[0]=1; h[n_]：=h[n－1] 形式的值的传递，Mathematica 默认数值 1 只能传递到 h[4096]，要想得到更深的值链，需要用 $IterationLimit 进行设置。例如：

In[1]：=h[0]=1;h[n_]：=h[n－1]

In[2]：= $IterationLimit=10000;　　（* 设置值链深度为 10 000 *）

In[3]：=h[4099]

Out[3]=1

习题 3

1. 自定义函数 $f(x)=\begin{cases}x+1, -1\leqslant x\leqslant 2\\ x-1, 2<x\leqslant 4\end{cases}$，计算 $f(0)$，$f(1)$，$f(3)$，并绘出图形。

2. 自定义函数 $g(x)=\begin{cases}x^4, -1\leqslant x\leqslant 0\\ x^3, 0<x\leqslant 1\\ x^2, 1<x\leqslant 2\end{cases}$，计算 $g(-0.5)$，$g(0.5)$，$g(1.5)$，并绘出图形。

3. 自定义函数 $u(x,y)=\begin{cases}3x^3+4y^2, & x\geqslant 0, y>0\\ x^2-2y^2, & x>0, y\leqslant 0\\ 3+2xy, & \text{otherwise}\end{cases}$，计算 $u(1,1)$，$u(-1,1)$，$u(-1,-1)$，$u(1,-1)$。

4. 自定义函数 $v(n)=1^2+3^2+5^2+\cdots+(2n-1)^2$，并计算 $v(10)$，$v(20)$。

5. 将 $f(x)=\mathrm{e}^{-x}$ 在 $x=0$ 点处作 n 阶幂级数展开，自定义 $f(x,n)$，并求 $f(1,10)$。

6. 求前 100 个素数，在平面上绘出它们的图形。

7. 设有数表 $\{a_1,a_2,\cdots,a_n\}=\{a_i\}$，$i=1,2,\cdots,n$，$a_i\geqslant 0$，将 $r=(a_1+a_2+\cdots+a_n)/n$，$s=(a_1\times a_2\times\cdots\times a_n)^{1/n}$，$t=n/(1/a_1+1/a_2+\cdots+1/a_n)$ 分别称为数表 $\{a_i\}$ 的算术平均(r)，几何平均(s)与调和平均(t)，试定义 r，s 与 t 的函数。

8. 在第 7 题中若取自然数表 $\{a_i\}=\{1,2,3,\cdots\}$，试定义绘制 $r=r(n)$，$s=s(n)$，$t=t(n)$，并画出它们的图形。

9. 在第 7 题中，若 $\{a_i\}$ 是随机生成的 n 个 100 以内的整数数表，试定义计算 r，s 与 t 的函数，并画出它们的图形。

10. 将 1，3，4 题中的自定义函数写成统一形式，并给出它们的头部。

11. 将 $u=(x-y)^3$ 展开后写成自定义函数。

12. 将 11 题中的自定义函数写成统一形式，然后求 u[[2]]，u[[2,2]]，u[[2,3]]，u[[3,2]]。

13. 使用条件语句定义分段函数 $f(x)=\begin{cases}x+1, & x<0\\ \mathrm{e}^x, & x\geqslant 0\end{cases}$，并求 $f'(x)$ 与 $\int_{-5}^{5}f(x)\mathrm{d}x$，画出 $y=f(x)$ 与 $y=f'(x)$ 的图形。

14. 将满足关系式 $u_0 = 1, u_1 = 1, u_n = u_{n-1} + u_{n-2}$ 的数列 $\{u_n\}$ 称为 Fibonacci 数列，试利用 Do 循环语句定义一个函数 $f(n) = u_n$，然后求 $f(20)$。

15. 编写一个用于显示不超过 n 的全部素数的程序。

16. 编写一个求一元二次方程 $ax^2 + bx + c = 0$（实与复）根的程序。

17. 编写一个程序，用以寻求边长为相邻整数、面积也为整数的三角形。

18. 编写一个程序，用以找出 100 至 1 000 之间的、能被 3 或 11 整除的自然数。

19. 任意向量 $\boldsymbol{x} = (x_1, x_2, \cdots, x_n)$，试编写计算 $\boldsymbol{x}$ 的 3 种范数程序。

$$\|\boldsymbol{x}\|_1 = \sum_{i=1}^{n} |x_i|, \quad \|\boldsymbol{x}\|_2 = \sqrt{\sum_{i=1}^{n} x_i^2}, \quad \|\boldsymbol{x}\|_\infty = \underset{1 \leqslant i \leqslant n}{\mathrm{Max}} |x_i|$$

20. 已知 $f(0) = 1, f(n) = 2f(n-1)$，求 $f(300)$。

第4章 图 形

本章的图形是指二维欧氏空间 E^2 与三维欧氏空间 E^3 中的图形，即通常所说的平面图形与空间图形。本章讨论的主要对象是指 E^2 中的平面曲线、E^3 中的空间曲线、E^3 中的曲面及动画与声音。

4.1 曲线与曲面表示法

4.1.1 平面曲线表示法

① 直角坐标显式(简称显式)：$y = f(x)$

显式 $y = f(x)$ 通常用来表示单值曲线，即在 $f(x)$ 有定义的范围内任给一个 x 值，只有一个 y 值与之对应的曲线。例如：$y = e^{-x}\sin x$，$y = 4 + 2x - x^3$ 等。

② 直角坐标隐式(简称隐式)：$F(x,y) = 0$

隐式 $F(x,y) = 0$ 通常用来表示多值曲线(含闭合曲线)，即在 $F(x,y) = 0$ 有意义的范围内，任给一个 x 值，总有多个 y 值存在的曲线，其中也包括闭合曲线。例如：$x^2 + y^2 = 9$ (圆)，$x^{2/3} + y^{2/3} = a^{2/3}$ (星形线)等。

③ 参数式：$x = x(t)$ ，$y = y(t)$

参数式也常用来表示多值曲线(含闭合曲线)，使得对问题的分析与讨论比隐式更加简单方便。例如：$x = 3\cos t$ ，$y = 3\sin t$ (圆)；$x = a\cos^3 t$ ，$y = a\sin^3 t$ (星形线)等。

④ 极坐标式：$\rho = \rho(\theta)$

用极坐标式来表示向径 ρ 随转角 θ 依某种规律而变化的那些曲线是十分方便的。

例如：$\rho = \dfrac{1}{3}e^{2\theta}$ (螺旋线)，$\rho = b - a\cos\theta$ ，$a > b > 0$ (钳线)等。

⑤ 列表式(又称为数据形式，或称为离散点形式)

例如：三角函数表、对数函数表、实验数据表等。

⑥ 图形式(画出曲线的图形)

例如：正弦曲线，对数曲线，实验曲线等。

平面曲线的上述6种表现形式，在一定的条件下是可以相互转化的，例如显式 $y=f(x)$ 总可以转化为隐式 $F(x,y)\equiv f(x)-y=0$，而隐式必须在一定的条件下才能转化为显式等。本章的主要任务就是要将形式①～⑤转化为形式⑥，也就是在高等数学中所说的已知曲线方程或数据怎样画出曲线的问题。高等数学里介绍了曲线画图的若干方法，但其通常是一个比较复杂的过程，Mathematica 将这个过程编制为计算机程序，给使用者提供了极大的方便。

4.1.2 空间曲线表示法

① 参数式

$$x=x(t),y=y(t),z=z(t)$$

例如，$x=ae^t\cos t, y=be^t\sin t, z=ce^t$ 等。

② 交截式

$$\begin{cases} f(x,y,z)=0 \\ \varphi(x,y,z)=0 \end{cases}$$

这是用两张曲面的交线来表示空间曲线。在理论研究与实际应用中，常常是通过引入参数 t 将交截式转化为参数式来讨论问题的。

4.1.3 曲面表示法

① 直角坐标显式（简称显式）：$z=f(x,y)$。

② 直角坐标隐式（简称隐式）：$F(x,y,z)=0$。

③ 参数形式：$x=x(u,v),y=y(u,v),z=z(u,v)$。

④ 数据形式：即是将曲面上的点表示为下述形式：

$\boldsymbol{x}=\{x_i\},\boldsymbol{y}=\{y_i\},\boldsymbol{z}=\{z_{ij}\}(i=1,2,\cdots,m;j=1,2,\cdots,n)$

其中，x_i 与 y_i 为向量 $\boldsymbol{x}$ 与 $\boldsymbol{y}$ 中的元素；z_{ij} 为矩阵 $\boldsymbol{z}$ 中的元素。

⑤ 图形形式（画出曲面的图形）。

曲面表示的上述5种形式在一定条件下也是可以互相转化的，在实际问题中用得最多的是①、③、⑤ 3种形式。

4.2 平面曲线的绘制法

4.2.1 显式

显式 $y=f(x)$ 的绘图函数 Plot 的调用格式如下：

```
Plot[f(x),{x,x1,x2},可选项]
Plot[{f1(x),f2(x),…},{x,x1,x2},可选项]
Plot[f(x),{x}∈reg,可选项]
Plot[{…,w[fi],…},…]
```

上面第一个表达式是绘制一条平面曲线,第二个表达式是绘制(在同一坐标面上的)多条曲线,第三个表达式是绘制 x 在某个区域里的图形,第四个表达式是在绘制图形中对曲线 f_i 进行一些包装和标注。

式中 Plot 为平面曲线显式的绘图函数,$f(x)$,$f_1(x)$,$f_2(x)$,… 为给定的平面曲线显式 $y=f(x)$ 的右端项,x 为自变量,x_1 为 x 的下限,x_2 为 x 的上限,即有 $x_1 \leqslant x \leqslant x_2$,亦即给定的绘图范围,reg 表示变量所在区域。

可选项是绘图中进一步考虑问题时需要的一些参数,比如绘图时两坐标轴上的比例,将曲线画成虚线或者实线,取什么颜色,对图形进行标注,等等。在绘图时使用者可以选用可选项,也可不选用,或者部分选用。如果不选用,那么 Plot 函数就会自动地取一组内部默认值,正常地画出曲线来。如何选用或部分选用,我们将在后文进行介绍。

【例 4.1】 绘制函数 $y=\tan x$ 在区间 $-3 \leqslant x \leqslant 3$ 上的图形。

解 Plot[Tan[x],{x,-3,3}]　(* 未用可选项,系统自动取默认值 *)

运行后输出结果如图 4.1 所示。

图形最下方有主题、标签、轴等各选项,可点击进行修改。

【例 4.2】 已知 $y_1=\tan x$, $\sin 3x$,指定区间为[-3,3],试在同一坐标平面上画出这 2 条曲线。

解 region=ImplicitRegion[-3≤x≤3,{x}];

Plot[{Tan[x],Sin[3x]},x∈region]

运行后输出结果如图 4.2 所示。

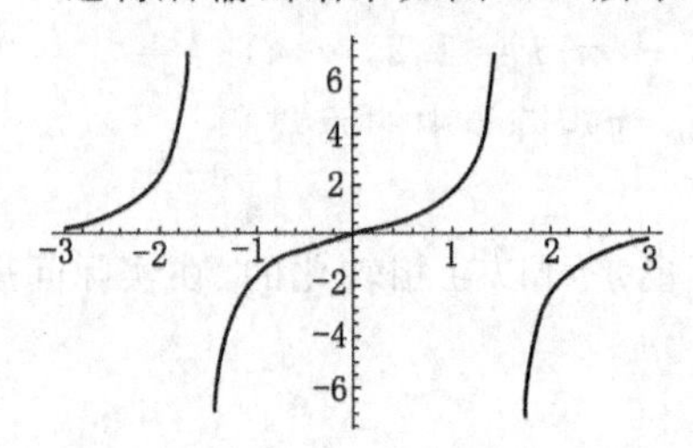

图 4.1　运行结果

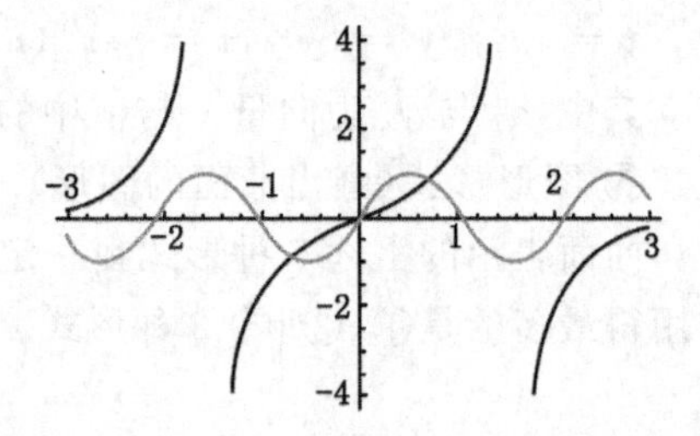

图 4.2　运行结果

4.2.2　参数式

参数式 $x=x(t)$,$y=y(t)$ 的绘图函数的调用格式如下:

ParametricPlot[{x(t),y(t)},{t,t_1,t_2},可选项]

ParametricPlot[{{x_1(t),y_1(t)},{x_2(t),y_2(t)},…},{t,t_1,t_2},可选项]

ParametricPlot[…,{u,v}∈reg]

上面第一个表达式是绘制一条参数曲线,第二个表达式是绘制多条参数曲线，ParametricPlot 是参数曲线的绘制函数。$\{x(t),y(t)\}$ 是曲线参数方程，$\{t,t_1,t_2\}$ 是参数 t 的指定范围 $t_1\leqslant t\leqslant t_2$，第三个表达式是从几何区域 reg 中取参数 $\{u,v\}$。

【例 4.3】 绘制 $x=2t\sin t, y=t\cos t$ 在 $-2\pi\leqslant t\leqslant 2\pi$ 上的图形。

解 ParametricPlot[{2t * Sin[t],t * Cos[t]},{t,-2Pi, 2Pi}]

运行后输出结果如图 4.3 所示。

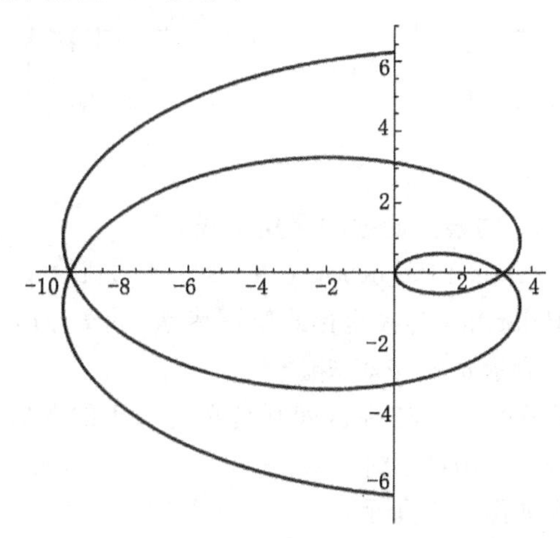

图 4.3 运行结果

4.2.3 隐式

隐式 $F(x,y)=0$ 的绘图函数的调用格式如下：

ContourPlot [F[x,y]= =0,{x,x1,x2},{y,y1,y2},可选项]

式中 ContourPlot 为隐式绘图函数，"= ="为 Mathematica 等号书写法，列表 $\{x,x_1,x_2\}$ 的含义是 $x_1\leqslant x\leqslant x_2$，$\{y,y_1,y_2\}$ 的含义是 $y_1\leqslant y\leqslant y_2$。

【例 4.4】 绘制隐函数 $x^4+y^4-2(x^2+y^2)+1=0$ 在区间 $-3\leqslant x\leqslant 3$，$-3\leqslant y\leqslant 3$ 上的图形。

解 ContourPlot [x^4+y^4-2 * (x^2+y^2)+1= =0,{x,-3,3},{y,-3,3}]

运行后输出结果如图 4.4 所示。

【例 4.5】 绘制隐函数 $(x^2+y^2)^3-16(x^4+y^4)+4=0$ 在区间 $-6\leqslant x\leqslant 6$，$-6\leqslant y\leqslant 6$ 上的图形。

解 region=ImplicitRegion[-6≤x≤6 && -6≤y≤6,{x,y}];

ContourPlot [(x^2+y^2)^3-16 * (x^4+y^4)+4= =0,{x,y}∈region]

运行后输出结果如图 4.5 所示。

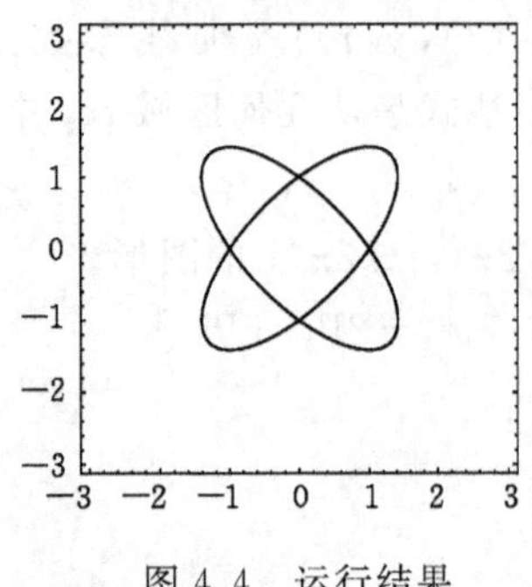

图 4.4 运行结果

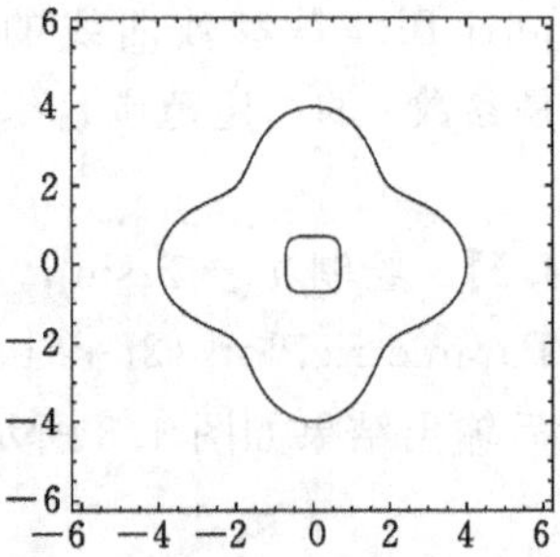

图 4.5 运行结果

4.2.4 极坐标式

极坐标式 $\rho=\rho(\theta)$ 的绘图函数的调用格式如下：

PolarPlot[ρ(θ),{θ,θ1,θ2},可选项]

上面表达式中 PolarPlot 为极坐标式绘图函数，$\rho(\theta)$ 为 $\rho=\rho(\theta)$ 的右端表达式，列表 $\{\theta,\theta_1,\theta_2\}$ 表示 $\theta_1\leqslant\theta\leqslant\theta_2$。

【例 4.6】 绘制函数 $\rho=3\theta$ 在区间 $0\leqslant\theta\leqslant4\pi$ 上的图形。

解 PolarPlot[3θ,{θ,0,4Pi}]

运行后输出结果如图 4.6 所示。

【例 4.7】 绘制函数 $\rho=\sin 6\theta$ 在区间$0\leqslant\theta\leqslant3\pi$上的图形。

解 PolarPlot[Sin[6θ],{θ,0,2π},PolarAxes→True]

运行后输出结果如图 4.7 所示。

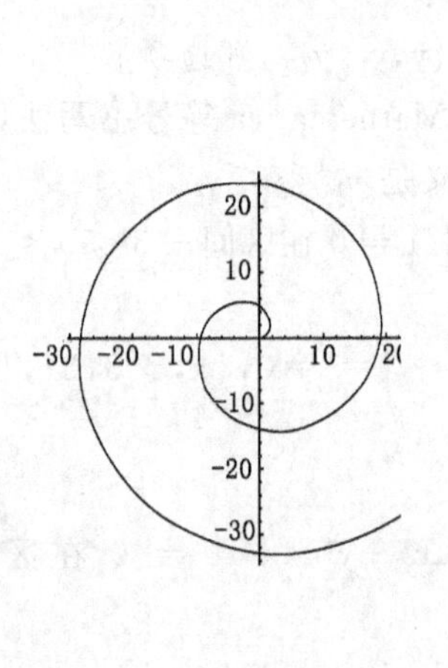

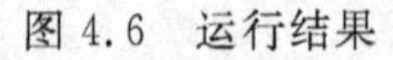
图 4.6 运行结果

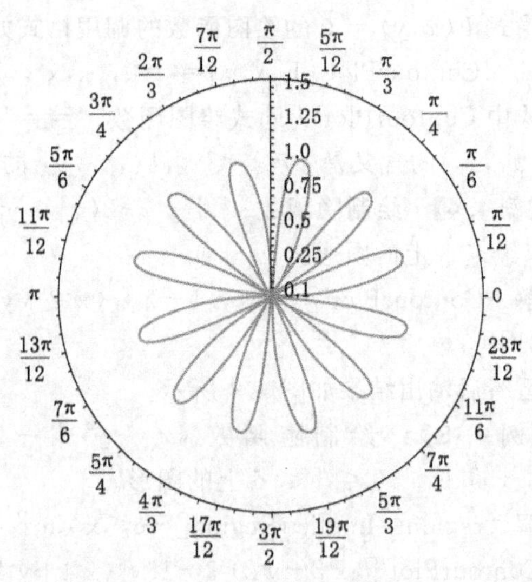

图 4.7 运行结果

4.2.5 数据形式

数据形式又称列表形式,或称离散点形式,其绘图调用格式如下:

ListPlot[{{x_1,y_1},{x_2,y_2},…,{x_n,y_n}},可选项]

式中,ListPlot 为数据形式的绘图函数,$\{x_i, y_i\}, i=1,2,\cdots,n$ 为离散点的直角坐标,可选项如果不选用,即取默认值,则画出的图形仅是一串点列。如果将可选项中的 Joined 改为 True(真),则画出的图形是上述点列每相邻两点连接而成的折线。关于可选项,稍后再进行介绍。

【例 4.8】 已知 $x_i=\{1,2,3,4,5,6,7,8\}$,$y_i=\{2.3,4.9,6.4,7.0,6.5,6.8,8.0,10.6\}$。试以$\{x_i,y_i\}$,$i=1,2,\cdots,8$ 为坐标画出点列,并连接点列为折线。

解 P1={{1,2.3},{2,4.9},{3,6.4},{4,7.0},{5,6.5},{6,6.8},{7,8.0},{8,10.6}};

ListPlot[P1]

运行后输出结果如图 4.8 所示。

ListPlot[P1, Joined→True]

运行后输出结果如图 4.9 所示。

作为练习,读者可以利用曲线表示法之间的互相转化来绘制一些图形,例如可以将极坐标线 $\rho=\rho(\theta)$ 转化为参数式 $x=\rho(\theta)\cos\theta$,$y=\rho(\theta)\sin\theta$ 来绘出 $\rho=1-2\cos\theta$ 的图形等。这些练习可以帮助读者加深对各种形式曲线画法的理解,并能提高绘制图形的灵活性与举一反三的能力,有兴趣的读者不妨试一试。

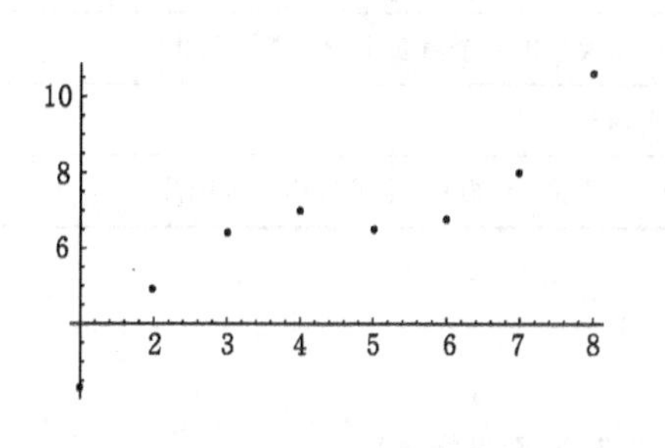

图 4.8 运行结果

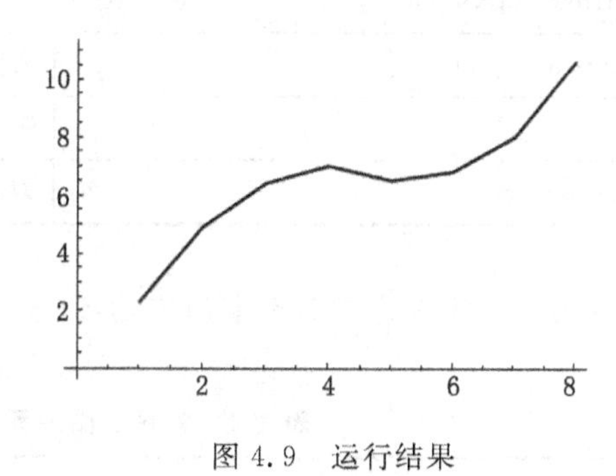

图 4.9 运行结果

4.2.6 图形元素及其可选项

用图形元素绘图适合于绘制结构复杂的图形。Mathematica 系统中还提供了各种如绘制点、线段、圆弧等函数。例如用 Graphics 可作出平面图形的表达式并显示图形。

我们称图形的颜色、曲线的形状和宽度等特性为图形元素的可选项。其调用格式为 Graphics[{可选项,图形元素}]。

4.2.6.1 常用的二维图形函数(表 4.1)

表 4.1 常用的二维图形函数

函 数	意 义
Point[{x,y}]	生成以(x,y)为坐标的点
Line[{{x1,y1},{x2,y2},…}]	生成以(x_1,y_1),(x_2,y_2),…为坐标的点连成的折线线段
Rectangle[{xmin,ymin},{xmax,ymax}]	填充矩阵
Polygon [{{x1,y1},{x2,y2},….}]	填充多边形
Circle[{x,y},r]	以$\{x,y\}$为中心,r为半径的圆
Circle[{x,y},{rx,ry}]	半轴分别为rx,ry的椭圆
Circle[{x,y},r,{theta1,theta2}]	圆弧
Circle[{x,y},{rx,ry},{theta1,theta2}]	椭圆弧
Disk[{x,y},r]	填充圆
Raster[{{a11,a12,…},{a21,…},….}]	灰度在 0 到 1 之间的灰层组
Text[Expr,{x,y}]	文本大小
Arrow[{pt_1,pt_2}]	从 pt_1 到 pt_2 的箭头
Directive[g_1,g_2,…]	对图形元素给出一个由多个指令构成的指令
Opacity[a]	不透明,a∈[0,1]
Texture[obj]	对 obj 表面用纹理显示,也可选用各种图片

4.2.6.2 常用的图形元素的可选项(表 4.2)

表 4.2 常用的图形元素可选项(图形指令)

函 数	意 义
Graykvel[]	灰度介于 0(黑)到 1(白)之间
RGBColor[r,g,b]	由红、绿、蓝组成的颜色,每种色彩取 0 到 1 之间的数
Hue[A]	取 0 到 1 之间的色彩
PointSize[d]	给出半径为 d 的点,单位是整个图形的一个分数

表 4.2(续)

函 数	意 义
AbsolutePointSize[d]	给出半径为 d 的点(以绝对单位量取)
Thickness[w]	所有线的宽度 w,单位是图形的分数
Dashing[wl,w2,…]	所有线为一系列虚线,虚线段的长度为 $w_1,w_2,\cdots$
CMYKColor[c,m,y,k,a]	不透明度为 a 的青色、洋红色、黄色和黑色组成的颜色
Inset[obj,pos]	在一个图形 pos 位置插入 obj
GraphicsGroup[{g1,g2,…}]	把多个图形组合在一起

其中有些在前面已经介绍了,下面举一些例子说明它们的运用。

【例 4.9】 生成函数 $\cos x$ 在 0 到 2π 以步长为 $2\pi/20$ 的一系列点列。

解 Graphics[Point[Table[{t,Cos[2t]},{t,0,2π,2π/20}]]]

运行结果如图 4.10 所示。

【例 4.10】 绘出一个有颜色和相对大小的点。

解 Graphics[{PointSize[0.5],Hue[0.1],Point[{0,0}]}]

运行结果如图 4.11 所示。

图 4.10 运行结果

图 4.11 运行结果

【例 4.11】 绘出一个红色的圆,要求曲线加粗,并画出坐标轴。

解 Graphics[{Red,Thick,Circle[{1,1},2],Inset[Polt[Tan[x],{x,−3,3}]]},Axes→True]

运行结果如图 4.12 所示。

【例 4.12】 绘制两个矩形,插入文本,填充颜色,当鼠标放于矩形时,分别显示“红长方形”和“蓝长方形”字符。

解 Graphics[{Tooltip[{Red, Rectangle[{0, 0}, {1, 3}], Text[红色,{0.5, −0.1}]},"红长方形"],Tooltip[{Blue, Rectangle[{2,1},{4,2}],Text[蓝色,{3,0.8}]},"蓝长方形"]}]

运行结果如图 4.13 所示。

这里的内容非常丰富,可根据需要进一步学习。

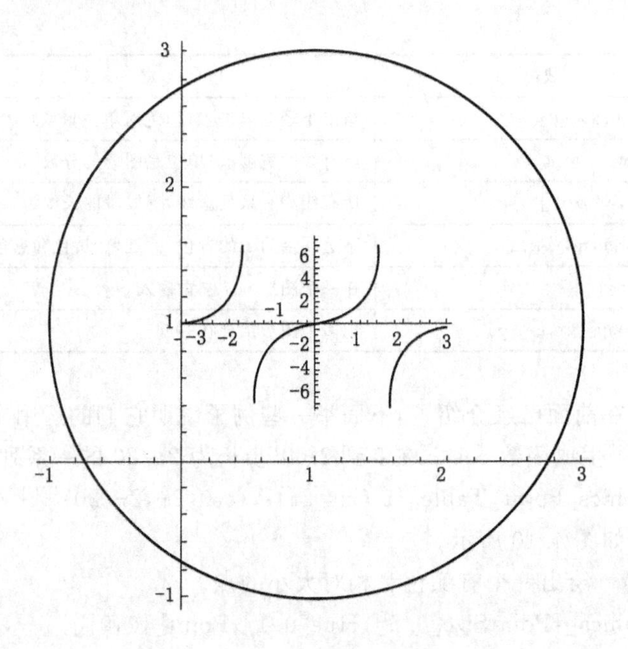

图 4.12 运行结果

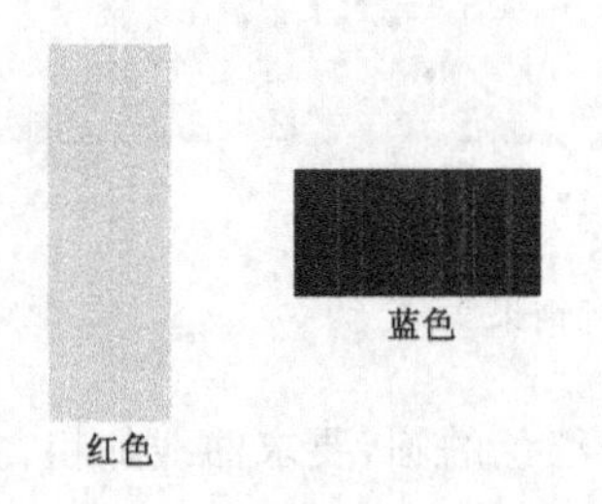

图 4.13 运行结果

4.3 平面图形的可选项

前一节所举各例中均没有直接使用可选项，而是让系统将可选项自动取默认值来画出图形。然而，在有些情况下这样做难以达到预期的结果，需要对某些默认值进行必要的修改，才能得到理想的图形。

在 Mathematica 各种绘图函数里，设置的可选项内容很多，而且不同的函数系统默认值也有一些差别，本书无法做全面介绍，按照既实用又节省的原则，我们挑选其中一部分较常用的内容在本节里进行简要说明。没有纳入的部分如果用到,读者可以到系统里查询。

4.3.1 可选项列表

常用的可选项见表4.3。

表4.3 常用可选项列表

可选项名称	系统默认值	含 义
1. PlotRange	Automatic,即系统根据情况自定	作图的范围,可取{x_1,x_2},也可取{y_1,y_2},以及{{x_1,x_2},{y_1,y_2}},若取All,则表示画出函数值的全部图形
2. AspectRatio	Plot中1/GoldenRatio,即y∶x=1∶1.6180,ParametricPlot中由函数值定,ContourPlot中是1∶1(有些函数视情况而定)	图形的高宽比,可以为AspectRatio指定一个任何其他的数
3. Axes	Automatic,表示要画出坐标轴,并且自动确定坐标中心位置	是否画坐标轴,以及坐标轴的中心放在上面哪个位置
4. PlotLabels	None,表示不做标记	在图形上方居中位置增加标记
5. PlotLabels	Automatic,即系统根据情况自定	对数据绘制标签,所放位置可为Automatic、Above等
6. AxesLabel	None,表示不做标记	在坐标轴上增加标记
7. Ticks	Automatic,自动确定坐标轴刻度	规定坐标轴上刻度的位置,如果用None则不标刻度
8. Frame	False	是否画边框
9. GridLines	None	是否加网格线
10. ColorFunction	Automatic	给曲线上什么颜色
11. PlotStyle	Automatic,自动用蓝色实线作图	选用什么颜色、线型作图(具体内容见注)
12. PlotTheme	None	绘图主题,指定可视化元素和样式的总体主题
13. PlotLegends	None	对图或曲线进行图例说明

注:1. PlotStyle→GrayLevel[i],i为灰度比值,$0\leqslant i\leqslant 1$,0为黑色,1为白色;

RGBColor[r,g,b],红、绿、蓝三色强度,$0\leqslant r,g,b\leqslant 1$;

Thickness[t],t为线条宽度,以占整个图的宽度的比来度量;

Dashing[{d_1,d_2,…}],用实虚线段序列画图,实虚线的长依次为d_1,d_2,…

2. ContourPlot中PlotStyle由ContourStyle代替。

3. 还有其他一些选项,我们举一些例子说明它们基本的应用。

在使用可选项时，一方面要根据图形的需要，另一方面要注意可选项上述功能的特征。每一可选项都有一个名字，使用时必须给它们指定适当的值，其使用形式是：

可选项名→可选项值

4.3.2 可选项举例

为了进一步弄清可选项的内容和用法，再举实例如下。

【例 4.13】 绘制参数圆 $x=3\cos t, y=3\sin t, 0\leqslant t\leqslant 2\pi$ 的图形。

解 ParametricPlot[{3Cos[t],3Sin[t]},{t,0,2Pi}]

运行后输出结果如图 4.14(a)所示。

如果将高宽比改为 1/2，则有

ParametricPlot[{3Cos[t],3Sin[t]},{t,0,2Pi},AspectRatio→1/2]

运行后输出结果如图 4.14(b)所示。

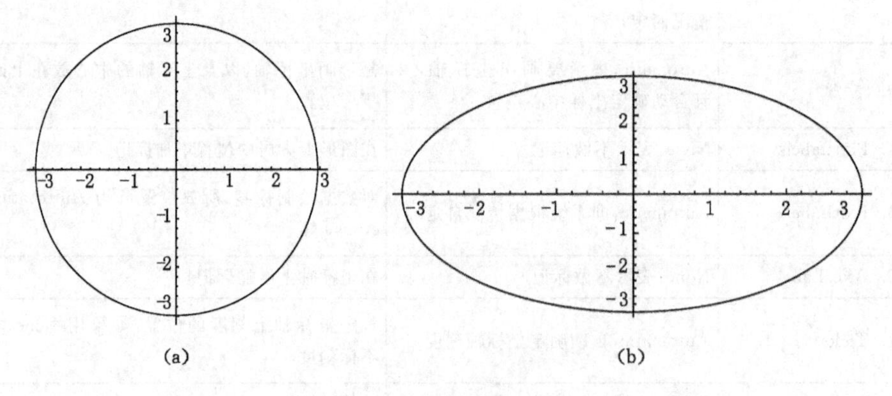

图 4.14 运行结果

【例 4.14】 绘制曲线 $y=\sin x, 0\leqslant x\leqslant 2\pi$，在曲线上不画坐标轴，但要加上边框，在曲线上方加上标记，并在最大值处标注“Max”。

解 Plot[Callout[Sin[x],"Max",Top],{x,0,2Pi},Axes→None,Frame→True,PlotLabel→"y=sin x"]

运行后输出结果如图 4.15 所示。

【例 4.15】 绘制函数 $(x^2+y^2)^3-16(x^4+y^4)+14=0$ 在 $-6\leqslant x\leqslant 6$ 上的图形，加上边框，并加网格线，主题选 Web。

解 ContourPlot[(x^2+y^2)^3－16(x^4+y^4)+14= =0,{x,－6,6},{y,－6,6},Frame→True,GridLines→Automatic,PlotTheme→"Web"]

运行后输出结果如图 4.16 所示。

【例 4.16】 绘制函数 $y=\sin 2x$ 在 $-3\leqslant x\leqslant 3$ 上的图形，要求加上坐标

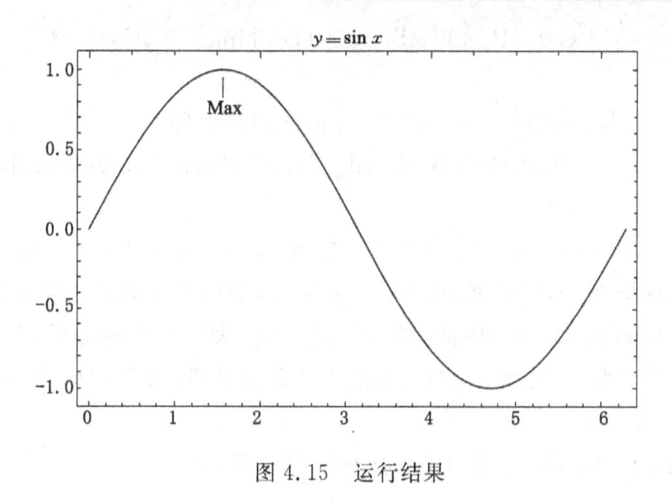

图 4.15 运行结果

轴标记。

解 Plot[Sin[2 * x],{x,-3,3},AxesLabel→{"x","y= sin 2x"}]

运行后输出结果如图 4.17 所示。

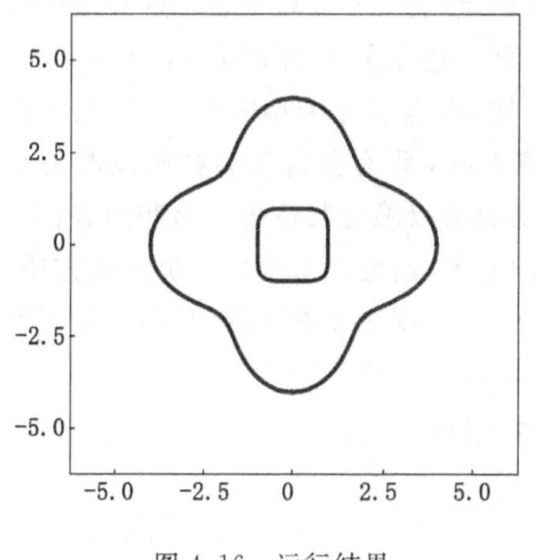

图 4.16 运行结果

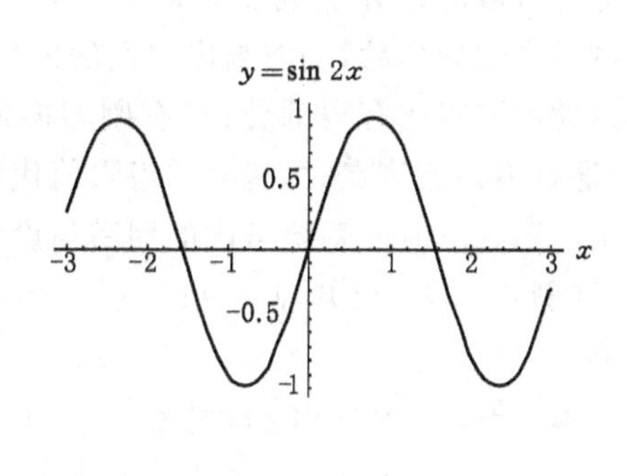

图 4.17 运行结果

【例 4.17】 给定函数 $y_1 = \sin x$ 与 $y_2 = \cos x$ 及区间 $0 \leqslant x \leqslant 2\pi$,要求:

(1) 在 $0\leqslant x\leqslant 2\pi$ 上用彩色线画出 $y_1 = \sin x$ 的图形;

(2) 在 $0\leqslant x\leqslant 2\pi$ 上用实虚线画出 $y_2 = \cos x$ 的图形;

(3) 在 $0\leqslant x\leqslant 2\pi$ 上,将上述两曲线画在同一坐标平面内,并对不同曲线分别在其上方和下方标上函数表达式。

解 Plot[Sin[x],{x,0,2 * Pi},PlotStyle→{RGBColor[1,0,1]}](略去图形)

Plot[Cos[x],{x,0,2Pi},PlotStyle→{Dashing[{0.07,0.03}]}](略去图形)

Plot[{Sin[x],Cos[x]},{x,0,2Pi},PlotStyle→{RGBColor[1,0,1],Dashing[{0.07,0.03}]},PlotLabels→Placed[{"sinx","cosx"},{Above,Bottom}]](略去图形)

注:(1) RGBColor[r,g,b]中的3个参数r,g,b分别代表红、绿、蓝3种颜色,其取值范围均在[0,1]之间,即$0\leqslant r,g,b\leqslant 1$,值的大小表示色彩的强度。

(2) Dashing[$d_1,d_2,\cdots$]中的参数$d_1,d_2,\cdots$代表实虚线的分段方式,交替地以长度d_1黑色实线段、长度d_2空白虚线段等画实虚线,参数的取值范围均小于1,即有$0\leqslant d_1,d_2\leqslant 1$。

(3) Placed[label,pos],将label标在给定位置pos处。

大家知道,函数$y_1=\tan x$在$x=\pm\frac{\pi}{2}$处为无穷型间断点,$y_2=\sin(1/x)$在$x=0$处为无穷次振荡点,$y_3=\sin\tan x-\tan\sin x$在$x=\pm\frac{\pi}{2}$处也为无穷次振荡点,而$y_4=x\log x$在$x=0$处,函数值不确定(为$0\cdot\infty$),等等。这些点可以统称为函数的奇异点或非正常点。对于带有上述奇异点的函数,Mathematica经过适当的处理后,仍能画出它们的图形。比如,遇有无穷型间断点时,系统将会自动截取它的有限部分;遇有剧烈振荡值点时,系统会自动加密画图时的点数;遇有不确定值点时,将会用极限值代替函数值以确定其值等。这些地方都显示了Mathematica系统考虑的周密与设计的完善,给使用者提供了极大的方便。

【例4.18】 已知$y=\sin\tan x-\tan\sin x$,试观察y在区间[1.5,1.6]上的图形。

解 输入
```
y=Sin[Tan[x]]-Tan[Sin[x]];
Plot[y,{x,1.5,1.6}]
```

运行后输出结果如图4.18所示。

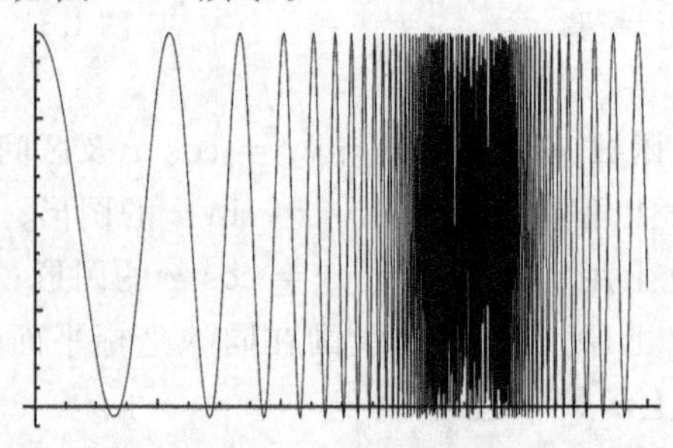

图4.18 运行结果

【例 4.19】　给定函数 $y=\sin x$ 及区间 $0\leqslant x\leqslant 2\pi$，画出函数 y 的图形，并且修改横坐标的刻度为：刻度值为 $\pi, 2\pi$ 的点处分别标为"π"和"2π"，纵坐标刻度取默认值。

解　输入 Plot[Sin[x],{x,0,2*π},Ticks→{{{π,"π"},{2π,"2π"}},Automatic}]

运行结果如图 4.19(a)所示。

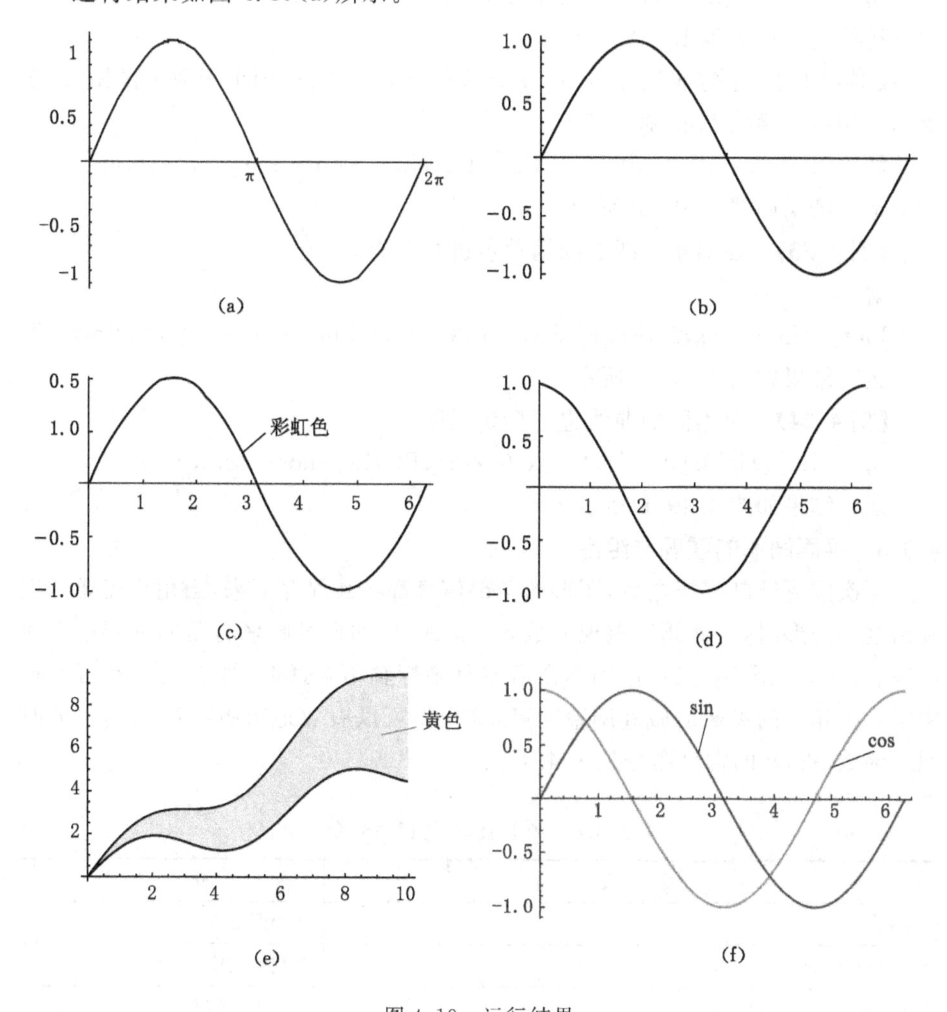

图 4.19　运行结果

【例 4.20】　给定函数 $y=\sin x$ 及区间 $0<x<2\pi$，画出函数 y 的图形，要求图形中的刻度为粗体红色字。

解　Plot[Sin[x],{x,0,2π},LabelStyle→{Red,Bold}]

运行结果如图 4.19(b)所示。

下面举一些其他选项的例子,由于其中内容非常丰富,无法全面介绍,有兴趣的读者可自己进一步学习。

【例 4.21】 给定函数 $y = \sin x$ 及区间 $0 < x < 2\pi$,画出函数 y 的图形,要求曲线颜色为彩虹。

解 Plot[Sin[x],{x,0,2Pi},ColorFunction→"Rainbow"]

运行结果如图 4.19(c)所示。

【例 4.22】 给定函数 $y = \cos x$ 及区间 $0 < x < 2\pi$,画出函数 y 的图形,要求曲线颜色由函数 Hue 随 y 值定。

解 Plot[Cos[x],{x,0.2Pi},ColorFunction→Function[{x,y},Hue[y]]]

运行结果如图 4.19(d)所示。

【例 4.23】 在两条曲线之间用黄色进行填充。

解

Plot[{Sin[x]+x/2,Sin[x]+x},{x,0,10},Filling→{1→{{2},Yellow}}]

运行结果如图 4.19(e)所示。

【例 4.24】 对不同的曲线进行标识说明。

解 Plot[{Sin[x],Cos[x]},{x,0,2Pi},PlotLegends→{sin,cos}]

运行结果如图 4.19(f)所示。

4.3.3 平面图形的重现与组合

每次图形绘制完毕之后,图形的全部信息都将被保存下来,当用户需要再次画出这些图形时,只需调用重现函数 Show 即可,如果对原来的图形感到还有些不满意,例如范围不合适、比例不合适或是坐标轴不合适时,那么只需对可选项中第一类相应的参数值做些调整即可,这样做可以有效地节省系统和用户的时间。函数 Show 的常见命令见表 4.4。

表 4.4 函数 show 的相关命令

函数	意义
Show[plot]	重绘图形
Show[plot,option→value]	改变方案重绘图形
Show[plot1,plot2,plot3,…]	多个图形的绘制
Show[GraphicsGrid[{{plot1,plot2,…},…}]]	绘制图形矩阵
InputForm[plot]	给出所有的图形信息

注:Show[GraphicsGrid[]]也可直接用 GraphicsGrid[]。

① Show 函数的功能之一是重绘图形。

【例 4.25】 绘制函数 $y=\sin x$ 在 $-\pi\leqslant x\leqslant\pi$ 上的图形。

解 Plot[Sin[x],{x,-Pi,Pi}]

或者将图形存放于变量 C_1 中。

C1=Plot[Sin[x],{x,-Pi,Pi}]

运行后可得图形(略)。

当需要再次画出 $y=\sin x$ 在 $-\pi\leqslant x\leqslant\pi$ 上的图形时,只需调用一下 Show 函数即可。

Show[%]　　　　(* %为前一次的输出记号 *)

或者 Show[C1]　　　　(* C_1 为存放图形的变量 *)

运行后同样可看到 $y=\sin x$ 在 $[-\pi,\pi]$ 上的图形。

Show 函数在重绘时可以改变命令设置,如改变 y 的比例并给边框:

Show[C1,PlotRange→{-1,2},Frame→True]

② Show 函数的功能之二是能够将已经做好的多个图形显示在同一坐标系里,实现多个图形的组合。

【例 4.26】 在同一区间 $[0,2\pi]$ 上给定函数 $y_1=\sin x, y_2=\sin(x-1), y_3=\sin(x+1), y_4=\sin 2x$,要求用彩色线(红蓝线)画出 y_1 曲线,用灰度线(黑白线)画出 y_2 曲线,用宽条线画出 y_3 曲线,用实虚线(点画线)画出 y_4 曲线,然后将 y_1, y_2, y_3, y_4 组合在同一坐标系里。

首先分别画出曲线 y_1, y_2, y_3, y_4,命令如下:

```
C1=Plot[Sin[x],{x,0,2*Pi},PlotStyle→RGBColor[1,0,1]];
C2=Plot[Sin[x-1],{x,0,2*Pi},PlotStyle→GrayLevel[0.6]];
C3=Plot[Sin[x+1],{x,0,2*Pi},PlotStyle→Thickness[0.009]];
C4=Plot[Sin[2*x],{x,0,2*Pi},PlotStyle→Dashing[{0.01,0.02,0.04}]];
```

略去上面的四条单个曲线,曲线 y_1, y_3, y_4 的组合图形如下:

Show[C1,C3,C4]

运行后输出结果如图 4.20 所示。

③ Show 函数的功能之三是能够将已经做好的多个图形显示在同一坐标系里,形成一个图形矩阵。

如果想要将图形 C_1, C_2, C_3 组成一个行,命令如下:

Show[GraphicsGrid[{{C1,C2,C3}}]]

运行后可得输出结果如图 4.21 所示。

如果想要将图形 C_1, C_2, C_3, C_4 组成一个矩阵,有:

GraphicsGrid[{{C1,C2},{C3,C4}}]

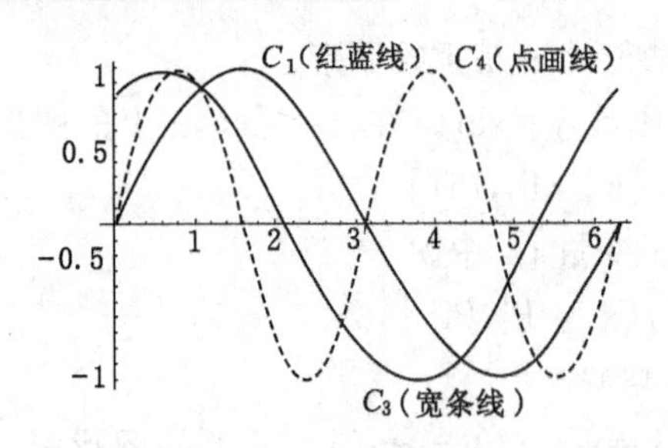

图 4.20 运行结果

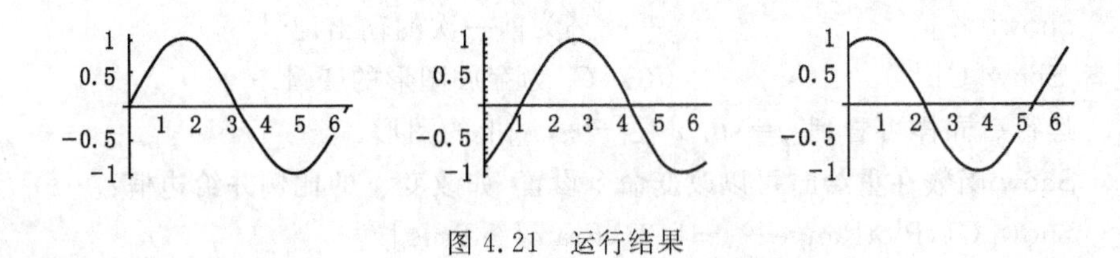

图 4.21 运行结果

运行后输出结果如图 4.22 所示。

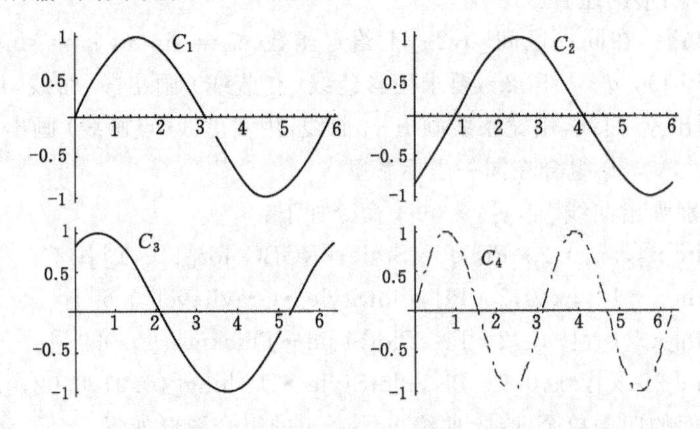

图 4.22 运行结果

上述介绍的是关于 Show 函数的功能,所举的几个例子都是用于显式平面曲线的。对于隐式、参数式等平面曲线,以及空间曲线,还有曲面等几乎所有作图命令的重现与组合,Show 函数均是适用的。

4.4 空间曲线的绘制法

4.4.1 参数式

空间曲线通常是以参数形式给出的,绘制空间曲线大多采取参数形式:

$$x = x(t), y = y(t), z = z(t)$$

参数形式空间曲线绘图函数的调用格式如下：

ParametricPlot3D[{x(t),y(t),z(t)},{t,t_1,t_2},可选项]

式中，ParametricPlot3D 为空间参数式绘图函数。第一个表"{x(t),y(t),z(t)}"为空间曲线参数方程的右端函数，第二个表"{t,t_1,t_2}"为曲线的参数 t 及其下限 t_1、上限 t_2。

可选项的内容与含义同平面曲线的基本相似，不同部分将在其他节中再作介绍。

【例 4.27】 绘制柱面螺旋线 $x=4\cos t, y=4\sin t, z=1.5t$ 在 $0\leqslant t\leqslant 8\pi$ 上的图形。

解 ParametricPlot3D[{4Cos[t],4Sin[t],1.5t},{t,0,8Pi}]

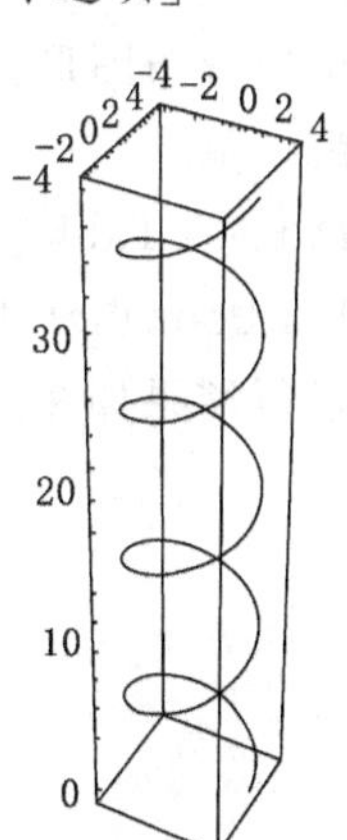

图 4.23 运行结果

式中的可选项没有出现，而是全部采用系统内部设定的默认值，运行后输出结果如图 4.23 所示。

【例 4.28】 绘制锥面螺旋线 $x=t\cos t, y=t\sin t, z=1.5t$ 在 $0\leqslant t\leqslant 8\pi$ 上的图形。

解 ParametricPlot3D[{t * Cos[t],t * Sin[t],1.5t},{t,0,8Pi}]

运行后输出结果如图 4.24 所示。

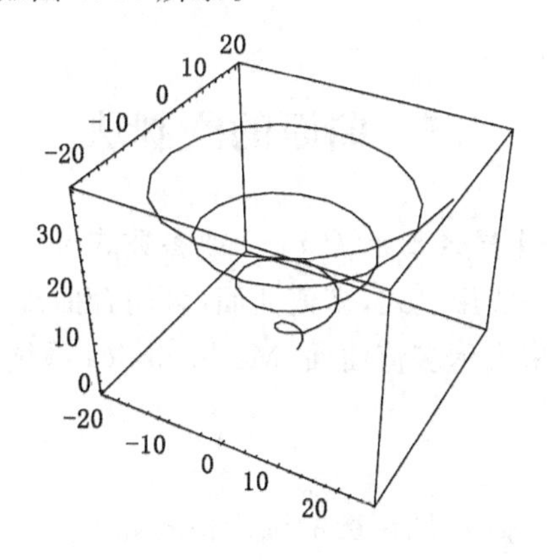

图 4.24 运行结果

4.4.2 数据形式

绘制数据点在三维空间中的分布情形，格式为：

ListPointPlot3D[{{x_1,y_1,z_1},{x_2,y_2,z_2},…,{x_n,y_n,z_3}},可选项]

式中“$\{x_i, y_i\}$”($i=1,2,\cdots,n$)为离散点的三维空间坐标，画出的图形是一串点列。

【例 4.29】 绘制{xCosx,xSinx,1.5x}，x 从 0 到 8π，步长为 0.2 取值时构成的坐标分布图形。

解　输入

```
Data1=Table[{x*Cos[x], x*Sin[x],1.5 x},{x,0,8Pi,0.2}];
ListPointPlot3D [Data1]
```

运行结果如图 4.25 所示。

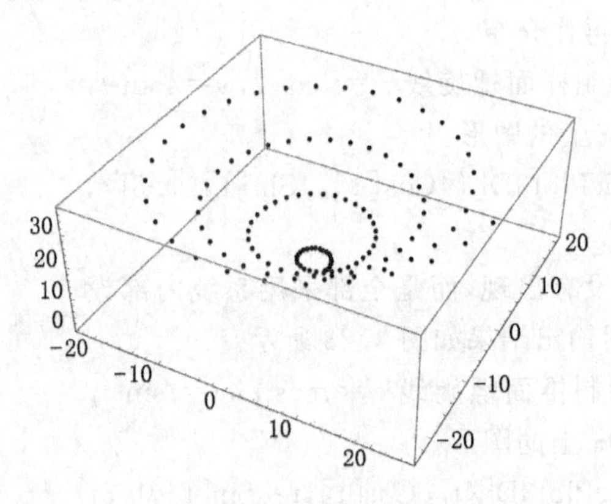

图 4.25　运行结果

4.5　曲面的绘制法

曲面的表示通常采用显式 $z=f(x,y)$ 或参数式 $x=x(u,v)$，$y=y(u,v)$，$z=z(u,v)$。单值曲面一般用显式，多值曲面(含闭合曲线)一般用参数式，隐式 $F(x,y,z)=0$ 也常用来表示多值曲面，Mathematica 系统中也为我们提供隐式画图函数。

4.5.1　显式

显式曲面 $z=f(x,y)$ 绘图函数的调用格式如下：

Plot3D[f(x,y),{x,x_1,x_2},{y,y_1,y_2},可选项]

式中，Plot3D 为空间显式绘图函数；$f(x,y)$为显式曲面的表达式；x 与 y 为自变量；x_1 与 x_2 为 x 的下限和上限，即有 $x_1 \leqslant x \leqslant x_2$；$y_1$ 与 y_2 为 y 的下限和上限，即有 $y_1 \leqslant y \leqslant y_2$。可选项的内容与含义同平面曲线的大致相似，不同部分将在4.5.6节中再作介绍。

【例 4.30】 绘制函数 $z=\cos x-x\sin x$ 在区域 $0\leqslant x\leqslant 2\pi, 0\leqslant y\leqslant 2\pi$ 上的图形。

解　Plot3D[Cos[x]－x * Sin[x],{x,0,2 * Pi},{y,0,2 * Pi}]

式中可选项没有出现,全部采用了系统内部的默认值,运行结果如图 4.26 所示。

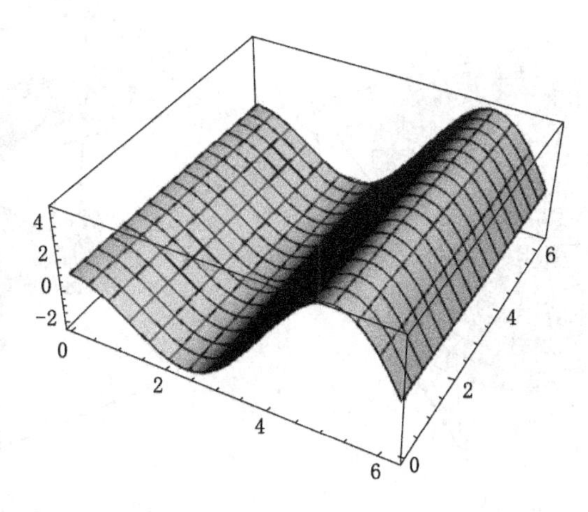

图 4.26　运行结果

4.5.2　参数式

参数曲面 $x=x(u,v), y=y(u,v), z=z(u,v)$ 绘图函数的调用格式如下:
ParametricPlot3D[{x(u,v),y(u,v),z(u,v)},{u,u_1,u_2},{v,v_1,v_2},可选项]

式中 ParametricPlot3D 为空间参数式绘图函数,$x(u,v), y(u,v), z(u,v)$为参数式曲面的表达式,u 与 v 为参变量。变量 u 的下限为 u_1,上限为 u_2,即有 $u_1\leqslant u\leqslant u_2$。变量 v 的下限为 v_1,上限为 v_2,即有 $v_1\leqslant v\leqslant v_2$。可选项的内容与含义同平面曲线的基本相似,不同部分将在 4.5.6 中再作介绍。

【例 4.31】 绘制 $x=\cosh u\cos v, y=\cosh u\sin v, z=u$,在范围 $-2\leqslant u\leqslant 2$, $0\leqslant v\leqslant 2\pi$ 上的图形。

解　ParametricPlot3D[{Cosh[u] * Cos[v],Cosh[u] * Sin[v],u},{u,－2,2},{v,0,2 * Pi}]

运行结果如图 4.27 所示。

【例 4.32】 绘制螺管面 $x=(R+r\cos u)\cos v, y=(R+r\cos u)\sin v, z=r\sin u+bv$ 在范围 $0\leqslant u\leqslant 2\pi, 0\leqslant v\leqslant 3\pi$ 上的图形。

解　式中 R 为大圆半径,r 为小圆半径,b 为小圆沿 z 轴移动的速度。

不妨取 $R=8, r=3, b=3$,输入

R=8;r=3;b=3;x=(R+r * Cos[u]) * Cos[v];y=(R+r * Cos[u]) * Sin[v];z=r * Sin[u]+b * v;

ParametricPlot3D[{x,y,z},{u,0,2 * Pi},{v,0,3 * Pi}]

运行后输出结果如图 4.28 所示。

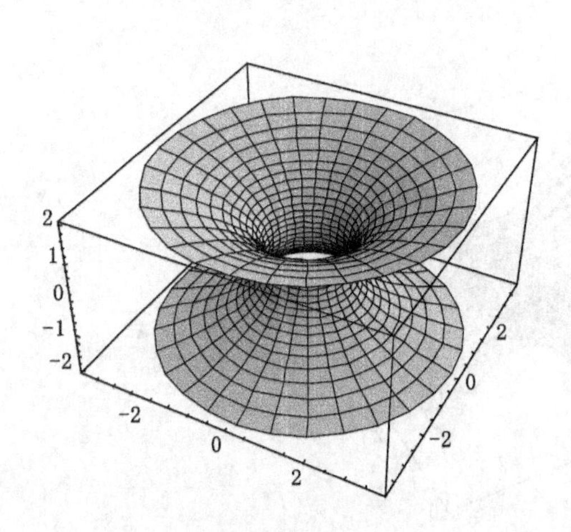

图 4.27 运行结果

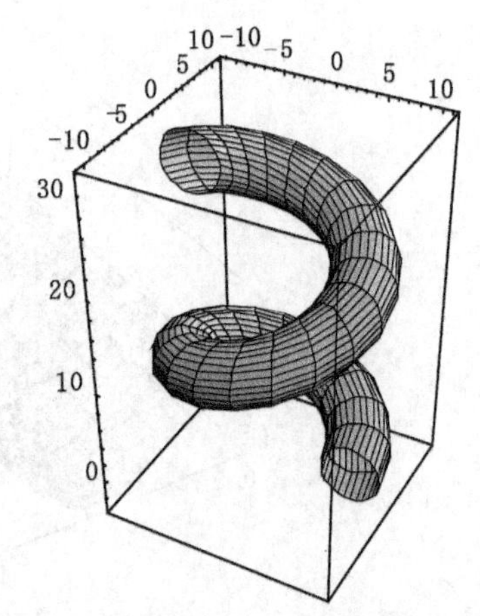

图 4.28 运行结果

如果令 $b=0$ 则可得到圆环面,读者不妨试一试。

【例 4.33】 绘制高维莫比乌斯曲面:

$$\begin{cases} x = [(3+\cos(t/2)\sin u - \sin(t/2)\sin 2u)]\cos t \\ y = [(3+\cos(t/2)\sin u - \sin(t/2)\sin 2u)]\sin t \\ z = \sin(t/2)\sin u + \cos(t/2)\sin 2u \end{cases}$$

解 根据已知条件绘制在范围 $0\leqslant u\leqslant 2\pi, 0\leqslant t\leqslant 2\pi$ 上的图形。

输入

x=(3+Cos[t/2] * Sin[u]-Sin[t/2] * Sin[2 * u]) * Cos[t];

y=(3+Cos[t/2] * Sin[u]-Sin[t/2] * Sin[2 * u]) * Sin[t];

z=Sin[t/2] * Sin[u]+Cos[t/2] * Sin[2 * u];

ParametricPlot3D[{x,y,z},{u,0,2 * Pi},{t,0,2 * Pi},Boxed→False,Axes→False,PlotPoints→30,Mesh→All]

运行结果如图 4.29 所示。

图 4.29 运行结果

在上面例子的可选项中选用了 3 项,

是为了去掉方框，去掉坐标轴，加密了连线中的点数，让图形更加美观一些。关于曲面的可选项，可参看本章4.5.6节的内容。

通过上面的例子，不难看到，利用参数方程可以表达许多十分复杂的曲面，而绘图函数又具有十分强大的参数绘图功能，这给绘制曲面图形提供了极大的方便。

4.5.3 隐式

隐式 $F(x,y,z)=0$ 绘图函数的调用格式如下：

ContourPlot3D[F(x,y,z),{x,x_1,x_2},{y, y_1,y_2}, {z, z_1,z_2}, 可选项]

式中，CoutourPlot3D 为隐式绘图函数；x, y, z 为自变量。在解析几何中学过的椭圆球面、单叶双曲面、椭圆抛物面和双曲抛物面等都可以用此命令绘制。

【例 4.34】 绘制 $\frac{x^2}{2}+y^2+z^2=1$ 构成的图形。

解 ContourPlot3D[$\frac{x^2}{2}+y^2+z^2$==1,{x,−2,2},{y,−1,1},{z,−1,1}, Axes→False]

运行结果如图4.30所示。

【例 4.35】 绘制 $x^2+y^2-z^2=0$ 构成的图形。

解 ContourPlot3D[x^2+y^2−z^2==0,{x,−3,3},{y,−3,3},{z,−3,3}, Axes→False]

运行结果如图4.31所示。

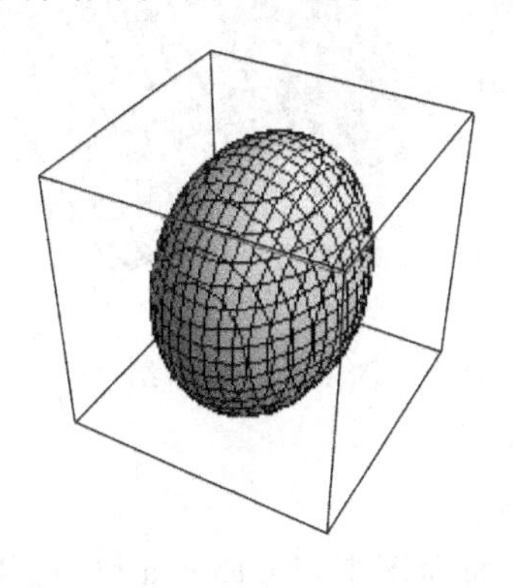

图4.30 运行结果

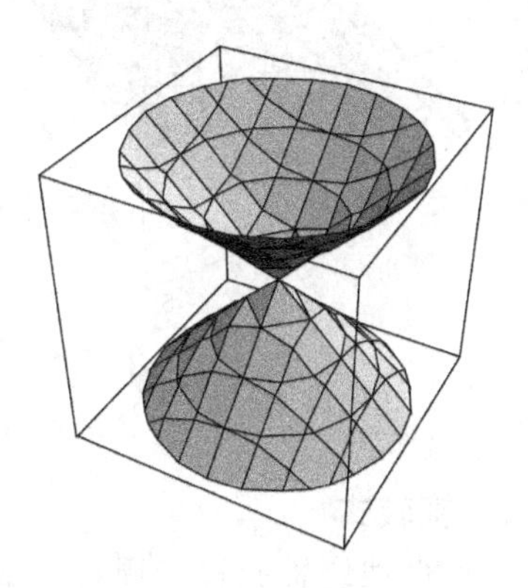

图4.31 运行结果

4.5.4 数据形式

如果已知某矩形区域 $x_1 \leqslant x \leqslant x_2$，$y_1 \leqslant y \leqslant y_2$，网格点$(j,i)$上曲面的高度值 z_{ji}，则可以利用 ListPlot3D 函数绘制出此数据曲面的图形。

【例 4.36】 已知 4×5 个 z_{ji} 值的数据如下：{0,1,4,9,16},{1,2,5,10,17},{2,3,6,11,18},{3,4,7,12,19},试绘制该曲面的图形。

解 输入

```
Ta={{0,1,4,9,16},{1,2,5,10,17},{2,3,6,11,18},{3,4,7,12,19}};
ListPlot3D[Ta]
```

运行后输出结果如图 4.32 所示。

其中数据可以由表达式 $z=x+y^2$ 在矩形区域 $0\leqslant x\leqslant 3, 0\leqslant y\leqslant 4$ 上以步长为 1 划分网格生成的二维数据表得到，即取

```
Ta=Table[x+y^2,{x,0,3,1},{y,0,4,1}]
```

【例 4.37】 已知 5×5 个 z_{ji} 值的数据如下：

{100,100,100,100,100},{105,120,122,125,122},{110,130,155,157,130},{115,133,157,160,140},{113,132,149,154,128},试绘制该数据曲面的图形。

解 输入 Tb={{100,100,100,100,100},{105,120,122,125,122},{110,130,155,157,130},{115,133,157,160,140},{113,132,149,154,128}};

```
ListPlot3D[Tb]
```

运行结果如图 4.33 所示。

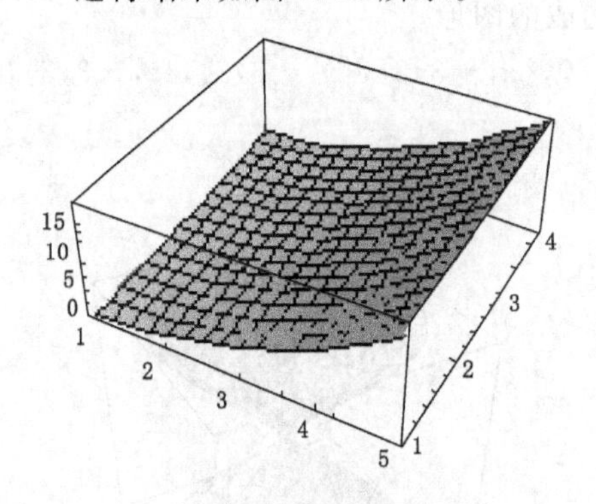

图 4.32 运行结果

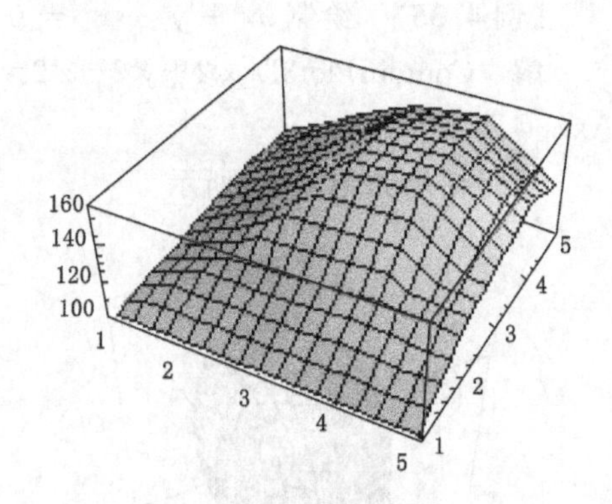

图 4.33 运行结果

4.5.5 旋转式

平面曲线绕轴旋转一周可生成各种空间曲面图形，Mathematica 提供了相应的函数，基本格式如下：

$$\text{RevolutionPlot3D}[f(x), \{x, x_1, x_2\}, \text{可选项}]$$

式中 RevolutionPlot3D 为绘图函数，x 为自变量，该格式可选项不选，默认 xOz 平面上曲线绕 z 轴旋转，当然还有其他格式举例给予说明。

【例 4.38】 用旋转法绘制 $x^2+y^2+z^2=1$ 构成的球面。

解 输入

RevolutionPlot3D[$\sqrt{1-x^2}$,{x,−1,1},RevolutionAxis→{1,0,0}]

运行结果如图 4.34 所示。

其中,RevolutionAxis→{1,0,0}表示绕 x 轴旋转;RevolutionAxis→{0,1,0}表示绕 y 轴旋转;RevolutionAxis→{0,0,1}表示绕 z 轴旋转。

【例 4.39】 用旋转法绘制 $z=\cos x$ 绕 z 轴旋转所构成的图形。

解 输入

RevolutionPlot3D [Cos[x],{x,−1,1},RevolutionAxis→{0,0,1}]

运行结果如图 4.35 所示。

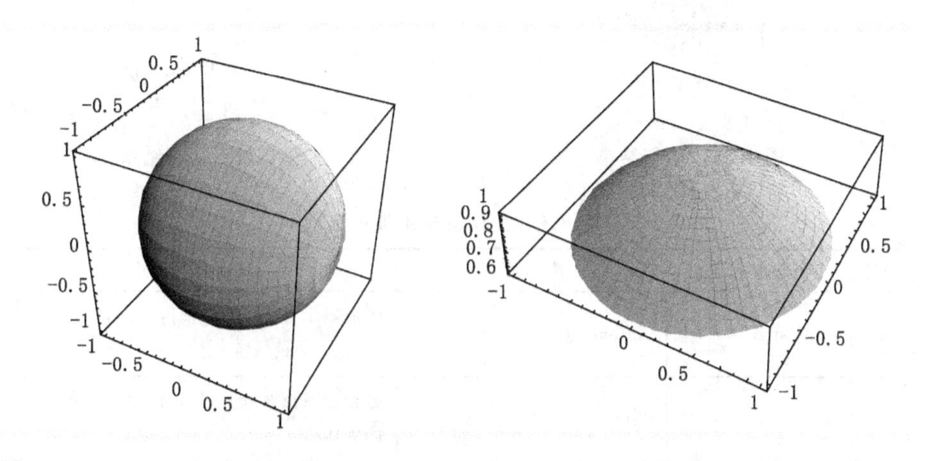

图 4.34 运行结果　　图 4.35 运行结果

4.5.6 球坐标画图

类似二维坐标中的极坐标画图,三维空间中有球坐标作图法,基本格式如下:

SphericalPlot3D[r,{θ,θ_{min},θ_{max}},{φ,φ_{min},φ_{max}},可选项]

【例 4.40】 SphericalPlot3D[1+2Cos[2θ],{θ,0,Pi},{φ,0,2Pi}],运行结果见图 4.36。

【例 4.41】 SphericalPlot3D[2+Sin[5θ]/5,{θ,0,2Pi},{φ,0,Pi},Mesh→None,PlotStyle→FaceForm[Red]],运行结果见图 4.37。

注:其中的可选项内容参看 4.5.7。

4.5.7 空间图形的可选项

空间图形(主要是空间曲线与曲面)可选项内容的设置很多,与平面图形的有些类似,这里不能全面介绍,其中常见的空间图形函数可选项见表 4.5。

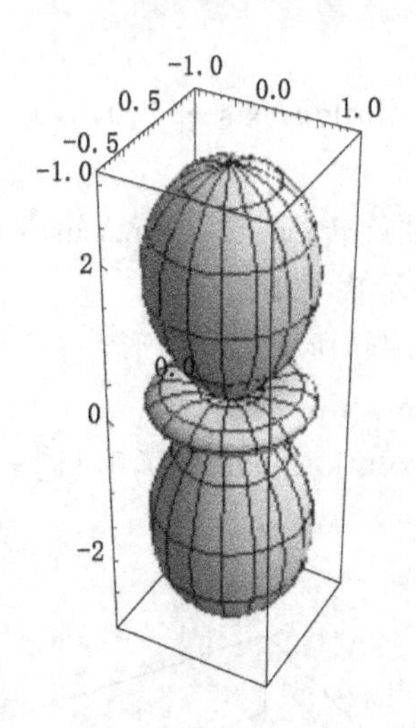

图 4.36　运行结果

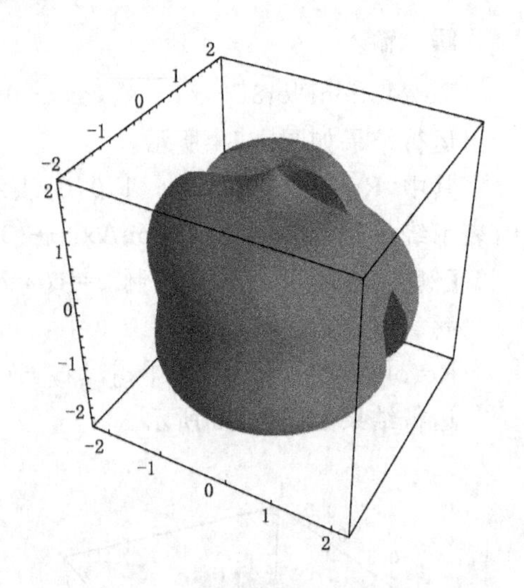

图 4.37　运行结果

表 4.5　空间图形函数可选项

序号	可选项名称	默认值	含　义
1	PlotRange	Automatic	图形显示范围，可取 $\{z_1, z_2\}$，或 $\{x_1, x_2\}$，$\{y_1, y_2\}$，$\{z_1, z_2\}$
2	Boxed	True	是否给图形加上一个立体框，以增强图形的立体感
3	BoxRatios	x∶y∶z=1∶1∶0.4	立体框在 3 个方向上的长度比，可任意指定
4	ViewPoint	{x,y,z}={1.3,−2.4,2}	将立体图投影到平面上时使用的观察点
5	PlotLabel	None	图形的名称标注，如果需要，可用任意字符串作为图形名称
6	Mesh	True	曲面上是否画上网格
7	FaceForm	FaceForm[ ]	正反两面颜色设置
8	ColorFunction	True	给曲面上色
9	MeshShading	自动	在曲面的网格线之间上色
10	Lighting	Automatic	打开光源，灯光即照射在曲面上，便会产生反射效果，从而使曲面呈现出色彩

为了帮助读者进一步弄清可选项的内容，举例如下。

【例 4.42】　绘制函数 $z=\cos(2x-y)$ 在区域 $-3\leqslant x\leqslant 3$，$-4\leqslant y\leqslant 4$ 上的

图形。

解　Plot3D[Cos[2x－y],{x,－3,3},{y,－4,4}]

运行结果如图 4.38 所示。

在 Plot3D 中没有出现可选项，全部采用了默认值，曲面带有边框，曲面上有网格，有阴影(彩色)，还有遮挡的部分。

【例 4.43】　去掉例 4.42 中的边框及曲面上的网格。

解　Plot3D[Cos[2x－y],{x,－3,3},{y,－4,4},Boxed→False,Mesh→None]

运行后输出结果如图 4.39 所示。

曲面旁边没有了边框，曲面上没有了网格，但仍有色彩和遮挡。

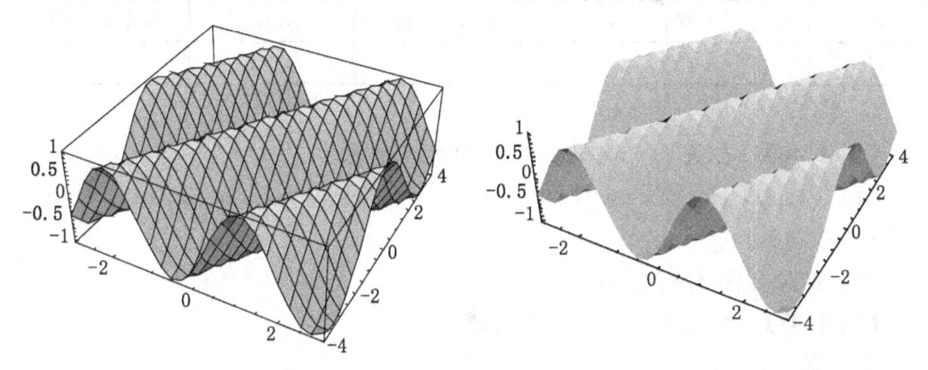

图 4.38　运行结果　　　　图 4.39　运行结果

【例 4.44】　去掉例 4.42 中曲面上的遮挡。

解　Plot3D[Cos[2 * x－y],{x,－3,3},{y,－4,4},PlotStyle→FaceForm[]]

运行结果如图 4.40 所示。

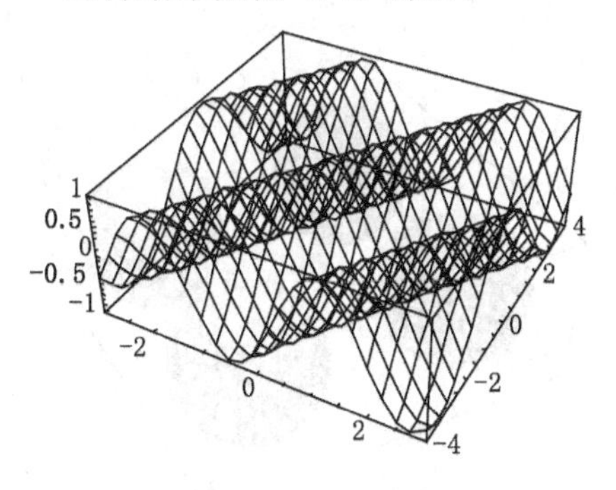

图 4.40　运行结果

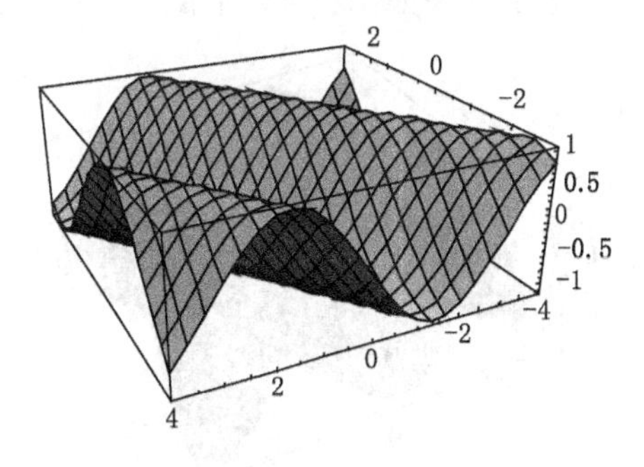

图 4.41　运行结果

去掉了曲面的消隐,曲面上没有了色彩(变为白色),但仍有边框和网格线。

【例 4.45】 在例 4.42 中改动对曲面的观察点(视点)。

解 Plot3D[Cos[2 * x−y],{x,−3,3},{y,−4,4},ViewPoint→{−2,1,1}]

运行结果如图 4.41 所示。一般视点,即默认值视点为:{1.3,−2.4,2},其他常用视点如表 4.6 所示。

表 4.6 常用视点范围

范围	观察方向	范围	观察方向	范围	观察方向
{0,−2,0}	从正前方观察	{2,0,0}	从正右方观察	{0,−2,2}	从前上方观察
{0,2,0}	从正后方观察	{−2,0,0}	从正左方观察	{0,−2,−2}	从前下方观察
{0,0,2}	从正上方观察	{2,−2,0}	从右前方观察	{−2,0,−2}	从左下方观察
⋮	⋮	⋮	⋮	⋮	⋮

【例 4.46】 在例 4.42 中设置一个绿色点光源。

解 Plot3D[Cos[2x−y],{x,−3,3},{y,−4,4},Lighting→{{"Point",Green,{2,0,2}}}]

运行结果如图 4.42 所示。

【例 4.47】 绘出 4 个不同光源的球。

解 输入

Graphics3D[{Specularity[White,50],Lighting→{{"Point",Red,{0,0,5}}},Sphere[],Lighting→{{"Point",White,{3,0,5}}},Sphere[{3,0,0}],Lighting→{{"Point",Blue,{0,3,5}}},Sphere[{0,3,0}],Lighting→{{"Point",Yellow,{3,3,5}}},Sphere[{3,3,0}]}]

输出结果如图 4.43 所示。

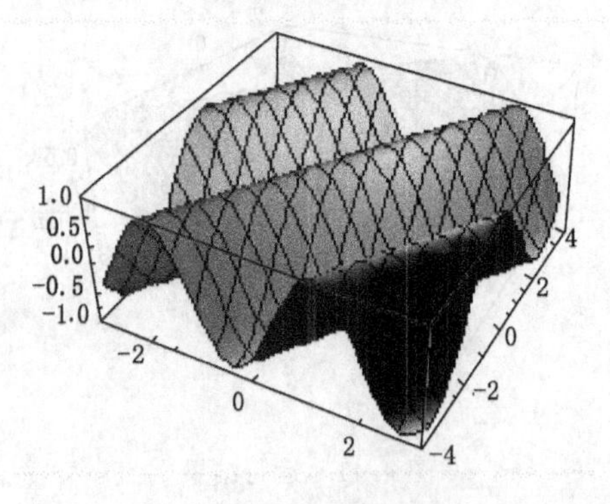

图 4.42 运行结果

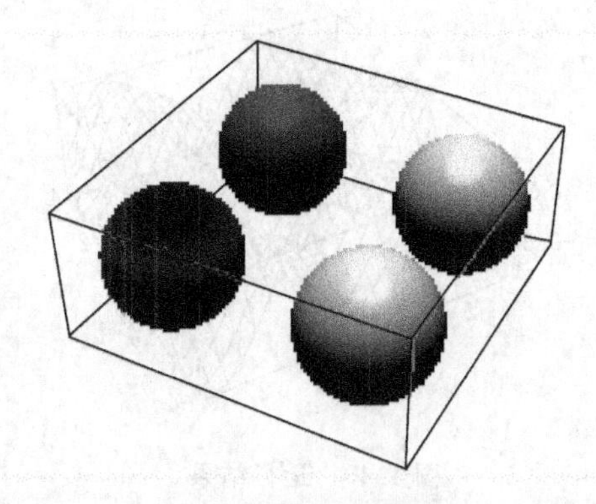

图 4.43 运行结果

4.5.8 空间图形的重现与组合

前面已经介绍了平面图形的重现与组合，对于空间图形（包括空间曲线与曲面）也可以完全类似地利用 Show 函数进行图形的重现与组合，现举例说明如下。

【例 4.48】 绘制回转面 $x=r, y=e^{-[r\cos(4r)]^2}\cos t, z=e^{-[r\cos(4r)]^2}\sin t$ 在 $-1\leqslant r\leqslant 1, 0\leqslant t\leqslant 2\pi$ 上的图形。

解 G=Exp[-(r * Cos[4r])^2]; x=r; y=G * Cos[t]; z=G * Sin[t];

tu1=ParametricPlot3D[{x,y,z},{r,-1,1},{t,0,2Pi}]

运行结果如图 4.44 所示。

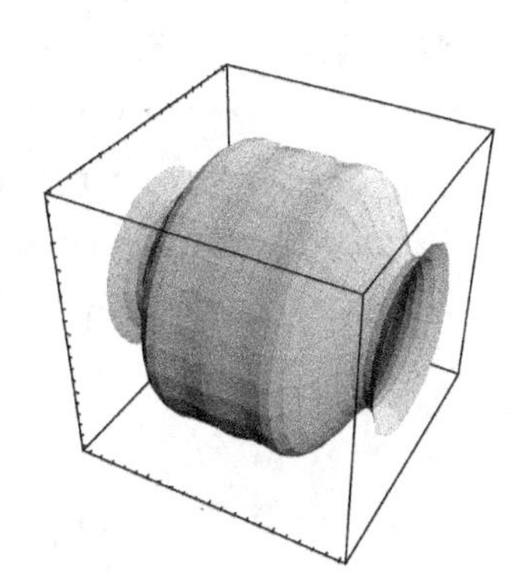

图 4.44　运行结果

【例 4.49】 去掉例 4.48 中立体框与坐标轴，并改动视点。

解 Show[tu1, Boxed→False, Axes→None, ViewPoint→{2,-2,-2}]

运行结果如图 4.45 所示。

在此例中我们充分利用了 Show 函数的重现功能，图形构造与显示的信息全部存放于变量 tu_1 中，在利用 Show 函数显示图形时，只需改动立体框、坐标轴与视点即可，其他工作不必重新再做。

【例 4.50】 绘制函数 $z_1=0.2(x+y)+0.1$ 与 $z_2=0.5(x^2-y^2)$ 在区域 $-1\leqslant x\leqslant 1, -1\leqslant y\leqslant 1$ 上的图形，并将此二图形进行组合。

解 输入：

```
S1=Plot3D[0.2(x+y)+0.1,{x,-1,1},{y,-1,1}];
S2=Plot3D[0.5(x^2-y^2),{x,-1,1},{y,-1,1}];
Show[S1,S2]
```

运行后可得图形 S_1 与 S_2（图略），以及 S_1 与 S_2 的组合图形，如图 4.46 所示。

图 4.45　运行结果

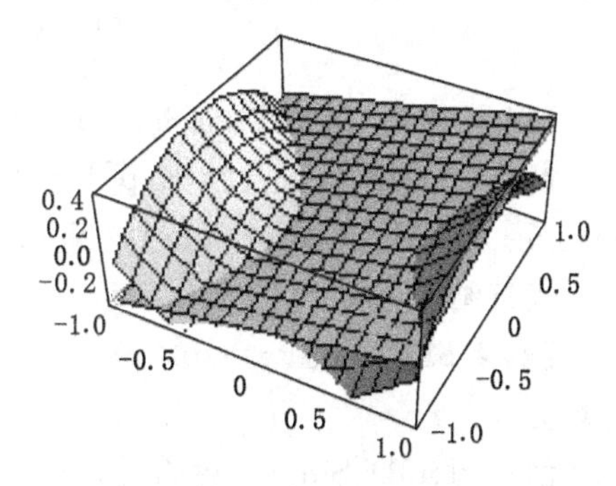

图 4.46　运行结果

4.5.9 两曲面相交与空间图形在坐标面上的投影

两曲面 S_1 与 S_2 相交的图形，除了可利用 Show 函数的组合功能实现外，还可利用曲面参数方程作图函数 ParametricPlot3D 来实现。

【例 4.51】 绘制二曲面 $z_1 = \sin xy$ 与 $z_2 = x^2 - y^2$ 在区域 $-1 \leqslant x \leqslant 1$，$-1 \leqslant y \leqslant 1$ 上相交部分的图形。

解　输入
```
z1=Sin[x * y];z2=x^2-y^2;
x=r * Cos[t];                    (* 将曲面方程参数化 *)
y=r * Sin[t];
ParametricPlot[{{x,y,z1},{x,y,z2}},{r,0,1},{t,0,2,2Pi}]
```
运行后输出结果如图 4.47 所示。

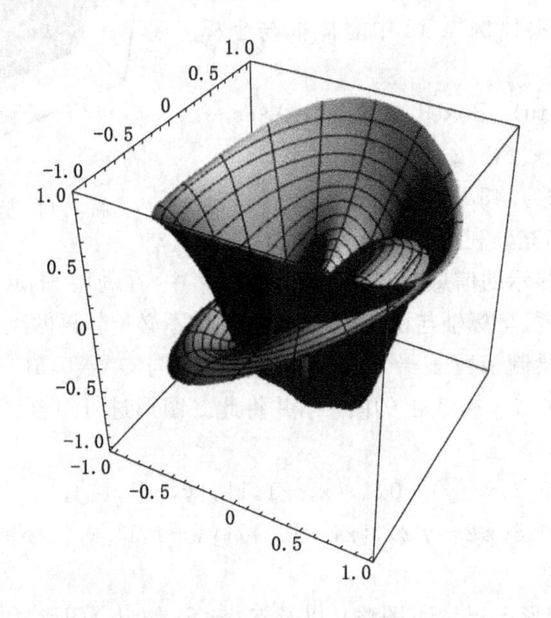

图 4.47　运行结果

【例 4.52】 利用 MeshShading 网络着色，观察函数的内部结构。

解
```
Plot3D[(x2+y2) Exp[1-x2-y2],{x, -3, 3},{y, -3, 3},Mesh
Shading→{{Automatic,None},{None,Automatic}},PlotPoints→50]
```
运行结果如图 4.48 所示。

【例 4.53】 作图 $z=\sin(x+y^2)$，并在 $z=0$ 值下方用红色填充，上方用绿色填充。

解
```
Plot3D[Sin[x+y^2],{x,-2,2},{y,-2,2},Filling→0,FillingStyle→
```

{Red,Green}]

运行结果见图 4.49。

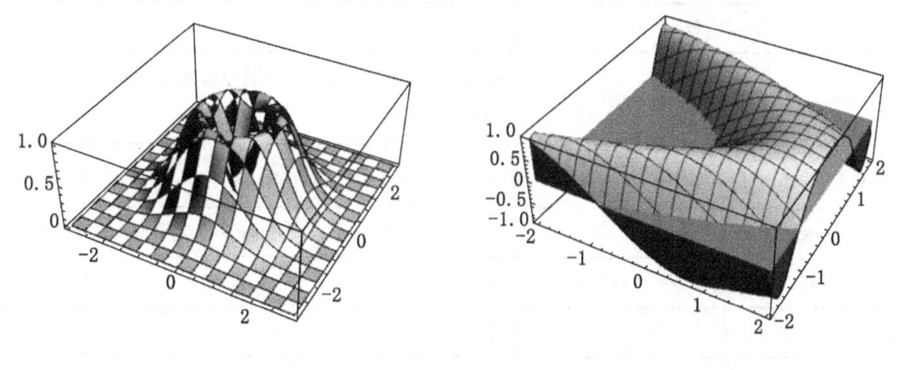

图 4.48 运行结果　　　　图 4.49 运行结果

如果对前面例 4.51 中两个曲面给出绘图主题信息,语句如下:

ParametricPlot3D[{{x,y,z1},{x,y,z2}},{r,0,1},{t,0,2Pi},PlotTheme→"Detailed"]

运行后输出结果如图 4.50 所示。

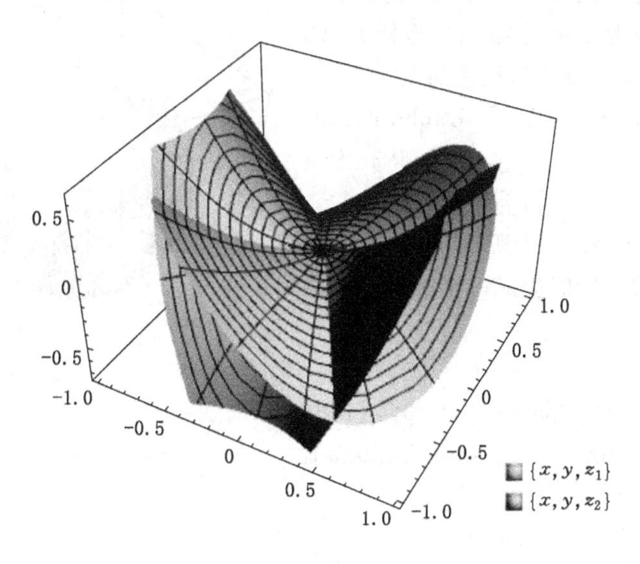

图 4.50 运行结果

4.5.10 常用的三维图形函数(表 4.7)

表 4.7 常用的三维图形函数

函数	意义
Cone[{{x_1,y_1,z_1},{x_2,y_2,z_2}},r]	生成一个圆锥,{x_1,y_1,z_1}处半径为 r,{x_2,y_2,z_2}为顶点
Cuboid[{x_{min},y_{min},z_{min}},{x_{max},y_{max},z_{max}}]	以{x_{min},y_{min},z_{min}}和{x_{max},y_{max},z_{max}}为顶点的立方体
Cylinder[{{x_1,y_1,z_1},{x_2,y_2,z_2}},r]	{x_1,y_1,z_1},{x_2,y_2,z_2}为中心线,半径为 r 的圆柱体
Line[{{x_1,y_1,z_1},{x_2,y_2,z_2},…}]	线
Point[{x,y,z}]	点
Polygon[{{pt_{11},pt_{12},…},{pt_{21},…},…}]	多面体
Sphere[{x,y,z},r]	球
Circumsphere[{p_1,…,p_{n+1}}]	n 维空间中过 p_1,…,p_{n+1} 的外接球和一个坐标为{0,0,1}、大小为 0.1、颜色为红色的点

【例 4.54】 在同一坐标下生成中心为{1,2,1}、半径为 2 的球和一个坐标为{0,0,1}、大小为 0.1、颜色为红色的点。

解 Graphics3D [GraphicsGroup [{Sphere [{ 1, 1, 1 }, 1], Red, PointSize [0. 1],Point[{0,0,1}]}]]

运行结果如图 4.51 所示。

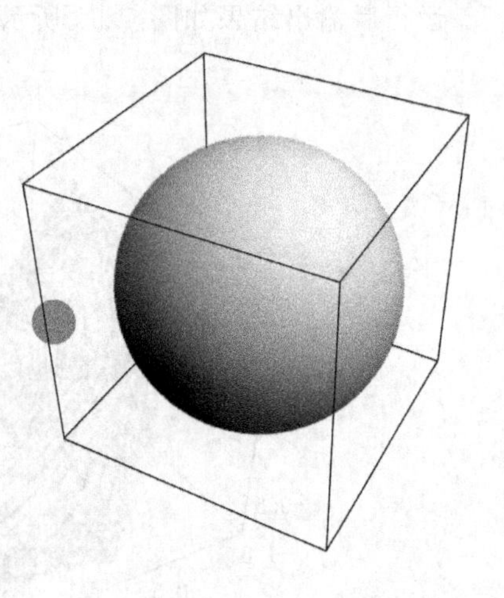

图 4.51 运行结果

【例 4.55】 同时生成一个圆锥、点、圆柱体。

解 输入

{Graphics3D[Cone[{{0,0,0},{1,1,1}},1/2]],Graphics3D[{PointSize[0.5],Point[{0.5,1,1}]}],

Graphics3D[Cylinder[]]}

运行结果如图 4.52 所示。

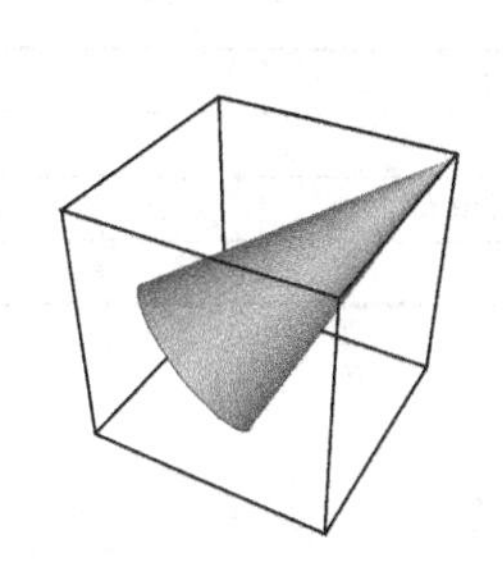 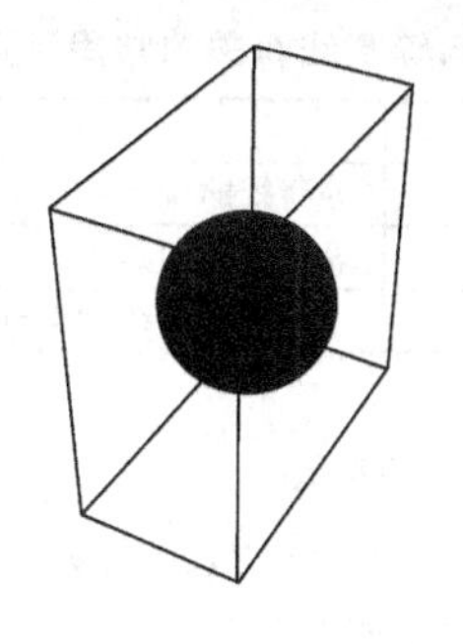 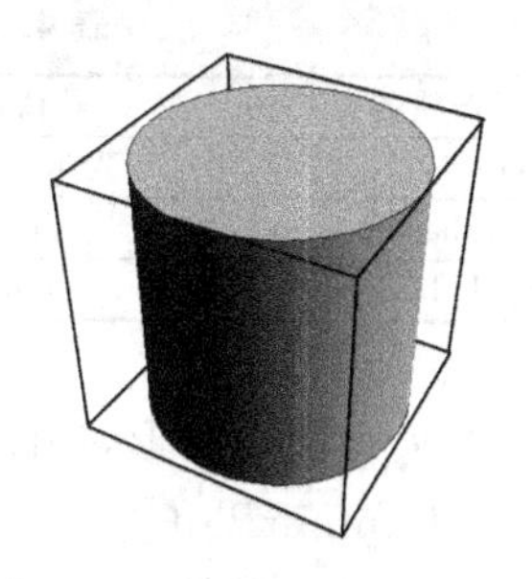

图 4.52 运行结果

4.5.11 等高线及密度图

等高线，亦称等值线，是指曲面上具有相同高度的那些点的连线。如果将曲面 $z=f(x,y)$ 上的相同高度记为 $z=z_0$（请注意在 E^3 中这是一张水平面），那么等高线的方程就可写为 $C_0:\begin{cases}z=f(x,y)\\z=z_0\end{cases}$。如果给高度以不同的值，$z=z_j,j=1,2,\cdots,p$，那么就可得到曲面上一簇不同高度的等高线 $C_j:\begin{cases}z=f(x,y)\\z=z_j,j=1,2,\cdots,p\end{cases}$；如果再将 C_j 投影到 xOy 面上，就得到等高线 C_j 的一簇投影曲线 $C'_j:f(x,y)=z_j,j=1,2,\cdots,p$。在工程中（如某些地形图上）常采用平面曲线簇 C'_j（而不是 C_j）及其密度图来反映曲面高度变化情况的。

等高线的密度图是用来反映平面曲线簇 $C'_j,j=1,2,\cdots,p$ 中曲线密度分布情况的，由于 C'_j 均在同一平面（xOy 面）上，无法看到它们在投影前的高度，系统采取了灰度（明暗度）的办法来表示高度，沿 Oz 轴正向，越低的地方越暗，越高的地方越亮。如果在平面曲线簇 $C'_j,j=1,2,\cdots,p$ 中再加上明暗度，那么就能较好地表现出曲面在空间高度的变化情况。

Mathematica 系统为我们提供了等高线与密度图的绘制函数，它们的调用格式如下：

等高线 ContourPlot[f(x,y),{x,x1,x2},{y,y1,y2},可选项]

密度图 DensityPlot[f(x,y),{x,x1,x2},{y,y1,y2},可选项]

式中 $f(x,y)$,$\{x,x_1,x_2\}$,$\{y,y_1,y_2\}$的含义及说明与 4.5.1 节中显式曲面的完全相同，可选项的内容及说明也与 4.5.7 节中基本相似，这里仅将与等高线有关的常用可选项列于表 4.8。

【例 4.56】 绘制曲面 $z=x+\sin 2y$ 在区域 $-2\leqslant x\leqslant 2,-2\leqslant y\leqslant 2$ 上的等高线图及其密度图。

解 输入 Plot3D[x+Sin[2y],{x,-2,2},{y,-2,2}]

表 4.8 与等高线有关的常用可选项

可选项名称	默认值	含　义
Contours	Automatic	等高线的条数
ContourShading	True	等高线之间是否用阴影，也可上色
ContourLabels	None	是否对等高线加上标签

运行后得曲面图形，如图 4.53 所示。

tu=ContourPlot[x+Sin[2y],{x,−2,2},{y,−2,2}]

运行后得等高线图，如图 4.54 所示。

图 4.54 中不仅有等高线 C'_j，同时还添加了明暗度，如果想要去掉明暗度，则只需在可选项位置写上 ContourShading→None 即可。

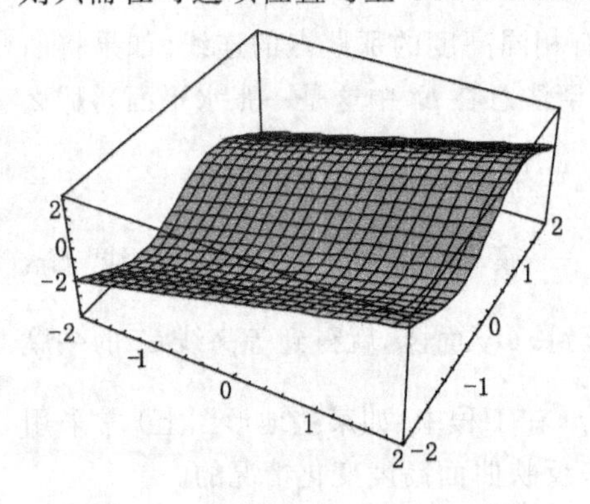

图 4.53　运行结果

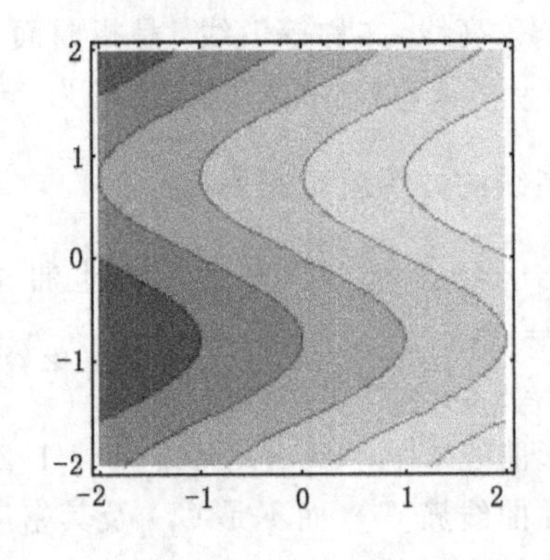

图 4.54　运行结果

ContourPlot[x+Sin[2y],{x,−2,2},{y,−2,2},Contours→3,ContourShading→{Red,Orange,Blue}]

运行结果如图 4.55 所示。

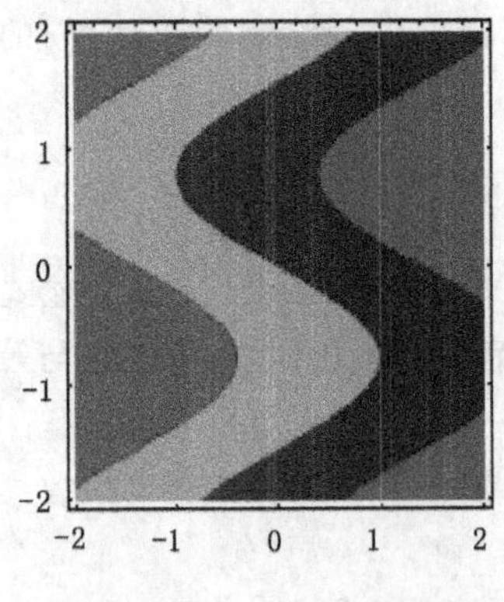

图 4.55　运行结果

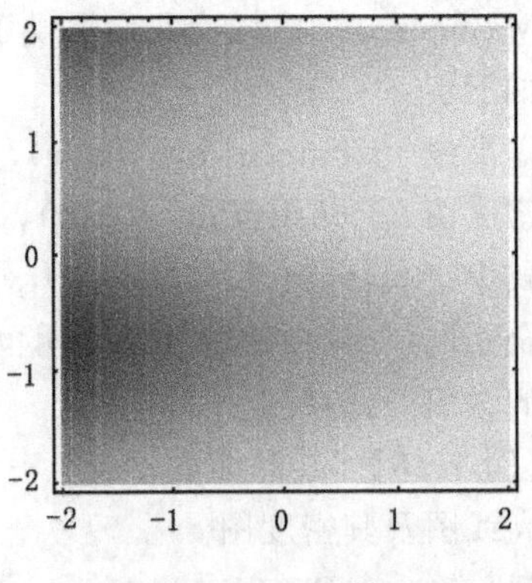

图 4.56　运行结果

若输入 DensityPlot[x+Sin[2y],{x,-2,2},{y,-2,2}]

运行后得到密度图,如图 4.56 所示。

【例 4.57】 对等高线高度进行说明。

ContourPlot[Sin[x] * Sin[y],{x,-3,3},{y,-3,3},ContourLabels→True]

运行结果如图 4.57 所示。

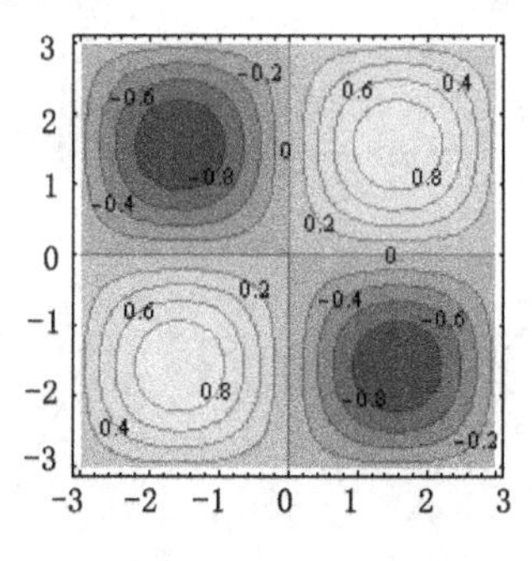

图 4.57 运行结果

4.6 动画、声音和链接

4.6.1 动画的制作

动画制作的函数格式为:

Animate[表达式,{x,x_{min},x_{max}},可选项]

表达式多为作图函数,当变量 x 从 x_{min} 变化到 x_{max} 时,表达式值随之变化,从而产生动画效果。

【例 4.58】 Animate[Plot[Sin[x+a],{x,0,10}],{a,0,5}]

运行结果如图 4.58 所示。

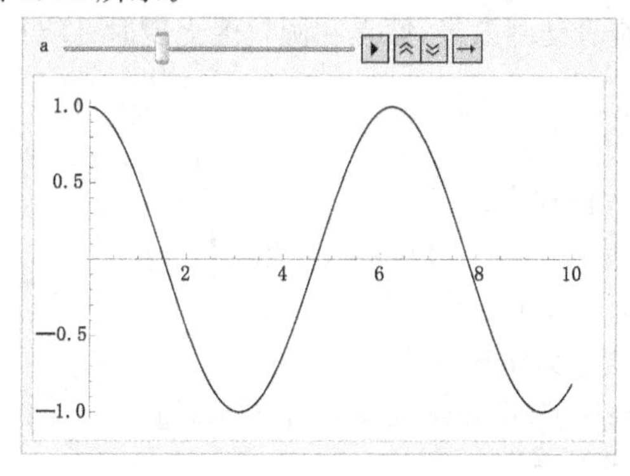

图 4.58 运行结果

运行后曲线就随着 a 的变化而变化，产生动画效果，但是可以点击 ▶ 键暂停。

【例 4.59】

Animate[Plot[Sin[a+x]+Sin[b * x],{x,0,10},PlotRange→2],{a,1,5},{b,1,5},AnimationRunning→False]

运行结果如图 4.59 所示。

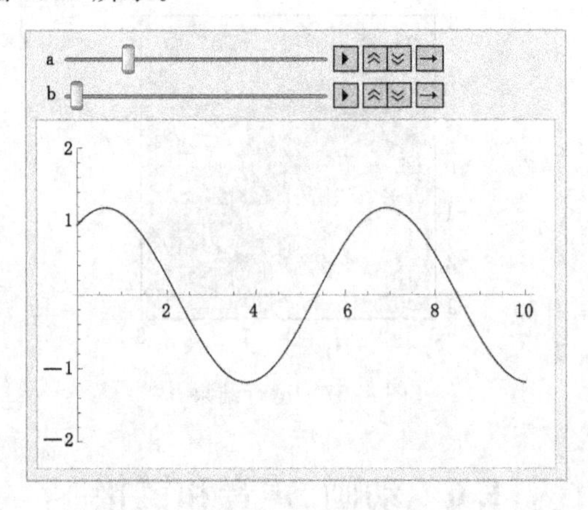

图 4.59 运行结果

其中可选项 AnimationRunning 取值为 False，运行后没有动画效果，点击 ▶ 键可查看动画效果。

【例 4.60】

Animate[Graphics[{Circle[],PointSize[0.03],Point[{Cos[t],Sin[t]}]}],{t,0,2Pi,0.5},AnimationRunning→False]

运行结果如图 4.60 所示。

点击 ▶ 键可查看动画效果，原点在圆轨道上逆时针绕行，以步长为 0.5 跳跃绕行。

4.6.2 声音

产生声音的函数格式为：

Speak[表达式]

【例 4.61】 Speak[Sin[x]^2+Cos[x]^2]

运行后会读出这个数学表达式。

【例 4.62】 Speak["Hellow,nice to see you"]

运行后读出这句英语。

【例 4.63】 Button["press me",Speak["you are welcome"]]

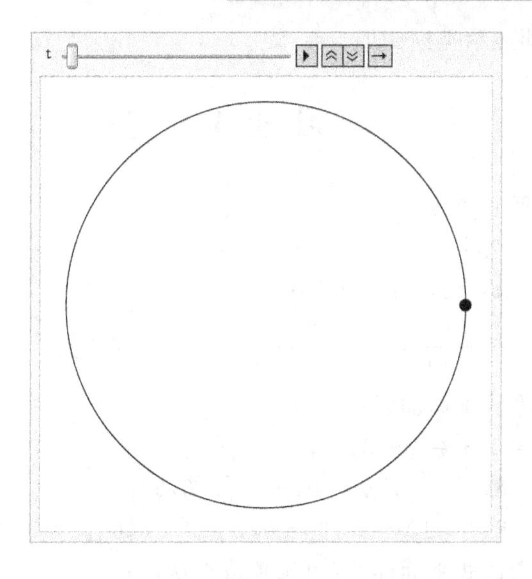

图 4.60

运行后产生按钮 press me ,点击它就会运行 Speak 语句。

4.6.3 链接

【例 4.64】 链接到已保存的 D 盘下数学软件教材下的 4.1.nb。

Hyperlink[D:\数学软件教材\4.1.nb]。

运行后:D:\数学软件教材\4.1.nb,点击它就会打开该文件。

【例 4.65】

Hyperlink["百度","http://www.baidu.com"]

运行结果为百度,点击它即可打开百度网页。

4.6.4 显示点的坐标

Graphics[Table[Tooltip[{PointSize[0.05],Point[{x,sin[x]}]}],{x,0,6,0.5}]]]

运行结果见图 4.61。

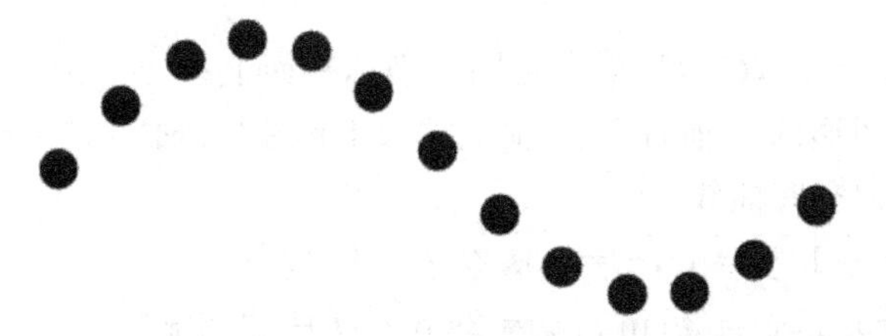

图 4.61 运行结果

鼠标移至点即显示坐标。

习题4

1. 绘制下列平面曲线：

(1) $y = 5x^3 + 7x^2 - 3x, x \in [-1,5]$；

(2) $y = e^{-\sin x}\cos 2x, x \in [0,6]$；

(3) $y = \dfrac{1}{(x-1)^2+1} + \dfrac{2}{(x+1)^2+1}, x \in [-2,2]$。

2. 绘制下列隐式平面曲线：

(1) $x^4 + y^3 = 1, x \in [-3,3]$；

(2) $x^4 + y^4 - 6xy^3 + 8x^2 y = 0, x \in [-6,6]$；

(3) $x^4 + y^4 - 8x^2 - 10y^2 + 16 = 0, x \in [-6,6]$。

3. 绘制下列参数式平面曲线(可选项取默认值)：

(1) $x = \dfrac{3t}{1+t^3}, y = \dfrac{3t^2}{1+t^3}, t \in [-6,6]$；

(2) $x = (R+r)\cos t - \arccos bt, y = (R+r)\sin t - \arcsin bt$，式中 $R = 5, r = 2.25, a = 0.4, b = (R+r)/r, t \in [0,18\pi]$ 或者 $R = 7.7, r = -3.465, a = 0.616, b = (R+r)/r$。

4. 绘制下列极坐标式平面曲线(可选项取默认值)：

(1) $\rho = 2\theta, \theta \in [0,3\pi]$；

(2) $\rho = 8\sin\theta + 1, \theta \in [0,2\pi]$。

5. 已知显函数 $y = \dfrac{nx}{1+x^2}, x \in [0,20]$

(1) 用不同线型画出当 $n = 1,2,3,4$ 时的曲线 C_1, C_2, C_3, C_4；

(2) 将 C_1, C_2, C_3, C_4 组合成两行所构成的方阵。

6. 已知隐函数 $x^4 + y^4 - 2(x^2 + y^2) = b$，求：

(1) 用不同颜色画出当 $b = 1.0, -0.7, -1.0, -1.05, -1.9$ 时的曲线 C_1, C_2, C_3, C_4, C_5；

(2) 将 C_1, C_2, C_3, C_4, C_5 组合在同一坐标平面上；

(3) 在 C_1 图形的 x 轴右端、y 轴上端加上标注“x 轴”与“y 轴”。

7. 绘制下列空间曲线：

(1) $x = t^2 + 1, y = t^3, z = \cos 2t, t \in [0,6]$；

(2) $x = t\cos t, y = 2t\sin t, z = 2\sin 2t, t \in [0,2\pi]$；

(3) $x = 1 + \cos 2t, y = \sin 2t, z = 2\sin t/2, t \in [0,4\pi]$；

(4) $x=\cos(t/10)\cos t, y=\cos(t/10)\sin t, z=\sin(t/10), t\in[0,24\pi]$。

如果可选项全部取默认值，画出的曲线很不光滑，因此需要将分割点加密，比如 PlotPoints → 300。

8. 已知 5×6 个 z_{ij} 值的数据为：

$z_{56}=\{\{0,1,2,1,0\},\{1,2,3,2,1\},\{2,3,4,3,2\},\{2,3,4,3,2\},\{1,2,3,2,1\},\{0,1,2,1,0\}\}$；试绘制此数据曲面的图形。

9. 绘制两曲面 $z=x^2+y^2\cos x+3$ 与 $z=2xy+y^2+2, x\in[-2,2], y\in[-2,2]$ 相交的图形。

10. 求空间曲线 $x=\cos t, y=\sin t, z=2\sin t/2, t\in[0,4\pi]$ 在三坐标面上的投影。

第5章 线性代数

线性代数是应用数学的一个重要分支，它是科技与工程中线性模型问题研究与求解的最主要工具，有着广泛的应用。线性代数研究的主要内容是矩阵的运算，线性方程组解的存在性判别与求解。本章将要讨论矩阵的定义、运算、特征值、特征向量及线性方程的求解。

5.1 矩阵定义及基本运算

从数据结构上看，表和矩阵是同一对象，在文字处理或数据库中称之为表，在数学上称之为向量和矩阵。Mathematica 将矩阵和向量看作一类特殊的表，因此前面章节中介绍的有关表的操作都可用于向量和矩阵的操作。

5.1.1 矩阵的生成

当矩阵的阶数比较低时，可以用直接输入法生成矩阵。

【例 5.1】 练习生成矩阵的操作。

A={{-1,-2,-3},{4,-5,6},{7,8,9}}; (* **A** 的列表形式 *)

A//MatrixForm (* 将 **A** 写成矩阵的形式 *)

运行后得= $\begin{pmatrix} -1 & -2 & -3 \\ 4 & -5 & 6 \\ 7 & 8 & 9 \end{pmatrix}$

当矩阵的阶数比较高时，利用建表函数来生成矩阵是很方便的。有关函数见表 5.1。

表 5.1 建表函数

函 数	意 义
Array[a,{m,n}]	生成一个列表形式的 $m\times n$ 阶的矩阵，它的 i 行 j 列元素是 $a[i,j]$
Table[a[i,j],{i,m},{j,n}]	生成一个列表形式的 $m\times n$ 阶的矩阵，它的 i 行 j 列元素是 $a[i,j]$
Table[f_{ij},{i,m},{j,n}]	生成一个 $m\times n$ 阶的矩阵，它的 i 行 j 列元素按通项 f_{ij} 的规律取得

【例5.2】 生成元素为 $a_{ij}=i+j$ 的 $m\times n$ 阶矩阵。

解 H=Table[i+j,{i,3},{j,4}];

MatrixForm[H] 或 H // MatrixForm

$$=\begin{pmatrix}2 & 3 & 4 & 5\\ 3 & 4 & 5 & 6\\ 4 & 5 & 6 & 7\end{pmatrix}$$

下方有矩阵图、矩阵秩等选项,可根据需要进行选择。

数学上有一类特殊矩阵,比如单位矩阵、对角矩阵等,这些特殊矩阵可以用表5.2中的函数生成。

表5.2 有关生成特殊矩阵的函数

函数	意义
Table[0,{m},{n}]	生成一个 $m\times n$ 阶0元素矩阵
IdentityMatrix[n]	生成一个 $n\times n$ 阶单位矩阵
DiagonalMatrix[list]	用表list中的元素生成一个对角阵
Table[Random[ ],{m},{n}]	生成一个 $m\times n$ 阶替换元素阵,元素的值在0与1之间
Table[If[i<=j,1,0],{i,m},{j,n}]	生成一个 $m\times n$ 阶的上三角矩阵
Table[If[i>=j,1,0],{i,m},{j,n}]	生成一个 $m\times n$ 阶的下三角矩阵

【例5.3】 生成如下矩阵:

(1) 生成2×3阶元素为0的矩阵;

(2) 生成三阶单位阵;

(3) 生成对角线上元素为-1,2,3,4的对角阵;

(4) 生成二阶随机元素矩阵;

(5) 生成一个上三角阵;

(6) 生成一个下三角阵。

解 (1) Table[0,{2},{3}];

%//MatrixForm

$$=\begin{pmatrix}0 & 0 & 0\\ 0 & 0 & 0\end{pmatrix}$$

(2) IdentityMatrix[3];

%//MatrixForm

$$=\begin{pmatrix}1 & 0 & 0\\ 0 & 1 & 0\\ 0 & 0 & 1\end{pmatrix}$$

(3) DiagonalMatrix[{-1,2,3,4}];
%//MatrixForm

$$=\begin{pmatrix}-1&0&0&0\\0&2&0&0\\0&0&3&0\\0&0&0&4\end{pmatrix}$$

(4) Table[Random[],{2},{2}]
={{0.655504,0.536699},{0.900022,0.561696}}

(5) Table[If[i<=j,1,0],{i,3},{j,3}]
%//MatrixForm

$$=\begin{pmatrix}1&1&1\\0&1&1\\0&0&1\end{pmatrix}$$

(6) Table[If[i>=j,2,0],{i,3},{j,4}]
%//MatrixForm

$$=\begin{pmatrix}2&0&0&0\\2&2&0&0\\2&2&2&0\end{pmatrix}$$

5.1.2 矩阵的取块

在矩阵运算中有时需要提取它的一部分元素(块)参与运算,如提取一个元素、一行元素、一列元素,或者一个子矩阵等,为了方便地提取矩阵里面的元素,一般要在定义矩阵的同时给矩阵取一个名字。假设定义了一个名为 **A** 的矩阵,其相关操作函数见表5.3。

表5.3 矩阵的取块

操作函数	意 义
A[[i,j]]	取出矩阵 **A** 的第 i 行第 j 列元素
A[[i]]	取出矩阵 **A** 中的第 i 行元素
A[[All,j]]	取出矩阵 **A** 中的第 j 列元素
A[[{i_1, i_2, …, i_p},{j_1, j_2, …, j_q}]]	取出由{i_1, i_2, …, i_p}行和{j_1, j_2, …, j_q}列组成的子矩阵
Take[A,{i_0, i_1},{j_0, j_1}]	取出由 **A** 的 i_0 行到 i_1 行和 j_0 列到 j_1 列组成的子矩阵
Tr[A,List]	取出按列表给出的矩阵 **A** 的对角线元素

【例 5.4】 已知矩阵$\begin{pmatrix}1&2&3&4&5\\3&4&5&6&7\\5&6&7&8&9\\5&6&7&9&9\\6&7&8&9&9\end{pmatrix}$,练习矩阵操作函数。

练习如下：

A={{1,2,3,4,5},{3,4,5,6,7},{5,6,7,8,9},{5,6,7,9,9},{6,7,8,9,9}};

A[[2,3]]=5　　　　(* 将 **A** 中第 2 行第 3 列元素 5 取出 *)

A[[2]]={3,4,5,6,7}　　　　(* 取出第 2 行 *)

A[[All,3]]={3,5,7,7,8}　　　　(* 取出第 3 列 *)

A[[{1,3},{2,4}]]={{2,4},{6,8}}

Tr[A,List]={1,4,7,9,9}

5.1.3 矩阵的运算

设 u 为一个数,$\boldsymbol{A}=[a_{ij}]_{m\times n}$和$\boldsymbol{B}=[b_{ij}]_{r\times s}$为矩阵,则有：

$u\pm\boldsymbol{A}=[u\pm a_{ij}]_{m\times n}$	数 u 加矩阵 **A** 等于将 u 加到 **A** 的每个元素上
$u\boldsymbol{A}=[ua_{ij}]_{m\times n}$	数 u 乘矩阵 **A** 等于将 u 乘到 **A** 的每个元素上
$\boldsymbol{A}\pm\boldsymbol{B}=[a_{ij}\pm b_{ij}]_{m\times n}$	矩阵 **A** 与 **B** 相加,首先 **A** 与 **B** 必须同阶($m=r,n=s$),将对应位置元素相加即可
$\boldsymbol{A}\cdot\boldsymbol{B}=\boldsymbol{C}$	矩阵 **A** 右乘矩阵 **B**,必须是 **A** 的列数 n 与 **B** 的行数 r 相等才能相乘,所得矩阵 **C** 的元素 $c_{ij}=\sum_{k=1}^{n}a_{ik}b_{ki}$

在特殊情况下,当 $n=1$ 与 $r=1$ 时,则有$[a_{ij}]_{m\times 1}$与$[b_{ij}]_{1\times s}$,**A** 与 **B** 变为行向量与列向量,因此上面的公式包含了对向量的运算。

要注意的是,Mathematica 里定义了 3 种乘法运算:点积“·”,叉积“×”和星号积“*”。设 **a** 与 **b** 为向量,**A** 与 **B** 为矩阵,u 与 v 为数,则：

$\boldsymbol{a}\cdot\boldsymbol{b}$	表示数学中两向量的内积(数量积)
$\boldsymbol{A}\cdot\boldsymbol{B}$	表示数学中两矩阵的乘积
$\boldsymbol{a}\times\boldsymbol{b}$	表示数学中两向量的外积(向量积)
$\boldsymbol{a}*\boldsymbol{b}$	等于 **a** 与 **b** 的对应元素相乘,仍为一向量
$\boldsymbol{A}*\boldsymbol{B}$	等于 **A** 与 **B** 的对应元素相乘,仍为一矩阵
$u*v$	数 u 乘 v 规定用星号 $u*v$,其余 $u\times v$ 与 $u\cdot v$ 无意义

在本书中最常见的是点积“·”,希望读者注意,不可与叉积“×”、星号积“*”混同使用。

除了上述简单的矩阵代数运算外，还有下面一些常见的矩阵运算，见表5.4。

表5.4 矩阵运算

函 数	意 义
Det[A]	求矩阵 **A** 的行列式(记为 $\|\mathbf{A}\|$，**A** 必须是方阵)
Transpose[A]	求 **A** 的转置阵(记为 $\mathbf{A}^{T}$ 或 $\mathbf{A}'$)
Inverse[A]	求 **A** 的逆矩阵(记为 $\mathbf{A}^{-1}$，**A** 必须是方阵)
Tr[A]	求 **A** 的迹(**A** 的主对角元相加)
MatrixPower[A,n]	求 **A** 的 n 次幂(记为 $\mathbf{A}^{n}=\mathbf{A}\cdot\mathbf{A}\cdots\mathbf{A}$，共 n 个，**A** 必须是方阵)
MatrixRank[A]	求矩阵 **A** 的秩
MatrixForm[A]	将表形式的矩阵显示成与数学一致的矩阵形式

【例5.5】 已知三阶方阵 A1={{1,2,3},{4,5,6},{7,8,-9}}，练习矩阵运算。

练习如下：

Det[A1]=54

Transpose[A1]={{1,4,7},{2,5,8},{3,6,-9}}

E1=Inverse[A1]= $\{\{-\frac{31}{18},\frac{7}{9},-\frac{1}{18}\},\{\frac{13}{9},-\frac{5}{9},\frac{1}{9}\},\{-\frac{1}{18},\frac{1}{9},-\frac{1}{18}\}\}$

Tr[A1]=-3

MatrixPower[A1,2]={{30,36,-12},{66,81,-12},{-24,-18,150}}

MatrixRank[A1]=3

MatrixForm[A1]= $\begin{pmatrix}1 & 2 & 3\\ 4 & 5 & 6\\ 7 & 8 & -9\end{pmatrix}$

容易验证矩阵 A1 同它的逆矩阵 E1 之间有

A1·E1={{1,0,0},{0,1,0},{0,0,1}}

对于文字(符号)矩阵，上述各种运算同样可以进行。

【例5.6】 已知矩阵 A2={{a,b,c},{b,c,a},{c,a,b}}，则有

Det[A2]= $-a^{3}-b^{3}+3abc-c^{3}$

如果记 $d=-a^{3}-b^{3}+3abc-c^{3}$，则有

$$\text{Inverse}[A2]=\left\{\left\{\frac{-a^2+bc}{d},\frac{-b^2+ac}{d},\frac{ab-c^2}{d}\right\},\left\{\frac{-b^2+ac}{d},\frac{ab-c^2}{d},\frac{-a^2+bc}{d}\right\},\left\{\frac{ab-c^2}{d},\frac{-a^2+bc}{d},\frac{-b^2+ac}{d}\right\}\right\}$$

5.2 特征值和特征向量

特征值和特征向量是矩阵问题中最重要的内容之一，它们在线性代数里的定义是：设 $\boldsymbol{A}$ 是一个 $n\times n$ 阶单位阵，如果存在非零向量 $\boldsymbol{X}$ 与数量 λ 满足线性方程组 $(\boldsymbol{A}-\lambda\boldsymbol{I})\boldsymbol{X}=0$，则称 λ 是矩阵 $\boldsymbol{A}$ 的特征值，$\boldsymbol{X}$ 是 $\boldsymbol{A}$ 的对应于特征值 λ 的特征向量。

在低维欧氏空间里，可以对 λ 和 $\boldsymbol{X}$ 给出几何解释：如果 $\boldsymbol{A}$ 是一个 3×3 阶实对称矩阵，则 $\boldsymbol{A}$ 代表着一个实的二次型或二次曲面，那么特征值 λ 的绝对值 $|\lambda|$ 的大小对应于这个二次曲面 3 个主半轴的长度，$\boldsymbol{X}$ 对应于这个二次曲面的 3 个主轴方向。

实对称矩阵的特征值与特征向量有着比较简单的结构，例如：

① 若 $\boldsymbol{A}$ 是 $n\times n$ 阶实对称矩阵，则 $\boldsymbol{A}$ 必有 n 个实的特征值与 n 个实的线性无关的特征向量(不论特征值中是否有重根)；

② 若 $\boldsymbol{A}$ 是实对称矩阵，而 $\boldsymbol{A}$ 的某两个特征值 λ_i 与 λ_j 相异，则 λ_i 与 λ_j 所对应的特征向量 $\boldsymbol{P}_i$ 与 $\boldsymbol{P}_j$ 必正交，若 $\boldsymbol{A}$ 的 n 个特征值全是单根，则 $\boldsymbol{A}$ 的 n 个特征向量两两正交；

③ 对于每一个实对称矩阵 $\boldsymbol{A}$，利用正交变换总可将 $\boldsymbol{A}$ 转化为对角矩阵，其主对角线上的元素就是 $\boldsymbol{A}$ 的 n 个特征值。

如果 $\boldsymbol{A}$ 是一个实的非对称矩阵，那么 $\boldsymbol{A}$ 的特征值与特征向量的结构将会比较复杂，上述关于实对称矩阵的结论①，②，③往往不能保证成立。

在线性代数里，计算特征值与特征向量是一个比较复杂但很重要的内容，Mathematica 系统将它们设计成函数进行调用就十分方便了，相关函数见表 5.5。

表 5.5 计算特征值和特征向量的相关函数

函　数	意　义
Eigenvalues[A]	计算矩阵 $\boldsymbol{A}$ 的(精确形式的)特征值表
Eigenvectors[A]	计算矩阵 $\boldsymbol{A}$ 的(精确形式的)特征向量表
Eigensystem[A]	计算所有的特征值，特征向量
Eigenvalues[N[A]]	计算矩阵 $\boldsymbol{A}$ 的特征值表的数值解
Eigenvectors[N[A]]	计算矩阵 $\boldsymbol{A}$ 的特征向量表的数值解

【例5.7】 求下面实对称矩阵的全部特征值与特征向量。

(1) A1={{2,1},{1,2}}

(2) A2={{1,−1,−1},{−1,1,−1},{−1,−1,1}}

解 (1) A1={{2,1},{1,2}}

t1=Eigensystem[A1]={{3,1},{{1,1},{−1,1}}}

求得特征值 $\lambda_1=3$， $\lambda_2=1$

特征向量 $\boldsymbol{p}_1=\{1,1\}$， $\boldsymbol{p}_2=\{-1,1\}$

由于 λ_1，λ_2 均是相异实根(单根)，故可肯定特征向量两两正交，即有 t1[[2,1]]·t1[[2,2]]=0。

(2) A2={{1,−1,−1},{−1,1,−1},{−1,−1,1}}；

t2=Eigensystem[A2]={{2,2,−1},{{−1,1,0},{−1,0,1},{1,1,1}}}

由于 $\lambda_1=\lambda_2=2$，$\lambda_3=-1$，λ_3 与 λ_1，λ_2 互异，故有

t2[[2,2]],t2[[2,3]]。

如果改用最后两个计算函数，也可得到相同的结果。

Eigenvalues[N[A2]]={2.,2.,−1.}

Eigenvectors[A2]={{−1,0,1},{−1,1,0},{1,1,1}}

【例5.8】 求下列实非对称矩阵的全部特征值与特征向量。

(1) B1={{1,4,2},{0,1,−1},{0,2,4}}

(2) B2={{1,2,2},{1,−1,1},{4,−12,1}}

(3) B3={{2,1,1},{0,2,1},{0,0,2}}

解 (1) B1={{1,4,2},{0,1,−1},{0,2,4}}；

Eigensystem[B1]

={{3,2,1},{{0,−1,2},{−2,−1,1},{1,0,0}}}

$\boldsymbol{B}_1$ 的3个特征值1,2,3虽均互异，但特征向量 $\boldsymbol{p}_1$，$\boldsymbol{p}_2$，$\boldsymbol{p}_3$ 之间不能保证正交。

(2) B2={{1,2,2},{1,−1,1},{4,−12,1}}；

Eigensystem[B2]

$$=\{\{i,-i,1\},\{\{-1-\frac{i}{2},-\frac{1}{4}-\frac{i}{4},1\},\{-1+\frac{i}{2},-\frac{1}{4}+\frac{i}{4},1\},\{-3,-1,1\}\}\}$$

$\boldsymbol{B}_2$ 中的元素虽然全部为实数，但 $\boldsymbol{B}_2$ 的特征值与特征向量却可能是复数。

(3) B3={{2,1,1},{0,2,1},{0,0,2}}；

Eigensystem[B3]

={{2,2,2},{{1,0,0},{0,0,0},{0,0,0}}}

$\boldsymbol{B}_3$ 有一个3重特征值 $\lambda_1=\lambda_2=\lambda_3=2$，只有一个特征向量 $\boldsymbol{p}=\{1,0,0\}$。

5.3 矩阵分解与广义逆阵

矩阵分解是指将一个已知矩阵转化为若干个矩阵的乘积的形式，通常包括奇异值分解、QR 分解、Schur 分解、Jordan 分解、LU 分解等，它们是求解线性方程组与求解特征值问题十分重要的工具。

奇异值分解是将方阵或长方阵 $\boldsymbol{M}$ 分解为 $\boldsymbol{M}=\boldsymbol{U}\cdot\boldsymbol{M}_{\mathrm{d}}\cdot\boldsymbol{V}^{*}$ 的形式。其中 $\boldsymbol{M}_{\mathrm{d}}$ 是 $\boldsymbol{M}$ 的奇异值对角阵，$\boldsymbol{U}$ 与 $\boldsymbol{V}$ 是正交阵，$\boldsymbol{V}^{*}$ 是将 $\boldsymbol{V}$ 共轭后（如果 $\boldsymbol{V}$ 为复元素阵）再转置。这种分解常被用来求解广义逆阵等问题。

QR 分解是将方阵或长方阵 $\boldsymbol{M}$ 分解为 $\boldsymbol{M}=\boldsymbol{Q}^{*}\boldsymbol{R}$ 的形式。其中 $\boldsymbol{Q}$ 为正交阵，* 表示共轭后再转置，$\boldsymbol{R}$ 为上三角阵。这种分解是目前计算矩阵特征值的最有效工具，同时还常用来处理最小二乘拟合等问题。

Schur 分解是将方阵 $\boldsymbol{M}$ 分解为 $\boldsymbol{M}=\boldsymbol{Q}\boldsymbol{T}\boldsymbol{Q}^{*}$ 的形式。其中 $\boldsymbol{Q}$ 为正交阵，$\boldsymbol{T}$ 为上三角阵，$\boldsymbol{Q}^{*}$ 是将 $\boldsymbol{Q}$ 共轭后再转置。这种分解常被用来给矩阵函数赋值。

Jordan 分解是将方阵 $\boldsymbol{M}$ 分解为 $\boldsymbol{M}=\boldsymbol{S}\boldsymbol{J}\boldsymbol{S}^{-1}$ 的形式。其中 $\boldsymbol{J}$ 通常是含特征值的对角阵，$\boldsymbol{S}$ 为过渡矩阵。这种分解也常被用来给矩阵函数赋值。

LU 分解是将矩阵 $\boldsymbol{M}$ 分解为 $\boldsymbol{M}=\boldsymbol{L}\boldsymbol{U}$ 的形式。其中 $\boldsymbol{L}$ 为下三角阵，而 $\boldsymbol{U}$ 为上三角阵。这种分解常被用来直接求解线性方程组。

在矩阵分解中常常遇到广义逆阵的问题，其中最常见的一种是 Penrose-Moore 广义逆阵。它的定义是：设有 $m\times n$ 阶矩阵 $\boldsymbol{A}$（通常 $m\neq n$），如果存在 $n\times m$ 阶矩阵 $\boldsymbol{G}$ 满足 $\boldsymbol{AGA}=\boldsymbol{A}$，$\boldsymbol{GAG}=\boldsymbol{G}$，$(\boldsymbol{AG})^{*}=\boldsymbol{AG}$，$(\boldsymbol{GA})^{*}=\boldsymbol{GA}$，其中 * 为共轭后再转置，则称 $\boldsymbol{G}$ 是 $\boldsymbol{A}$ 的广义逆阵，或 Penrose-Moore 逆阵，或伪逆阵，常记为 $\boldsymbol{A}^{+}=\boldsymbol{G}$。

当 $m=n$ 且 $\boldsymbol{A}$ 为满秩矩阵时，满足上述条件的伪逆阵 $\boldsymbol{A}^{+}=\boldsymbol{G}$ 恰是大家熟知的一般逆矩阵 $\boldsymbol{A}^{-1}$，亦即此时有 $\boldsymbol{A}^{+}=\boldsymbol{A}^{-1}$，因此可将伪逆阵 $\boldsymbol{A}^{+}$ 看作逆矩阵 $\boldsymbol{A}^{-1}$ 是 $\boldsymbol{A}$ 在更一般情况（不满秩或为长方阵）下的推广。因而对任意矩阵 $\boldsymbol{A}$ 均可求广义逆阵 $\boldsymbol{A}^{+}$，数学上已经证明 $\boldsymbol{A}^{+}$ 不仅存在而且唯一。

上述矩阵分解与伪逆阵的计算，在数值代数中通常是一个十分复杂和困难的过程，而 Mathematica 系统为我们设计并提供了简单方便的计算函数，它们的调用格式见表 5.6。

表 5.6 矩阵分解函数

函　数	意　义
PseudoInverse[A]	计算矩阵 $\boldsymbol{A}$ 的伪逆阵 $\boldsymbol{A}^{+}$
SingularValueDecomposition[A]	给出数值矩阵 $\boldsymbol{A}$ 的奇异值分解
LUDecomposition[A]	给出方阵 $\boldsymbol{A}$ 的 LU 分解
QRDecomposition[A]	给出数值矩阵 $\boldsymbol{A}$ 的 QR 分解
SchurDecomposition[A]	给出数值矩阵 $\boldsymbol{A}$ 的 Schur 分解
JordanDecomposition[A]	给出方阵 $\boldsymbol{A}$ 的 Jordan 分解
LUBackSubstitution[data,b]	利用 LU 分解的结果,求解方程组 $\boldsymbol{AX}=\boldsymbol{b}$

【例 5.9】 求下列矩阵的伪逆阵 $\boldsymbol{G}$。

(1) A1={{1,0,1},{4,5,-1},{3,1,0}}

(2) A2={{1,0,1},{4,5,-1}}

(3) A3={{1,2},{2,4},{3,6}}

解 (1) 输入 A1={{1,0,1},{4,5,-1},{3,1,0}};

G1 =PseudoInverse[A1]

$$=\left\{\left\{-\frac{1}{10},-\frac{1}{10},\frac{1}{2}\right\},\left\{\frac{3}{10},\frac{3}{10},-\frac{1}{2}\right\},\left\{\frac{11}{10},\frac{1}{10},-\frac{1}{2}\right\}\right\}$$

$\boldsymbol{A}_1$是一个满秩方阵,可以容易求得 $\boldsymbol{A}_1$的逆阵 $\boldsymbol{B}$。

B =Inverse[A1]

$$=\left\{\left\{-\frac{1}{10},-\frac{1}{10},\frac{1}{2}\right\},\left\{\frac{3}{10},\frac{3}{10},-\frac{1}{2}\right\},\left\{\frac{11}{10},\frac{1}{10},-\frac{1}{2}\right\}\right\}$$

从而有 $\boldsymbol{G}_1=\boldsymbol{B},\boldsymbol{A}_1\cdot\boldsymbol{G}_1=\boldsymbol{G}_1\cdot\boldsymbol{A}_1=\boldsymbol{I}$($\boldsymbol{I}$ 为三阶单位阵)。

(2) 输入 A2={{1,0,1},{4,5,-1}};

G2=PseudoInverse[A2]

$$=\left\{\left\{\frac{2}{5},\frac{1}{15}\right\},\left\{-\frac{1}{5},\frac{2}{15}\right\},\left\{\frac{3}{5},-\frac{1}{15}\right\}\right\}$$

A2 · G2={{1,0},{0,1}}　　(* $\boldsymbol{A}_2\cdot\boldsymbol{G}_2$为单位阵 *)

$$\text{G2}\cdot\text{A2}=\left\{\frac{2}{3},\frac{1}{3},-\frac{1}{3}\right\},\left\{\frac{1}{3},\frac{2}{3},-\frac{1}{3}\right\},\left\{\frac{1}{3},-\frac{1}{3},\frac{2}{3}\right\}$$

(* $\boldsymbol{G}_2\cdot\boldsymbol{A}_2$不再为单位阵 *)

(3) 输入 A3={{1,2},{2,4},{3,6}};

G3 =PseudoInverse[A3]

$$=\left\{\left\{\frac{1}{70},\frac{1}{35},\frac{3}{70}\right\},\left\{\frac{1}{35},\frac{2}{35},\frac{3}{35}\right\}\right\}$$

MatrixForm[G3]

$$\begin{pmatrix} \frac{1}{70} & \frac{1}{35} & \frac{3}{70} \\ \frac{1}{35} & \frac{2}{35} & \frac{3}{35} \end{pmatrix}$$

这里 $\boldsymbol{A}_3 \cdot \boldsymbol{G}_3$ 与 $\boldsymbol{G}_3 \cdot \boldsymbol{A}_3$ 均不为单位阵。但 $\boldsymbol{G}_3$ 满足 $\boldsymbol{A}\boldsymbol{G}_3\boldsymbol{A}=\boldsymbol{A}$，$\boldsymbol{G}_3\boldsymbol{A}\boldsymbol{G}_3=\boldsymbol{G}_3$，$(\boldsymbol{A}\boldsymbol{G}_3)^*=\boldsymbol{A}\boldsymbol{G}_3$，$(\boldsymbol{G}_3\boldsymbol{A})^*=\boldsymbol{G}_3\boldsymbol{A}$，所以 $\boldsymbol{G}_3$ 是 $\boldsymbol{A}_3$ 的伪逆矩阵。

【例 5.10】 将数值矩阵 B1={{0,2.,0},{1,0,0},{0,0,3}}进行奇异值分解。

解 输入 B1={{0,2.,0},{1,0,0},{0,0,3}}

SingularValueDecomposition[B1]

={{0.,−1.,0.},{0.,0.,−1.},{1.,0.,0.}},{{3.,0.,0.},{0.,2.,0.},{0.,0.,1.}},{{0.,0.,−1.},{0.,−1.,0.},{1.,0.,0.}}

由此求得 $\boldsymbol{U}_1=\begin{pmatrix} 0. & -1. & 0. \\ 0. & 0. & -1. \\ 1. & 0. & 0. \end{pmatrix}$，$\boldsymbol{M}_1=\begin{pmatrix} 3. & 0. & 0. \\ 0. & 2. & 0. \\ 0. & 0. & 1. \end{pmatrix}$，$\boldsymbol{V}_1=\begin{pmatrix} 0. & 0. & -1. \\ 0. & -1. & 0. \\ 1. & 0. & 0. \end{pmatrix}$

容易验知 $\boldsymbol{U}_1$ 与 $\boldsymbol{V}_1$ 均为正交阵，而 $\boldsymbol{M}_1$ 为 $\boldsymbol{B}_1$ 的奇异值对角阵。

注：$n\times n$ 阶方阵 $\boldsymbol{A}$ 的奇异值是一组非负的实数$(s_1,s_2,\cdots,s_n)$。当 $\boldsymbol{A}$ 为实对称矩阵时，$\boldsymbol{A}$ 的奇异值 $s_i=|r_i|\geqslant 0$，r_i 为 $\boldsymbol{A}$ 的特征值；通常总是将这组实数依照从大到小的顺序排列，即有 $s_1\geqslant s_2\geqslant\cdots\geqslant s_n\geqslant 0$，其中将 s_1 叫作矩阵 $\boldsymbol{A}$ 的最大奇异值，并且记为 $s_{\max}=s_1$，将 s_n 叫作矩阵 $\boldsymbol{A}$ 的最小奇异值，记为 $s_{\min}=s_n$。奇异值分解将任何矩阵分解成对角阵和正交阵，在矩阵 $\boldsymbol{A}$ 的性态研究中起着十分重要的作用。

【例 5.11】 将下面数值矩阵进行 QR 分解。

(1) B2={{5.,−2,0},{−2,6,2},{0,2,7}}

(2) B3={{1.,3,5},{2,4,6}}

解 (1) 输入 B2={{5.,−2,0},{−2,6,2},{0,2,7}};

QRDecomposition[B2]

={{{−0.928477,0.371391,0.},{−0.343177,−0.857792,−0.382707},{−0.142134,−0.355335,0.92387}},{{−5.38516,4.0853,0.742781},{0.,−5.22593,−4.39453},{0.,0.,5.75642}}}

求得 $\boldsymbol{Q}_2^*=\begin{pmatrix} -0.928\,477 & 0.371\,391 & 0. \\ -0.343\,177 & -0.857\,792 & -0.382\,707 \\ -0.142\,134 & -0.355\,335 & 0.923\,87 \end{pmatrix}$，

$$R_2=\begin{pmatrix}-5.38516 & 4.0853 & 0.742781\\ 0. & -5.22593 & -4.39453\\ 0. & 0. & 5.75642\end{pmatrix}$$

(2) 输入 B3={{1.,3,5},{2,4,6}};

QRDecomposition[B3]

={{{-0.447214,-0.894427},{-0.894427,0.447214}},{{-2.23607,-4.91935,-7.60263},{0.,-0.894427,-1.78885}}}

故得 $Q_3^*=\begin{pmatrix}-0.447214 & -0.894427\\ -0.894427 & 0.447214\end{pmatrix}$,

$$R_3=\begin{pmatrix}-2.23607 & -4.91935 & -7.60263\\ 0. & -0.894427 & -1.78885\end{pmatrix}$$

直接可以看出 Q_3^* 为正交阵,R_3 为上三角阵,且易验证 $Q_3^*\cdot R_3=B_3$。

【例 5.12】 将数值矩阵 B2={{5.,-2,0},{-2,6,2},{0,2,7}}进行 Schur 分解。

解 输入 B2={{5.,-2,0},{-2,6,2},{0,2,7}};

{Q2,T2}= SchurDecomposition[B2]

={{{0.666667,-0.666667,-0.333333},{0.666667,0.333333,0.666667},{-0.333333,-0.666667,0.666667}},{{3.,-2.35922×10^{-16},4.61681×10^{-16}},{0.,6.,-3.0243×10^{-16}},{0.,0.,9.}}}

求得 $Q_2=\begin{pmatrix}0.666667 & -0.666667 & -0.333333\\ 0.666667 & 0.333333 & 0.666667\\ -0.333333 & -0.666667 & 0.666667\end{pmatrix}$,$T_2=\begin{pmatrix}3. & 0. & 0.\\ 0. & 6. & 0.\\ 0. & 0. & 9.\end{pmatrix}$

容易看出 Q_2 为一个正交阵,T_2 为上三角阵,且是一个对角阵,T_2 中对角元素上的误差是因数值近似计算所引起的,容易验证。

Q2 · T2 · Transpose[Q2]

={{5.,-2.,-2.22045×10^{-15}},{-2.,6.,2.},{-2.44249×10^{-15},2.,7.}}

【例 5.13】 将方阵 B2={{5.,-2,0},{-2,6,2},{0,2,7}}进行 Jordan 分解。

解 输入 B2={{5.,-2,0},{-2,6,2},{0,2,7}};

{S2,J2}=JordanDecomposition[B2]

={{{-0.333333, 0.666667, 0.666667}, {0.666667, -0.333333, 0.666667}, {0.666667, 0.666667, -0.333333}}, {{9., 0, 0}, {0, 6.,0}, {0, 0, 3.}}}

求得 $S_2=\begin{pmatrix}-0.333\,333 & 0.666\,667 & 0.666\,667\\ 0.666\,667 & -0.333\,333 & 0.666\,667\\ 0.666\,667 & 0.666\,667 & -0.333\,333\end{pmatrix}$，$J_2=\begin{pmatrix}9&0&0\\0&6&0\\0&0&3\end{pmatrix}$

其中 J_2 通常为含 B_2 的特征值的对角阵，容易验证

S2 · J2 · Inverse[S2]

={{5.，-2.，2.22045×10^{-16}}，{-2.，6.，2.}，{-1.11022×10^{-16}，2.，7.}}

上述结果的误差是由数值计算引起的。

【例5.14】 将方阵 B2={{5.，-2，0}，{-2，6，2}，{0，2，7}}进行 LU 分解。

解 输入 B2={{5.，-2，0}，{-2，6，2}，{0，2，7}}；

LUDecomposition[B2]

={{{5.，-2.，0.}，{-0.4，5.2，2.}，{0.，0.384615，6.23077}}，{1，2，3}，3.64198}

在上面的输出结果中，没有给出 $\boldsymbol{L}$ 矩阵与 $\boldsymbol{U}$ 矩阵的明显表达式，但可以利用这个输出结果直接求解线性方程组，可参考下面5.4节中的例5.15。

5.4 线性方程组求解

有了上面的基本工具，下面就可以来讨论线性方程组 $\boldsymbol{AX}=\boldsymbol{b}$ 的求解问题，式中 $\boldsymbol{A}$ 为 $m\times n$ 阶系数矩阵，$\boldsymbol{b}$ 为 $m\times 1$ 阶右端列向量，$\boldsymbol{X}$ 为待求的 $n\times 1$ 阶列向量。

当 $m=n$ 且行列式 $|\boldsymbol{A}|\neq 0$ 时，称 $\boldsymbol{AX}=\boldsymbol{b}$ 为恰定方程组；

当 $m<n$ 时，称 $\boldsymbol{AX}=\boldsymbol{b}$ 为不定方程组；

当 $m>n$ 时，称 $\boldsymbol{AX}=\boldsymbol{b}$ 为超定方程组。

在上述方程组求解的讨论中，常常用到系数矩阵 $\boldsymbol{A}$ 的秩 $r(\boldsymbol{A})$，及增广矩阵 $\overline{\boldsymbol{A}}=(\boldsymbol{A},\boldsymbol{b})$ 的秩 $r(\overline{\boldsymbol{A}})$，有时还要计算对应齐次方程组 $\boldsymbol{AX}=0$ 的基础解系。Mathematica 系统为我们提供了这些内容的求解函数，它们的调用格式见表5.7。

表5.7 线性方程组求解函数

函　数	意　义
RowReduce[A]	利用矩阵的初等行变换化简矩阵 $\boldsymbol{A}$
LinearSolve[A,b]	求线性方程组 $\boldsymbol{AX}=\boldsymbol{b}$ 的一个特解
NullSpace[A]	求齐次方程组 $\boldsymbol{AX}=0$ 的基础解系

【例 5.15】 求解线性方程组$\begin{cases}x_1+2x_2+4x_3=1\\x_1+3x_2+4x_3=2\\3x_1+4x_2+7x_3=5\end{cases}$。

解 输入 A={{1,2,4},{1,3,4},{3,4,7}};b={1,2,5};

Det[A]=−5≠0,故方程组有唯一解。

X=LinearSolve[A,b] (* 利用 Solve 函数求解 $\boldsymbol{AX}=\boldsymbol{b}$ *)

$=\left\{\frac{11}{5},1,-\frac{4}{5}\right\}$ (* 求得解 $x_1=11/5,x_2=1,x_3=-4/5$ *)

也可利用 LU 分解求解此方程组。

LUDecomposition[A] (* 将系数矩阵 **A** 进行 LU 分解 *)

={{{1,2,4},{1,1,0},{3,−2,−5}},{1,2,3},0}

LUBackSubstitution[%,b] (* 利用 LU 分解求解 $\boldsymbol{AX}=\boldsymbol{b}$ *)

$=\left\{\frac{11}{5},1,-\frac{4}{5}\right\}$

【例 5.16】 求解线性方程组$\begin{cases}x_1+2x_2-x_3=1\\x_1+x_2+2x_3=9\\2x_1+4x_2-2x_3=2\end{cases}$。 ①

解 A= {{1, 2, −1}, {1, 1, 2}, {2, 4, −2}}; b = {1, 9, 2};

(*写出系数矩阵和常数项向量*)

Det[A] =0 (*求出系数矩阵的行列式的值为零*)

系数矩阵的行列式的值为零,就必须考虑系数矩阵 **A** 与增广矩阵 $\boldsymbol{A}_1$ 秩的情况。

A1= {{1, 2, −1,1}, {1, 1, 2,9}, {2, 4, −2,2}};

RowReduce[A] (* 利用初等行变换化简 **A** *)

={{1, 0, 5}, {0, 1, −3}, {0, 0, 0}}

(* 由此结果可知 **A** 的秩 $r_2=2$ *)

RowReduce[A1] (* 利用初等行变换化简 $\boldsymbol{A}_1$ *)

={{1, 0, 5, 17}, {0, 1, −3, −8}, {0, 0, 0, 0}}

(* 由此结果可知 $\boldsymbol{A}_1$ 的秩 $r_1=2$ *)

同时可知方程组①中只有 2 个线性独立方程,并且可取第 1,2 方程,即原方程组的解等价于下列方程组的解。

$$\begin{cases}x_1+2x_2-x_3=1\\x_1+x_2+2x_3=9\end{cases} \quad ②$$

输入 A2={{1,2,−1},{1,1,2}};b2={1,9};

```
X0 =LinearSolve[A2,b2]
   ={17, -8, 0}                        (* 求出方程组②的一个特解 *)
Y =NullSpace[A2]                       (* 求出 A2X=0 的基础解系 *)
  ={{-5, 3, 1}}
X =c * Y[[1]]+X0                       (* 方程组②的解 X=Y+X0 *)
  =c·{-5,3,1}+{17,-8,0}
  ={17 - 5 c, -8 + 3 c, c}             (* 原方程组有无穷多组解 *)
```

由此求得原方程组① 的解：$x_1=17-5c$，$x_2=-8+3c$，$x_3=c$。

上面的求解过程完全按照数学上的解题思想一步步地用 Mathematica 的函数进行对照求解，便于大家理解。如果用 Mathematica 具体解线性方程组时，求方程组①的解的过程可以简化成下述情形：

```
A= {{1, 2, -1}, {1, 1, 2}, {2, 4, -2}}; b = {1, 9, 2};
A1= {{1, 2, -1,1}, {1, 1, 2,9}, {2, 4, -2,2}};
MatrixRank[A]=2                        (*求系数矩阵 A 的秩 r=2*)
MatrixRank[A1]=2                       (*求增广矩阵 A1 的秩 r=2*)
```

系数矩阵 $\boldsymbol{A}$ 的秩与增广矩阵 $\boldsymbol{A}_1$ 的秩相等，故方程组有解。

```
X0 =LinearSolve[A,b]                   (* 求出方程组①的一个特解 *)
   ={17, -8, 0}
Y  =NullSpace[A]                       (* 求出 AX=0 的基础解系 *)
   ={{-5, 3, 1}}
X =c * Y[[1]]+X0                       (* 方程组①的解 X=cY+X0 *)
  ={17 - 5 c, -8 + 3 c, c}             (* 原方程组有无穷多组解 *)
```

由此求得原方程组①的解：$x_1=17-5c$，$x_2=-8+3c$，$x_3=c$。

【例 5.17】 求解线性方程组$\begin{cases}x_1+2x_2+3x_3=6\\2x_1+4x_2+6x_3=12\\3x_1+6x_2+9x_3=18\end{cases}$。 ③

解 A={{1,2,3},{2,4,6},{3,6,9}};b={6,12,18};

```
A1={{1,2,3,6},{2,4,6,12},{3,6,9,18}};
MatrixRank[A]=1                        (*求系数矩阵 A 的秩 r=1*)
MatrixRank[A1]=1                       (*求增广矩阵 A1 的秩 r=1*)
```

系数矩阵 $\boldsymbol{A}$ 的秩与增广矩阵 $\boldsymbol{A}_1$ 的秩相等，故方程组有解。

```
X0 =LinearSolve[A,b]                   (* 求出方程组③的一个特解 *)
   ={6, 0, 0}
Y =NullSpace[A]                        (* 求出 AX=0 的基础解系为两个向量 *)
```

= {{-3, 0, 1}, {-2, 1, 0}}

X =c1 * Y[[1]]+c2 * Y[[2]]+X0

(* 方程组③的解 X=c1 * Y[[1]]+c2 * Y[[2]]+X0 *)

={6 - 3 c1 - 2 c2, c2, c1}　　　(* 原方程组有无穷多组解 *)

由此求得原方程组③的解：$x_1=6-3c_1-2c_2$，$x_2=c_2$，$x_3=c_1$。

(* 原方程组有的解含两个任意常数，有无穷多组解 *)

【例 5.18】 求解线性方程组$\begin{cases}x_1+2x_2+3x_3=6\\2x_1+3x_2+4x_3=9\\3x_1+5x_2+7x_3=14\end{cases}$。

解　输入　A={{1,2,3},{2,3,4},{3,5,7}};　　　(*写出系数矩阵 **A** *)

A1={{1,2,3,6},{2,3,4,9},{3,5,7,14}};　　　(*写出增广矩阵 $\mathbf{A}_1$ *)

MatrixRank[A]=2　　　(*求系数矩阵 **A** 的秩 $r=2$ *)

Matrix Rank[A1]=3　　　(* 求系数增广矩阵 $\mathbf{A}_1$ 的秩 $r_1=3$)

系数矩阵 **A** 的秩小于增广矩阵 $\mathbf{A}_1$ 的秩，方程组矛盾，没有通常意义下的解。

上面讨论了当 $m=n$ 时与 $m<n$ 时的线性方程组的解法。当 $m>n$ 时，方程组 $\boldsymbol{AX}=\boldsymbol{b}$ 往往是矛盾的，不存在通常意义下的解。由于实际问题需要，人们自然地去考虑更加广泛意义上的解，其中最为常见的是取范数 $p=2$，并由最小二乘所确定的向量 $\boldsymbol{X}^*=\min\limits_{\boldsymbol{X}\in\mathbf{R}^n}\|\boldsymbol{AX}-\boldsymbol{b}\|_{p=2}$，作为矛盾方程组 $\boldsymbol{AX}=\boldsymbol{b}$ 的解 $\boldsymbol{X}=\boldsymbol{X}^*$。它的直观几何意义是在 $\boldsymbol{X}\in\mathbf{R}^n$ 中求一点 $\boldsymbol{X}^*$，使 $\boldsymbol{X}^*$ 到 $\boldsymbol{AX}=\boldsymbol{b}$ 中每个方程 $a_ix_i=b_i$，$i=1,2,\cdots,m$ 所表示的几何图形(直线、平面或超平面)的距离之和 $\|\cdot\|_{p=2}$为最小。容易看到，矛盾方程组的最小二乘解，恰是方程组 $\boldsymbol{AX}=\boldsymbol{b}$ 相容时通常解概念的一种推广。

不难证明：在 $\boldsymbol{X}\in\mathbf{R}^n$ 中满足 $\|\boldsymbol{AX}^*-\boldsymbol{b}\|_{p=2}=\min\limits_{\boldsymbol{X}\in\mathbf{R}^n}\|\boldsymbol{AX}-\boldsymbol{b}\|_{p=2}$ 的向量 $\boldsymbol{X}^*$ 不仅存在，而且唯一，同时还有 $\boldsymbol{X}^*=\boldsymbol{A}^+\boldsymbol{b}$。由此，矛盾方程组 $\boldsymbol{AX}=\boldsymbol{b}$ 的求解，可归结为计算伪逆阵 $\boldsymbol{A}^+$，这同恰定方程组的求解可归结为 $\boldsymbol{X}^*=\boldsymbol{A}^{-1}\boldsymbol{b}$ 来求逆阵 $\boldsymbol{A}^{-1}$十分类似。

【例 5.19】 求解方程组$\begin{cases}x+2y=1\\2x-y=2\\-x+y=3\end{cases}$。

解　方程组可改写为 $\boldsymbol{AX}=\boldsymbol{b}$，其中 $\boldsymbol{A}=\begin{pmatrix}1&2\\2&-1\\-1&1\end{pmatrix}$，$\boldsymbol{b}=\begin{pmatrix}1\\2\\3\end{pmatrix}$。

输入　A={{1,2},{2,-1},{-1,1}};b={1,2,3};

$A^+ = \text{PseudoInverse}[A]$

$= \left\{\left\{\frac{8}{35}, \frac{11}{35}, -\frac{1}{7}\right\}, \left\{\frac{13}{35}, -\frac{4}{35}, \frac{1}{7}\right\}\right\}$

$X^* = A^+ \cdot b$

$= \left\{\frac{3}{7}, \frac{4}{7}\right\}$

此例的几何直观是：在 $\boldsymbol{X} \in \mathbf{R}^2$ 中求一点 $\boldsymbol{X}^*$，使 $\boldsymbol{X}^*$ 到达 3 条直线 $x+2y=1$，$2x-y=2$，$-x+3y=3$ 的 3 个距离之和 $\|\boldsymbol{AX}-\boldsymbol{b}\|_{p=2}$ 为最小，如图 5.1 所示。

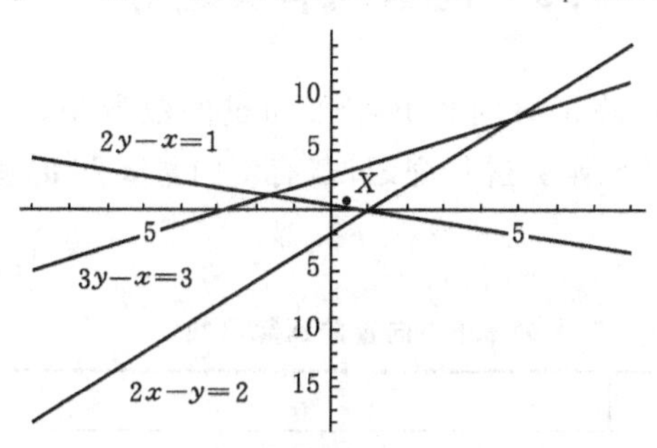

图 5.1 方程组的几何直观

【例 5.20】 求解方程组 $\boldsymbol{AX}=\boldsymbol{b}$，其中

$$\boldsymbol{A}=\begin{pmatrix}1 & 1 & 1\\ -1 & 1 & 1\\ 1 & -1 & 1\\ 1 & 1 & -1\end{pmatrix},\quad \boldsymbol{b}=\begin{pmatrix}1\\1\\1\\1\end{pmatrix}。$$

解 输入 A={{1,1,1},{−1,1,1},{1,−1,1},{1,1,−1}};b={1,1,1,1};

$A^+ = \text{PseudoInverse}[A]$

$= \left\{\left\{\frac{1}{4}, -\frac{1}{4}, \frac{1}{4}, \frac{1}{4}\right\}, \left\{\frac{1}{4}, \frac{1}{4}, -\frac{1}{4}, \frac{1}{4}\right\}, \left\{\frac{1}{4}, \frac{1}{4}, \frac{1}{4}, -\frac{1}{4}\right\}\right\}$

$X^* = A^+ \cdot b$

$= \left\{\frac{1}{2}, \frac{1}{2}, \frac{1}{2}\right\}$

【例 5.21】 求解例 5.18 中的矛盾方程组：

$$\boldsymbol{A}=\begin{pmatrix}1 & 2 & 3\\ 2 & 3 & 4\\ 3 & 5 & 7\end{pmatrix}, \boldsymbol{b}=\begin{pmatrix}6\\9\\14\end{pmatrix}$$

解 输入 A={{1,2,3},{2,3,4},{3,5,7}};b={6,9,14};

$A^+ = \text{PseudoInverse}[A]$

$= \left\{\left\{-\frac{5}{3}, \frac{3}{2}, -\frac{1}{6}\right\}, \left\{-\frac{1}{3}, \frac{1}{3}, 0\right\}, \left\{1, -\frac{5}{6}, \frac{1}{6}\right\}\right\}$

$X^* = A^+ \cdot b$

$= \left\{\frac{7}{6}, 1, \frac{5}{6}\right\}$

5.5 向量的有关运算

本章第 1 节介绍矩阵运算时也介绍了向量的数量积(点积)和向量积(叉积),现在再对向量的其他函数进行介绍,若有两向量 $\boldsymbol{a}$ 和 $\boldsymbol{b}$,则向量运算函数如表 5.8 所示。

表 5.8 向量的运算函数

函数	意义
Max[a]	求向量的元素的最大值
Min[a]	求向量的元素的最小值
Sort[a]	从小到大对向量元素排序
Norm[a,p]	求向量 $\boldsymbol{a}$ 的 p 范数,p 可取 1,2,∞,默认取 2 范数
Dot[a,b]	求向量 $\boldsymbol{a},\boldsymbol{b}$ 的数量积(点积,内积)
Cross[a,b]	求向量 $\boldsymbol{a},\boldsymbol{b}$ 的向量积(叉积,外积)

【例 5.22】 已知向量 $\boldsymbol{a}=(1,2,3)$,$\boldsymbol{b}=(4,3,-1)$,练习向量的运算操作。

练习如下:

a={1,2,3};b={4,3,-1};

Max[a]=3

Min[a]=1

Sort[b]={-1,3,4}

Norm[a]= $\sqrt{14}$

Dot[a,b]=7

Cross[a,b]= {-11, 13, -5}

附:范数的概念

设 $\boldsymbol{a}=\{x,y,z\}$ 是三维欧氏空间中的一个向量,则有表达式 $d=(|x|^p+|y|^p+|z|^p)^{1/p}$, $p\geqslant 1$ 所确定的实数 d 称为向量 $\boldsymbol{a}$ 的范数。特别地,当 $p=1$ 时

称为1范数，$p=2$ 时称为2范数，$p=+\infty$ 时称为无穷大范数。若 $p=2$，则范数 $d=\sqrt{x^2+y^2+z^2}$，表示向量 $\boldsymbol{a}$ 的长度(模)，若 $p=1$ 与 $p=+\infty$，则 d 仍是向量 $\boldsymbol{a}$ 的长度的一种简化表示。

习题5

1. 生成下面矩阵：

(1) 三阶单位阵；

(2) 对角元素为1,2，3，4的四阶对角阵；

(3) 元素为 $h_{ij}=i+j$ 的四阶实对称阵；

(4) 3×3 阶随机元素阵；

(5) 非0元为2的五阶上三角阵；

(6) 非0元为3的六阶下三角阵。

2. 对矩阵 $\boldsymbol{C}=\begin{pmatrix}1 & 2 & 3 & 4 & 5\\ -1 & 2 & 3 & -4 & 5\\ 1 & 2 & -3 & 4 & 5\\ 1 & 2 & 3 & 4 & -5\end{pmatrix}$ 按下面要求取块：

(1) 取出 $\boldsymbol{C}$ 的第2行第3列元素；

(2) 取出 $\boldsymbol{C}$ 的第3行元素；

(3) 取出 $\boldsymbol{C}$ 的第4列元素；

(4) 取出 $\boldsymbol{C}$ 的由2,4行与1,3,5列组成的子阵；

(5) 取出 $\boldsymbol{C}$ 的由1到3行、2到4列组成的子阵。

3. 已知数量 $a=2$，向量 $\boldsymbol{p}=(1,1,1)$，$\boldsymbol{q}=(1,-2,3)$，矩阵 $\boldsymbol{U}=\begin{pmatrix}1 & 2 & 3\\ 2 & 3 & 1\\ 3 & 1 & 2\end{pmatrix}$，$\boldsymbol{V}=\begin{pmatrix}4 & 5 & 6\\ 5 & 6 & 7\end{pmatrix}$，试求：

(1) $\boldsymbol{a}\cdot\boldsymbol{p}$，$\boldsymbol{a}\cdot\boldsymbol{U}$，$\boldsymbol{a}\cdot\boldsymbol{V}$；

(2) $\boldsymbol{p}\cdot\boldsymbol{q}$，$\boldsymbol{q}\cdot\boldsymbol{p}$；

(3) $\boldsymbol{V}\cdot\boldsymbol{U}$，$\boldsymbol{U}\cdot\boldsymbol{V}^{\mathrm{T}}$($\boldsymbol{V}^{\mathrm{T}}$ 为 $\boldsymbol{V}$ 的转置矩阵)；

(4) $\boldsymbol{p}\cdot\boldsymbol{U}$，$\boldsymbol{p}\cdot\boldsymbol{U}\cdot\boldsymbol{q}$，$\boldsymbol{p}\cdot\boldsymbol{V}^{\mathrm{T}}$，$\boldsymbol{V}\cdot\boldsymbol{q}$。

4. 对第3题中的矩阵 $\boldsymbol{U}$ 与 $\boldsymbol{V}$ 做下列运算：

(1) 求 $\boldsymbol{U}$ 的行列式值；

(2) 求 $\boldsymbol{U}$ 与 $\boldsymbol{V}$ 的转置矩阵，以及逆矩阵 $\boldsymbol{U}^{-1}$；

(3) 求 $\boldsymbol{U}$ 的 3 次幂 $\boldsymbol{U}^3$。

5. 求下列实对称矩阵的全部特征值与特征向量。

$$\boldsymbol{A}=\begin{pmatrix}1 & 1 & 0\\1 & 0 & 1\\0 & 1 & 1\end{pmatrix}$$

6. 求下列实非对称矩阵的全部特征值与特征向量。

$$\boldsymbol{B}=\begin{pmatrix}1 & 2 & 0\\1 & 0 & 0\\0 & 0 & 3\end{pmatrix}$$

7. 求矩阵 $\boldsymbol{C}_1=\begin{pmatrix}1 & 3 & 5\\2 & 4 & 6\end{pmatrix}$，$\boldsymbol{C}_2=\begin{pmatrix}1 & -2\\-3 & 6\\2 & -4\end{pmatrix}$ 的伪逆阵。

8. 将上面矩阵 $\boldsymbol{A}$，$\boldsymbol{B}$ 进行奇异值分解，并求出奇异值。

9. 将上面矩阵 $\boldsymbol{A}$ 分别做 QR 分解、Schur 分解与 Jordan 分解。

10. 已知 $\boldsymbol{A}=\begin{pmatrix}C & 1 & 1\\1 & C & 1\\1 & 1 & C\end{pmatrix}$，$\boldsymbol{b}=\begin{pmatrix}1\\1\\1\end{pmatrix}$，$\boldsymbol{X}=\begin{pmatrix}x_1\\x_2\\x_3\end{pmatrix}$，试求：

(1) 讨论当 $\boldsymbol{C}$ 取什么值时，方程组 $\boldsymbol{AX}=\boldsymbol{b}$ 有唯一解、无穷多组解、方程组矛盾、无(通常意义下的)解；

(2) 如果方程组有解，试求出其解；

(3) 如果无通常意义下的解，试求其广义逆解。

11. 已知 $\boldsymbol{A}=\begin{pmatrix}1 & -1 & 1\\1 & 2 & -1\\-1 & 1 & 3\\1 & 2 & 3\end{pmatrix}$，$\boldsymbol{b}=\begin{pmatrix}1\\2\\3\\4\end{pmatrix}$，$\boldsymbol{X}=\begin{pmatrix}x_1\\x_2\\x_3\end{pmatrix}$，

试求矛盾方程组 $\boldsymbol{AX}=\boldsymbol{b}$ 的广义逆解。

12. 已知向量 $\boldsymbol{p}=(1,1,1)$，$\boldsymbol{q}=(1,-2,-3)$，求 $\boldsymbol{p}$，$\boldsymbol{q}$ 的范数，$\boldsymbol{p}$ 与 $\boldsymbol{q}$ 的数量积和向量积。

13. 随机生成元素在[0,9]以内的三阶方阵 $\boldsymbol{A}_{3\times 3}$，直到 $|\boldsymbol{A}_{3\times 3}|\neq 0$ 为止，然后计算 $\boldsymbol{A}_{3\times 3}$ 的逆阵。

14. 随机生成元素在[0,6]以内的四阶方阵 $\boldsymbol{A}_{4\times 4}$，计算并输出它的特征值与特征向量。

第 6 章　插值、拟合、线性规划

在前面的章节中已经学习了数值计算、编程、矩阵运算、绘图、方程和方程组求解等内容，在这一章讨论通过已知数据信息找到数据之间的关系和规律，包括插值、曲线拟合和线性规划等。

6.1　一元插值

在生产实践和科技活动中，人们常常从实验或测量中得到数据 $x=(x_0,x_1,\cdots,x_n)$，$y=(y_0,y_1,\cdots,y_n)$，这些数据称为原始数据，而将原始数据所确定的点列 $M_0(x_0,y_0)$，$M_1(x_1,y_1)$，$\cdots$，$M_n(x_n,y_n)$称为原始点列或型值点列。人们希望将这些数据或点列所蕴含的客观规律用一个函数 $y=f(x)$或一条平面曲线 C_p来描述，这样的函数或曲线称为理想函数或理想曲线。

一元多项式插值的概念是：如何在整段区间$[x_0,x_n]$上构造出一个多项式 $P_n(x)$，或者在分段区间$[x_i,x_{i+r}]$，$i=0,1,\cdots,r_0$上构造次数 r 较低($r<n$)的多项式 $P_r(x)$，要求 $y=P_n(x)$与 $y=P_r(x)$所代表的曲线穿过所在区间上的每个型值点。这样就可以在$[x_0,x_n]$上用 $P_n(x)$近似代替 $f(x)$，或在$[x_i,x_{i+r}]$上用 $P_r(x)$近似代替 $f(x)$，从而可以获得 $f(x)$在$[x_0,x_n]$上或在$[x_i,x_{i+r}]$上的各种近似信息。

插值的方法可以多种多样，最常见的是在整段区间$[x_0,x_n]$上做 n 次多项式(或称 n 次抛物线)插值，或在分段区间$[x_i,x_{i+r}]$上做线性(一次)插值，二、三次抛物线插值，三次样条插值，有时还包括以三角函数族为基函数的三角插值等。

6.1.1　数据的表示方式

Mathematica 系统提供了上述插值方法的调用函数，它们对数据表示方式的要求有所不同，具体见表 6.1。

表 6.1 数据的表示方式

函　　数	意　　义
data1={{x_0,y_0},{x_1,y_1}, …,{x_n,y_n}}	用型值点列的方式给出输入数据
data2={y_0,y_1, …,y_n}	当 $x_i=i$ 时可以省略 x_i，只输入 x_i 的对应值
data3={{{x_0},{y_0,dy_0,ddy_0, …}}, …}	用 $x=x_i$ 处的函数值 y_i 与 1 至 n 阶导数值 dy_i,ddy_i,…给出输入数据
data4={{x_0,y_0,z_0},{x_1,y_1,z_1}, …}	用空间型值点的方式给出空间输入数据
data5=Table[f_i,{i,min,max,step}]	用表格的方式给出输入数据

6.1.2 整区间上的插值

如果数据点个数不多，并且希望得到一个整体的插值函数且此函数通过所有的数据点，这时，就可以使用在整区间[x_0,x_n]上插值的调用函数 InterpolatingPolynomial，其调用格式如下：

InterpolatingPolynomial[数据名(用 data1),自变量名]

此函数是在整区间[x_0,x_n]上做多项式插值，在输入数据的数据名处必须用 data1 的方式给出原始数据，在自变量名处必须指定某个自变量符。在输出信息中，将自动给出计算结果的插值多项式的表达式。

【例 6.1】 已知原始数据为：$x_i=(1,2,4,5)$，$y_i=(16,12,8,9)$，试求整区间[1,5]上的插值多项式函数 $P(x)$，并求当 $x=0.5$ 与 $x=2$ 时的 y 的值。

解 首先需要将原始数据改写为点列的形式：

data1={{1,16},{2,12},{4,8},{5,9}};

然后调用整区间[0,5]上的插值函数：

P =InterpolatingPolynomial[data1,x]

$$=16+(-4+(\frac{2}{3}+\frac{1}{12}(-4+x))(-2+x))(-1+x)$$

(* 由插值公式得到的结果 *)

P1 =Collect[P,x]

$$=\frac{62}{3}-\frac{29x}{6}+\frac{x^2}{12}+\frac{x^3}{12}$$

(*将上面的结果按 x 的升幂排列 *)

P1/. x→0.5

=18.2813　　(* 即得 y 的值为 18.281 3 *)

P1/. x→2

=12　　(* 即得 y 的值为 12 *)

为了能够直观地看到用插值函数在[0,5]上得到的插值多项式 $P_3(x)$ 与原

始数据 x_i 与 y_i 构成的点列的逼近情况，不妨首先分别画出曲线 C_1 与 C_0，再把两条曲线放在一个坐标平面上进行比较。

```
C1=Plot[P1,{x,1,5}];
C0=ListPlot[data1,Axesorigin→{1.83}]
Show[C0,C1]
```

两图形组合如图 6.1 所示，各点都在线 C_1 上。

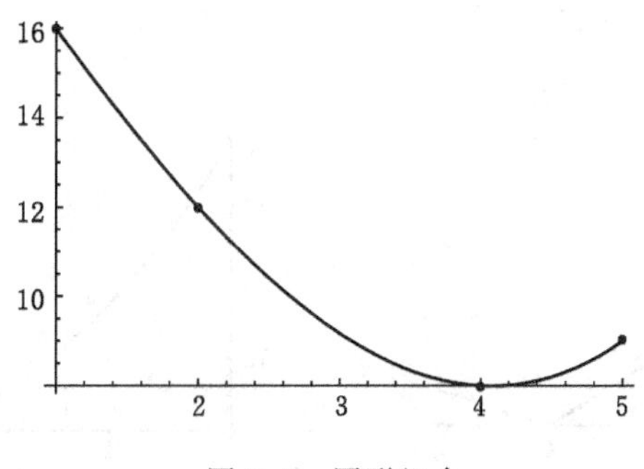

图 6.1 图形组合

从图中读者不难看到，这种整区间上的插值逼近，当插值多项式的次数 n 不是很大时，它的总体效果是比较好的，但当 n 比较大时，比如 $n\geqslant 10$ 时，其总体效果就不一定好，而且还常引起区间 $[x_0,x_n]$ 端点 x_0 与 x_n 处附近的剧烈振荡，从而产生出很大的误差，因此人们想到是否能将区间 $[x_0,x_n]$ 分段为 $[x_i,x_{i+r}]$，$i=0,1,\cdots,r_0$，而在每个子区间 $[x_i,x_{i+r}]$ 上构造次数 $r(r<n)$ 较低的多项式函数 $P_r(x)$，这样就可避免上述振荡现象的发生。但从全区间来看，$y=f(x)$ 将被一条由分段多项式连接起来的曲线所近似代替，在所有连接点处，$f(x)$ 的光滑性将要明显降低。

6.1.3 分段区间上的插值

分段区间上插值的调用函数及其调用格式如下：

```
Interpolation[data1,InterpolationOrder→r]
```

输入数据表中的数据按点列方式 data1 给出，插值多项式的次数 r 由使用者指定。此函数对区间分割的方式是将 $[x_0,x_n]$ 中的每相邻两点划分为一个子区间，然后在每个子区间上构造 $P_r(x)$。由于是分段多项式，因此一般不能给出 $[x_0,x_n]$ 上插值结果表达式。

【例 6.2】 已知原始数据同于例 6.1，插值点 $\widetilde{x}=1.2$，试求子区间上的低次插值多项式 $P_r(x)$ 在插值点处的值 $P_r(\widetilde{x})$，r 依次取 1,2。

解 data1={{1,16},{2,12},{4,8},{5,9}};

P =Interpolation[data1,InterpolationOrder→1]

=InterpolatingFunction[{{1,5}},<>]

C1=Plot[P[x],{x,1,5}]

运行结果如图 6.2 所示。

P1 =Interpolation[data1,InterpolationOrder→2]

=InterpolatingFunction[{{1,5}},<>]

C2=Plot[P1[x],{x,1,5}]

运行结果如图 6.3 所示。

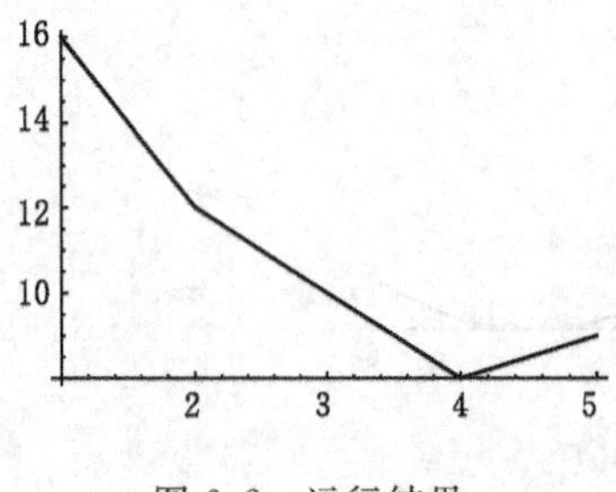

图 6.2 运行结果

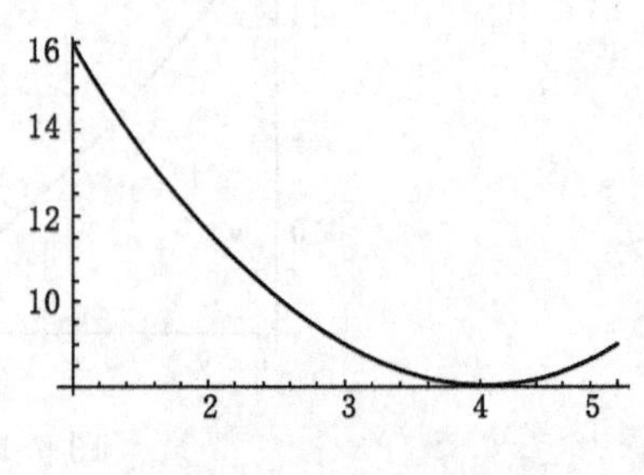

图 6.3 运行结果

P[1.2]=15.2

P1[1.2]=15.0933

从图中可以看出,二次插值比一次插值的图形光滑度好。插值函数还可以用在区间端点处带有导数条件的问题上,要求输入的数据必须具有 data3 的形式。

【例 6.3】 已知某些点及其在这些点的导数值构成的型值点列为:{{{0.}, 0., 1.}, {{0.25}, 0.247404, 0.968912}, {{0.5}, 0.479426, 0.877583}, {{0.75}, 0.681639, 0.731689}, {{1.}, 0.841471, 0.540302}, {{1.25}, 0.948985, 0.315322}, {{1.5}, 0.997495, 0.0707372}, {{1.75}, 0.983986, −0.178246}, {{2.}, 0.909297, −0.416147}},试求满足上述条件的插值多项式 $P(x)$,用它计算 $P(1.2)$ 的值。

解 data3={{{0.}, 0., 1.}, {{0.25}, 0.247404, 0.968912}, {{0.5}, 0.479426, 0.877583}, {{0.75}, 0.681639, 0.731689}, {{1.}, 0.841471,0.540302}, {{1.25}, 0.948985, 0.315322}, {{1.5}, 0.997495, 0.0707372}, {{1.75}, 0.983986, −0.178246}, {{2.}, 0.909297, −0.416147}};

P =Interpolation[data3] (* 没有 InterpolationOrder 选项,默认为三次插值 *)

=InterpolatingFunction[{{0.,2.}},<>]

P[1.2]= 0.932036

如果给出的数据具有表格的形式，那么可以选用下面的调用函数，其格式为：

ListInterpolation[data]

其中输入数据一般具有表 6.1 data5 的形式。

【例 6.4】 已知数据由表 Table[Sin[i]−1.,{i,1,5}]给出，试求插值函数在 $\tilde{x}=1.6$ 处的值。

解　data5 =Table[Sin[i]−1.,{i,1,5}]

　　=(−0.158529, −0.0907026, −0.85888, −1.7568, −1.95892}

P =ListInterpolation[data5]

=InterpolatingFunction[{{1.,5.}},< >]

P[1.6]=0.0220378

为了直观，还可画出生成的插值函数 $P(x)$的图形，见图 6.4。

Plot[P[x], {x, 1, 5}]

为了便于对比，还可画出数据点 data5 的图形，见图 6.5。

ListPlot[data5]

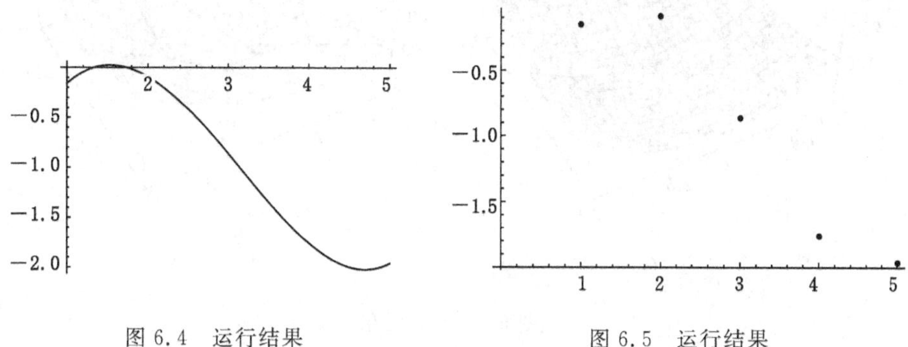

图 6.4　运行结果　　　图 6.5　运行结果

6.2 二元插值

Mathematica 支持两个自变量的二元插值，格式为：

ListInterpolation [{{f11,f12,f13,…,f1n},{f21,f22,…,f2n},…}]

Interpolation [data4]

其中 f_{ij} 表示函数 $f(x,y)$ 在 (i,j) 处的取值 $f(i,j)$。

【例 6.5】 已知数据表{{136,100,136,244},{36,0,36,144},{136,100,136,244}},试求二元插值函数在 $\tilde{x}=1.5$，$\tilde{y}=3.5$ 处的值。

解 输入

```
data={{136,100,136,244},{36,0,36,144},{136,100,136,244}};
Z =ListInterpolation[data]
    ListInterpolation:
    Requested order is too high; order has been reduced to {2,3}
  =InterpolatingFunction[{{1,3},{1,4}},< >]
```

为了能够直观,不妨先画出二元插值函数 Z 的图形 S。

```
S=Plot3D[%[x,y],{x,1,3},{y,1,4}]
```

运行结果如图 6.6(a)所示。

为了便于对比,还可画出二元表的图形 T。

```
T=ListPlot3D[data,Mesh→All]
```

运行结果如图 6.6(b)所示。

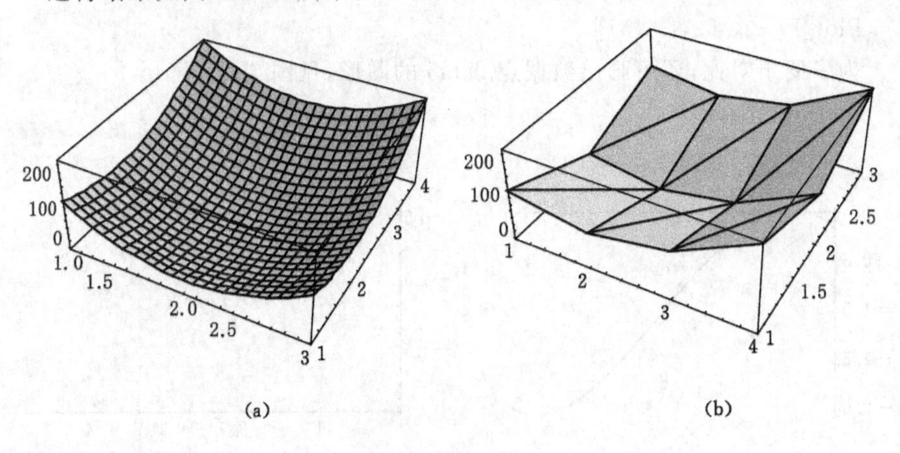

图 6.6 运行结果

最后求 Z 在插值点的值。

```
Z[1.5,3.5]
=106.
```

【例 6.6】 已知数据表是由{x,y,sin xy}组成的集合,用二元插值法构造 sin xy的近似函数,并与原函数 sin xy 进行图形比较。

解 data=Table[{x,y,Sin[x y]},{x,0,3,0.3},{y,0,3,0.3}];

```
data1=Flatten[data,1];              (* 去掉数据表第一层大括号 *)
sinxy =Interpolation[data1]
      =InterpolatingFunction[{{0.,3.},{0.,3.}},<>]
```

绘制近似函数图形，如图 6.7(a)所示。

```
Plot3D[sinxy[x, y], {x, 0, 3}, {y, 0, 3}]    (* 绘制近似函数图形 *)
```

绘制精确函数图形，如图 6.7(b)所示。

```
Plot3D[Sin[x * y],{x,0,3},{y,0,3}]       (* 绘制函数 sin xy 的图形 *)
```

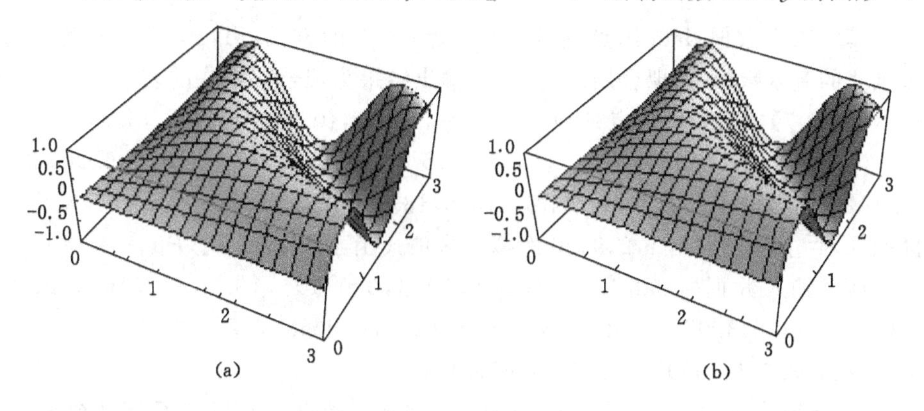

图 6.7　运行结果

6.3　一元拟合

曲线拟合即利用最小二乘原理将型值进行分析运算，以求出最接近或最能表示数据趋势的函数。

多项式插值要求多项式曲线 C_p 必须穿过所在区间上的每个型值点。如果在全区间$[x_0,x_n]$上插值，当 n 较大时常会引起曲线 C_p 在区间端点 x_0 与 x_n 附近的剧烈振荡(称为 Runge 现象)。如果在子区间$[x_i,x_{i+r}]$上插值，每个子区间上多项式的次数虽然降低了，但在连接点处曲线 C_p 的光滑性也随之降低，这种矛盾常常无法得到统一的解决。

从实验者的角度看，要求逼近曲线 C_p 穿过每个型值点，既无这种必要，又无进一步提高逼近精度的可能，因为型值点本身就带有各种误差。人们想到，能否构造一条次数较低(记为 s)的多项式曲线 C_s，只要求 C_s 尽可能地贴近全部型值点，而不必穿过每一点。“尽可能地贴近”，通常选用最小二乘意义下的逼近，这就是一元拟合的概念。

Mathematica 系统提供了一元拟合的调用函数，它的使用格式如表 6.2 所列。

表 6.2 一元拟合调用函数

函　数	意　义
Fit[data,{1,x},x]	设变量为 x,进行线性拟合
Fit[data,{1,x,x²},x]	设变量为 x,进行二次多项式(曲线)拟合
Fit[data,Table[xⁱ,{i,0,n}],x]	设变量为 x,进行 n 次多项式拟合
Fit[data,{其他函数序列},x]	设变量为 x,进行任意函数拟合

其中输入数据 data 用点列 data1 或者 data2 的方式,$\{1,x,x^2,\cdots\}$为拟合多项式的基函数,x 为拟合用的自变量,输出结果为拟合多项式的表达式。

【例 6.7】 已知型值点列为$\{x_i,y_i\}=\{\{0,0\},\{0.4,0.101\,0\},\{0.8,0.851\,6\},\{1.2,1.047\,6\},\{1.6,3.075\,0\},\{2.0,3.499\,3\},\{2.4,6.065\,0\},\{2.8,7.902\,7\},\{3.2,9.704\,8\},\{3.6,13.959\,3\},\{4.0,14.677\,6\}\}$,希望在区间[0,4]上分别求出 1,2,9,10 次拟合多项式函数 P_1,P_2,P_9,P_{10}。

解 输入数据　data12={{0,0},{0.4,0.1010},{0.8,0.8516},{1.2,1.0476},{1.6,3.0750},{2.0,3.4993},{2.4,6.0650},{2.8,7.9027},{3.2,9.7048},{3.6,13.9593},{4.0,14.6776}};

```
P1 =Fit[data12,{1,x},x]              (* 对数据 data12 进行线性拟合 *)
   =-2.28696+3.91093x
P2 =Fit[data12,{1,x,x^2},x]    (* 对数据 data12 进行二次曲线拟合 *)
   =-0.136359+0.32659x+0.896085x^2
P9 =Fit[data12,Table[x^i,{i,0,9}],x]
                            (* 对数据 data12 进行 9 次多项式拟合 *)
   =-0.00169225-30.35x+187.043x^2-440.323x^3+540.301x^4-
    382.913x^5+162.597x^6-40.7908x^7+5.56872x^8-0.318613x^9
P10 =Fit[data12,Table[x^i,{i,0,10}],x]
                            (* 对数据 data12 进行高次多项式拟合 *)
   =9.19896×10^-10-196.667x+1 309.07x^2-3453.9x^3+4863.03x^4-
    4088.25x^5+2153.06x^6-716.674x^7+146.412x^8-16.7521x^9+
    0.821674x^10
```

为了能够直观地看到在区间[0,4]上用多项式函数 $P_1(x),P_2(x),P_9(x),P_{10}(x)$拟合逼近型值点$\{x_i,y_i\}$的情况,读者不妨首先画出 C0=ListPlot[data12],C1=Plot[P1,{x,0,4}],C2=Plot[P2,{x,0,4}],C9=Plot[P9,{x,0,4},PoltRange→All],C10=Plot[P10,{x,0,4},PoltRange→All]的图形,然后再用 Show 函数作图形的组合,如图 6.8 所示。

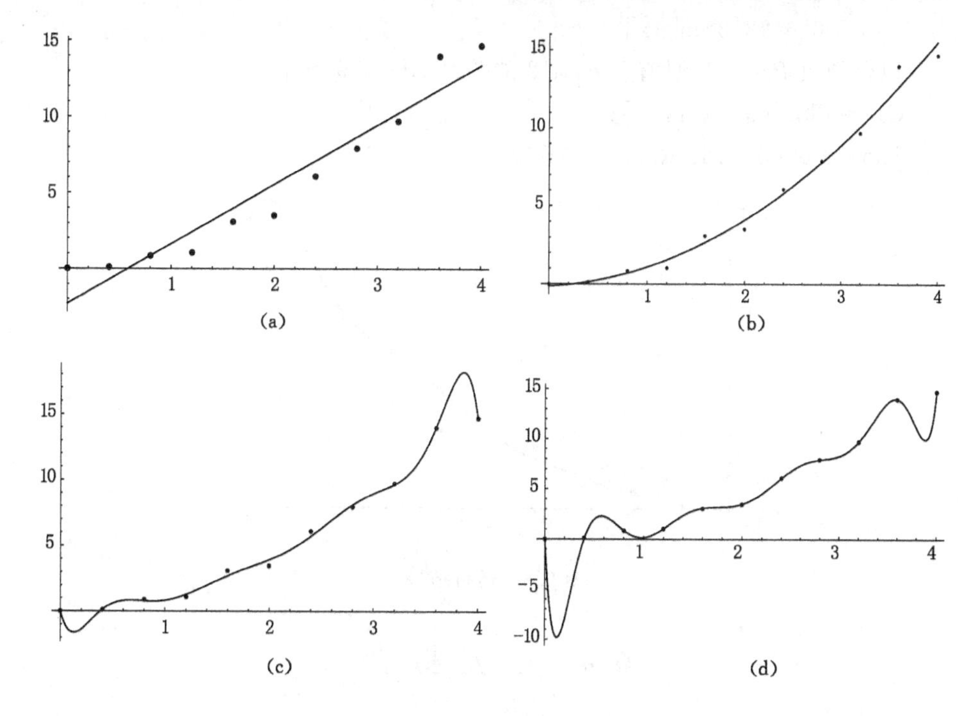

图 6.8　图形组合

(a) Show[C0,C1];(b) Show[C0,C2];(c) Show[C0,C9];(d) Show[C0,C10]

从这些图形中容易直观地看到，在全区间[0,4]上对原始数据$\{x_i,y_i\}$做多项式 10 次拟合与做 10 次插值得到的结果 $P_{10}(x)$是相同的，插值曲线与拟合曲线都穿过全部(11 个)型值点。如果需要考虑测量误差对型值点$\{x_i,y_i\}$的影响，插值(或拟合)曲线穿过每个型值点是没有必要的，因此对于本题选用 $P_2(x)$来近似代替(逼近)型值点列是比较合理的。

通常情况下一般常采用幂函数族$\{1,x^1,x^2,x^3,\cdots\}$作为基来构造逼近用的多项式，但在有些情况下也可选用别的函数族，例如三角函数族$\{1,\sin x,\sin 2x,\sin 3x,\cdots\}$作为基来构造逼近用的多项式(即三角多项式)，Mathematica 系统所提供的拟合函数 Fit 中的基也可选用三角函数族或其他函数族，举例如下。

【例 6.8】 已知型值点列如例 6.7 中的 data12，试用幂函数与三角函数作为混合基拟合数据 data12。

解　data12={{0,0},{0.4,0.1010},…};

Ps=Fit[data12,{1,x,x^2,x^3,x^4,Sin[x],Sin[2x],Sin[3x],Sin[4x]},x]

=−0.0163695−254.202x−17.8966x^2+60.8033x^3−9.24578x^4+

267.246Sin[x]−4.21562Sin[2x]+0.728809Sin[3x]−

```
0.612213Sin[4x]
```

拟合函数 $Ps(x)$ 与型值点 data12 的关系如图 6.9 所示。

```
C11=Plot[Ps,{x,1,4}];
Show[C0,C11,PlotRange->All]
```

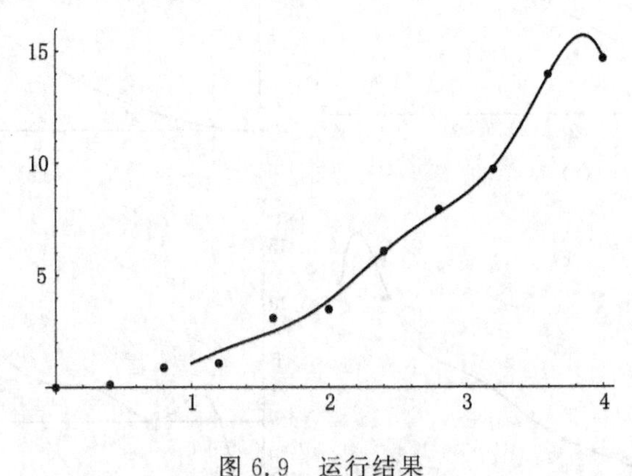

图 6.9 运行结果

6.4 二元拟合

对于区间上一元函数 $y=f(x)$ 拟合的概念,可以完全类似地推广到二元函数 $z=f(x,y)$ 在矩形域上的拟合。Mathematica 系统中所设计的 Fit 函数,不仅可以用于一元拟合,同时也具有多元拟合的功能。对于二元拟合,它的使用格式如下:

$$\text{Fit}[\text{data},\{1,x,y,xy,x^2,y^2,x^3,y^3,x^2y,\cdots\},\{x,y\}]$$

其中数据 data 用 data4 格式规定为空间点列 $\{x_i,y_i,z_i\}$ 的方式,$\{1,x,y,xy,x^2,y^2,\cdots\}$ 为构造二元拟合多项式用的基函数,$\{x,y\}$ 为二元拟合用的自变量,输出结果为二元拟合多项式的表达式。

【例 6.9】 已知型值点列为

$\{x_i,y_i,z_i\}$={{0,0,0.03},{0,1,0.67},{0,2,1.83},{0,3,0.67},{0,4,0.03},{1,0,0.67},{1,1,13.53},{1,2,36.79},{1,3,13.53},{1,4,0.67},{2,0,1.83},{2,1,36.79},{2,2,100},{2,3,36.79},{2,4,1.83},{3,0,0.67},{3,1,13.53},{3,2,36.79},{3,3,13.53},{3,4,0.67}}共 20 个点,试求矩形域 $D=[0,3]\times[0,4]$上的二元拟合多项式 $P_1(x,y)$,$P_2(x,y)$,$P_3(x,y)$,$P_4(x,y)$。

解

```
data41={{0,0,0.03},{0,1,0.67},{0,2,1.83},{0,3,0.67},{0,4,
0.03},{1,0,0.67},{1,1,13.53},{1,2,36.79},{1,3,13.53},{1,4,0.67},{2,
0,1.83},{2,1,36.79},{2,2,100},{2,3,36.79},{2,4,1.83},{3,0,0.67},{3,
1,13.53},{3,2,36.79},{3,3,13.53},{3,4,0.67}};
```

P1 = Fit[data41,{1,x,y},{x,y}]

$= 6.6086 + 5.9526x - 2.25832 \times 10^{-15} y$

P2 = Fit[data41,{1,x,y,x * y,x^2,y^2},{x,y}]

$= -18.7705 + 32.0691x - 8.7055x^2 + 33.3471y + 9.34452 \times 10^{-15} xy - 8.33679y^2$

P3 = Fit[data41,{1,x,y,x * y,x^2,y^2,x^3,y^3,x^2 * y,x * y^2},{x,y}]

$= -6.45029 - 17.2879x + 32.438x^2 - 9.143x^3 + 14.1926y + 12.7697xy + 1.13118 \times 10^{-15} x^3 y - 3.54814y^2 - 3.19243xy^2 - 7.5003 \times 10^{-15} y^3$

P4 = Fit[data41,{1,x,y,x * y,x^2,y^2,x^3,y^3,x^2 * y,x * y^2,x^4,y^6, x^3 * y,x * y^3,x^2 * y^2},{x,y}]

$= 4.82793 - 33.7069x + 20.4999x^2 + 2.4644x^3 - 1.93457x^4 - 64.3114y + 68.8226xy - 18.843x^2 y + 2.09935 \times 10^{-14} x^3 y + 70.2878y^2 - 17.2056xy^2 + 4.7107x^2 y^2 - 19.1125y^3 + 8.69004 \times 10^{-16} xy^3 + 0.086875y^6$

上述 data41 中的数据取自曲面 $S0: z = 100e^{-[(x-2)^2+(y-2)^2]}$ 在矩形区域 $0 \leqslant x \leqslant 3, 0 \leqslant y \leqslant 4$ 上，以间距为 1 的网格点及网格点上的 z 值。

读者不妨首先画出曲面 S0 的图形。

S0 = Plot3D[100 * Exp[-(x-2)^2-(y-2)^2],{x,0,3},{y,0,4}]

然后依次画出二元拟合多项式 $P1, P2, P3, P4$ 函数的图形 $S1, S2, S3, S4$。

S1 = Plot3D[P1,{x,0,3},{y,0,4}],…,S4 = Plot3D[P4,{x,0,3},{y,0,4}]

再作图形的组合 Show[S1,S0],…,Show[S4,S0]，便可直观地看到 $S1$，$S2, S3, S4$ 拟合逼近 $S0$ 的情况。下面给出了 Show[S2,S0,PlotRange→All]与 Show[S4,S0]的图形(图 6.10 与图 6.11)，其余的作为练习留给读者。

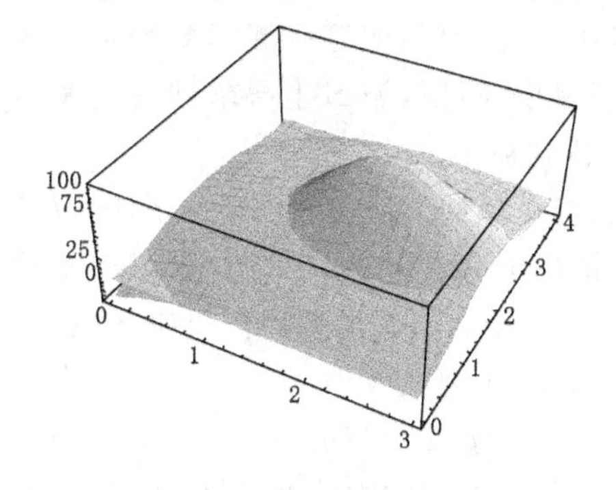

图 6.10　运行结果

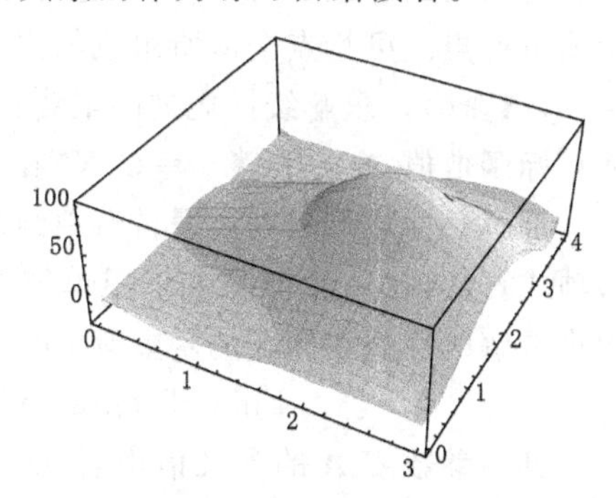

图 6.11　运行结果

6.5 数学规划求解

数学规划又称为优化方法，它是运筹学的一个重要分支，在科学技术和工程实际中有着广泛的应用。可以将数学规划分为线性规划与非线性规划两大类来学习。假设一个函数 f 有 n 个变量，现在要求 f 的最小值，但必须符合一个或多个约束条件，如果函数 f 和这些约束条件都是线性的就称为线性规划，否则称其为非线性规划。

6.5.1 线性规划

在应用中，线性规划的一般模型是：

$$\min f = \boldsymbol{C}^{\mathrm{T}}\boldsymbol{X}$$

$$\text{s. t. } \boldsymbol{AX} \geqslant (\text{或} = \text{或} \leqslant) \boldsymbol{b} \qquad ①$$

$$\boldsymbol{X} \geqslant 0$$

式中 $\boldsymbol{X}$——n 维列向量，即 $\boldsymbol{X}=(x_1, x_2, \cdots, x_n)^{\mathrm{T}}$ 为未知向量；

$\boldsymbol{C}^{\mathrm{T}}$——$n$ 维行向量，称为目标函数 f 的系数向量；

$\boldsymbol{b}$——m 维列向量，称为约束函数右端向量；

$\boldsymbol{A}$——$m\times n$ 维矩阵，称为约束函数系数矩阵；

$\min f$——对函数 $f(x)$ 求局部极小；

s. t. ——Subject to 的缩写，其含义是受约束于或受限制于右边的一组表达式。

如果遇到的问题是对函数 f 求局部极大 $\max f$，容易知道 $\max f=\min(-f)$，总可转化为求局部极小，因此讨论问题时只需考虑求局部极小就可以了。

将满足式①全部约束（注意包含 $\boldsymbol{X}\geqslant 0$）的任一向量 $\boldsymbol{X}$ 称为式①的一个可行解或可行点。可行点全体所组成的集合 S 称为可行域，即 $S=\{\boldsymbol{X}|\boldsymbol{AX}\geqslant(\text{或}=\text{或}\leqslant)\boldsymbol{b}, \boldsymbol{X}\geqslant 0\}$。求解线性规划的最终目的就是要在可行域 S 上寻求到一点 $\boldsymbol{X}^*$，使目标函数值 $f^*=f(\boldsymbol{X}^*)=\boldsymbol{C}^{\mathrm{T}}\boldsymbol{X}^*$ 在 S 上达到极小。

求解线性规划的方法通常有单纯形法、修正单纯形法与对偶单纯形法，以及多项式算法，在一般情况下采用单纯形法将是十分有效的。Mathematica 系统提供求解线性规划问题的函数有 LinearProgramming，它的调用格式如下：

LinearProgramming[C,A, b,可选项]

其中参数 $\boldsymbol{C}$,$\boldsymbol{A}$ 的含义请参看式①的说明，参数 $\boldsymbol{b}=\{\{b_1, s_1\}, \{b_2, s_2\}, \{b_3, b_3\}\cdots\}$，$b_i$ 是式①中 $\boldsymbol{b}$ 的分量，s_i 是 b_i 在约束条件方程式中的大于号、小于号、等于号的表示，分别用 1，−1，0 对应。可选项的位置可输入 $\boldsymbol{X}$ 的分量 x_i 的范围。

【例 6.10】 求解线性规划：

$\max f=-x_1-2x_2-3x_3$

s. t. $x_1-x_2+x_3\geqslant 2$

$x_1+x_3\geqslant 6$

$x_1, x_2, x_3\geqslant 0$

解 在此例中只需将求极大转变为求极小，便与规定模型①的形式完全一致，即有

$\min(-f)=x_1+2x_2+3x_3$

s. t. $x_1-x_2+x_3\geqslant 2$

$x_1+x_3\geqslant 6$

$x_1, x_2, x_3\geqslant 0$

C1={1, 2, 3};b={2, 6};(注:此处也可写为 b={{2,1},{6,1}})

A={{1, -1, 1}, {1, 0, 1}};

LinearProgramming[C1, A, b]

={6, 0, 0}

得最优解　$\boldsymbol{X}=\{6, 0, 0\}$

最优值 $-f=1\times 6+2\times 0+3\times 0=6$，即 $f=-6$。

【例 6.11】 求解线性规划：

$\min f=-0.75x_1+150x_2-0.02x_3+6x_4$

s. t. $0.25x_1-60x_2-0.04x_3+9x_4\leqslant 0$

$0.50x_1-90x_2-0.02x_3+3x_4\leqslant 0$

$x_3\leqslant 1$

$x_1, x_2, x_3, x_4\geqslant 0$

解 C2={-0.75, 150, -0.02, 6};

b={{0,-1},{0,-1},{1,-1}};

A={{0.25,-60,-0.04,9}, {0.50,-90,-0.02,3}, {0,0,1,0}};

LinearProgramming[C2, A, b]

={0.04, 0, 1., 0}

得最优解　$\boldsymbol{X}=\{0.04, 0, 1., 0\}$。

最优值 $f=-0.75\times 0.04+150\times 0-0.02\times 1+6\times 0=-0.05$。

【例 6.12】 求解线性规划：

$\min f=x_1-2x_2-3x_3$

s. t. $x_1+x_2+x_3\leqslant 6$

$x_1-2x_2+4x_3\geqslant 12$

$3x_1+2x_2+4x_3=20$

$x_1, x_2, x_3 \geqslant 0$

解 C3={1,－2,－3}; b={－6,12,20,－20};

A={{－1,－1,－1},{1,－2,4},{3,2,4},{－3,－2,－4}};

LinearProgramming[C3,A,b]

={0,2,4}

得最优解 **X**={0,2,4}

最优值 $f=-16$

6.5.2 非线性规划

在Mathematica中可利用FindMinimum函数进行非线性规划求极小值,它的调用格式见表6.3。

表6.3 FindMinimum函数的调用格式

函数	意义
FindMinimum[f(x),x]	以最速下降路径求函数 $f(x)$ 的极小值
FindMinimum[f(x),{x,x0}]	求函数 $f(x)$ 在 x_0 附近的极小值
FindMinimum[f(x),约束条件,x]	求函数 $f(x)$ 在约束条件下的极小值
FindMinimum[f(x,y),{{x,x0},{y,y0}}]	求函数 $f(x,y)$ 在 x_0, y_0 附近的极小值
FindMinimum[{f(x,y),约束条件},{x,y}]	求函数 $f(x,y)$ 在约束条件下的极小值
FindMinimum[f(x1,x2,…,xn),{{x1,a1,b1},{x2,a2,b2},…,{xn,an,bn}}]	求函数 $f(x_1,x_2,\cdots,x_n)$ 的极小值,a_i,b_i 为 x_i 的上下界估计,一般针对 f 有不可微点时使用

【例6.13】 求函数 $f(x)=\cos x$ 的极小值。

解 FindMinimum[Cos[x],x]

= {－1.,{x→3.14159}}

【例6.14】 求函数 $f(x)=x\cos x$ 在 $x=0.5$ 附近的极小值。

解 FindMinimum[x Cos[x],{x,0.5}]

= {－0.561096,{x→－0.860334}}

【例6.15】 求函数 $f(x)=x\sin x$ 在约束条件 $1\leqslant x\leqslant 5$ 下的极小值。

解 FindMinimum[{x Sin[x],1≤x≤5},x]

= {0.841471,{x→1.}}

【例6.16】 给定函数 $f(x,y)=x+y$ 及约束条件 $x\cos x+2y\geqslant 3, x\geqslant 0, y\geqslant 0$,求函数在 $x=3, y=4$ 附近的极小值。

解 FindMinimum[{x+y,x*Cos[x]+2y≥3&&x≥0&&y≥0},{x,3},

```
{y,4}]
=={1.5,{x→1.71822×10^-7,y→1.5}}
```

【例 6.17】 给定函数 $f(x,y)=x+y$ 及约束条件 $x\cos x+2y\geqslant 3, x\geqslant 0, y\geqslant 0$,求函数的极小值。

解 FindMinimum[{x+y,x*Cos[x]+2y≥3&&x≥0&&y≥0},{x,y}]
= {1.5,{x→1.71822×10^-7,y→1.5}}

【例 6.18】 求 $\min\limits_{x} W=(x_1-x_2)^4+(x_2-x_3)^4+200(x_3-x_4)^2+100e^{(x_4-1)^2}$。

解 W=(x1-x2)^4+(x2-x3)^4+200*(x3-x4)^2+100*(x4-1)^2];
FindMinimum[W, {x1, 0}, {x2, 0}, {x3, 0}, {x4, 0}]={100,{x1→0.999456,x2→0.99979,x3→1.,x4→1.}}

这个例子也只有一个局部极小点,它的精确解应是 $x=(1, 1, 1, 1)$,$\min f=100$。

【例 6.19】 试求:

(1) $\min\limits_{x} y_1=\dfrac{x}{2}+|(x-1)(x-2)|$; ③

(2) $\min\limits_{x,y} z_1=\sqrt{x^2+y^2}$。 ④

解 一元函数 $y_1=\dfrac{x}{2}+|(x-1)(x-2)|$ 在全数轴$(-\infty,+\infty)$上连续,但有不可微点 $x=1$ 与 $x=2$。

二元函数 $z_1=\sqrt{x^2+y^2}$ 在全 xOy 平面上,即 $-\infty\leqslant x, y\leqslant+\infty$ 上连续,但在原点(0,0)不可微,这时只有用表6.3中的最后一条函数格式求解。

(1) y1=x/2+Abs[(x-1)(x-2)];
FindMinimum[y1, {x, 0.5, 1.5}]
={0.5, {x→1}}
FindMinimum[y1, {x, 1.8, 2.5}]
={1., {x→2.}}

(2) z1=Sqrt[x^2+y^2];
FindMinimum[z1, {x, -1, 1}, {y, -1, 1}]
={1.80661×10^-18, {x→-1.27747×10^-18, y→-1.27747×10^-18}}

式③的局部极小点是 $x=1$ 与 $x=2$,对应的函数值是 $y_1=0.5$ 与 $y_1=1$。

式④的局部极小点是 $x=0$, $y=0$,对应的函数值是 $z_1=0$。

读者不妨画出上面两个函数的图形，便可直观地看到它们有关上述结果的情况了。

注：(1) 若要求函数 f 的极大值，可以用求 $-f$ 的极小值来变通。另外，在 Mathematica 11.1 运行环境下也可以用 FindMinimum 进行某些线性规划求解。例如：

```
FindMinimum[{x+y,x+2y≥3&&x≥0&&y≥0},{x,y}]
  = {1.5,{x→0.,y→1.5}}
```

(2) 用 FindMinimum 函数求出的是局部极小值，随选取的不同初值而改变，往往先绘制函数图形，从图形轮廓找到所求极小值附近的合适的初值。

习题6

1. 设有数据表 T(表 6.4)：

表 6.4 数据表 T

x_i	−5.0	−4.1	−3.2	−2.3	−1.1	0.0	1.2	2.3	3.1	4.2	5.0
y_i	0.04	0.06	0.09	0.16	0.45	1.00	0.41	0.16	0.09	0.05	0.04

已知表 T 中的数据取自函数 $y=\dfrac{1}{1+x^2}, x\in[-5,5]$。

(1) 在$[-5,5]$的整区间上，求表 T 的插值多项式 $P_{10}(x)$；

(2) 在同一坐标平面上用不同颜色画出 $y_{10}=P_{10}(x)$ 与 $y_0=\dfrac{1}{1+x^2}, x\in[-5,5]$ 所表示的曲线 C_{10} 与 C_0，同时画出 T 中的点到 $M_i(x_i,y_i), i=1,2,\cdots,11$；

(3) 观察插值曲线 C_{10} 在区间$[-5,5]$上对原始数据 T(隐含着对原始曲线 C_0)逼近的情况。

2. 对于数据表 T，求分段区间上的插值函数。

3. 对于数据表 T，求：

(1) 在$[0,6]$上分别求 2,4,6 次拟合多项式 $P_2(x)$，$P_4(x)$ 与 $P_6(x)$；

(2) 依次画出 $y_2=P_2(x)$，$y_4=P_4(x)$，$y_6=P_6(x)$ 的图形 C_2，C_4，C_6；

(3) 将曲线 C_2，C_4，C_6 连同曲线 C_0：$y=\dfrac{1}{1+x^2}$，组合在同一坐标平面上。

4. 对于二元函数 $z=\sqrt{(x-2)^2+(y-3)^2}$，利用 6.1.1 节中 data5 的数据输出方式，可以得到数据表如下：

data51 = Table[Sqrt[(x − 2) ^ 2 + (y − 3) ^ 2], {x,0,4}, {y,1,5}]

$= \{\{2\sqrt{2},\sqrt{5},2,\sqrt{5},2\sqrt{2}\},\{\sqrt{5},\sqrt{2},1,\sqrt{2},\sqrt{5}\},\{2,1,0,1,2\},\{\sqrt{5},\sqrt{2},1,\sqrt{2},\sqrt{5}\},\{2\sqrt{2},\sqrt{5},2,\sqrt{5},2\sqrt{2}\}\}$

≈ {{2.83,2.24,2.00,2.24,2.83}, {2.24,1.41,1.00,1.41,2.24}, {2.,1.,0.,1.,2.}, {2.24,1.41,1.00,1.41,2.24}, {2.83,2.24,2.00,2.24, 2.83}}

(1) 试在区域 $x \in [0,4], y \in [1,5]$ 上对数据 data51 进行二元插值，并求当 $\tilde{x} = 1.3, \tilde{y} = 2.4$ 时的 z 值；

(2) 画出插值面与原始曲面 $z = \sqrt{(x-2)^2 + (y-3)^2}, x \in [0,4], y \in [1,5]$，并将二者进行比较。

5. 已知二元数据表如下：

data53 = {{14,37,14,0.7},{37,100,37,1.8},{14,37,14,0.7}}

(1) 试对 data53 进行二元插值，画出插值曲面；

(2) 画出 data53 中各邻近点直接相连的曲面。

6. 对于二元函数 $z = \sqrt{(x-2)^2 + (y-3)^2}, x \in [0,4], y \in [1,5]$，利用以下数据表 data41：

data41 = Table[Sqrt[(x − 2) ^ 2 + (y − 3) ^ 2], {x,0,4}, {y,1,5}]

$= \{\{0,1,2\sqrt{2}\},\{0,2,\sqrt{5}\},\{0,3,2\},\{0,4,\sqrt{5}\},\{1,1,\sqrt{5}\},\{1,2,\sqrt{2}\},\{1,3,1\},\{1,4,\sqrt{2}\},\{2,1,2\},\{2,2,1\},\{2,3,0\},\{2,4,1\},\{3,1,\sqrt{5}\},\{3,2,\sqrt{2}\},\{3,3,1\},\{3,4,\sqrt{2}\}\}$

≈ {{0,1,2.83},{0,2,2.24},…,{3,4,1.41}}

(1) 对 data41 分别进行 1,2,3,4 次拟合，求出拟合多项式 P_1, P_2, P_3, P_4；

(2) 分别画出各次拟合曲面 $s_1: z = P_1(x,y), s_2: z = P_2(x,y), \cdots$；

(3) 画出原始曲面 $s_0: z = \sqrt{(x-2)^2 + (y-3)^2}, x \in [0,4], y \in [1,5]$，并将 s_1, s_2, s_3, s_4 同 s_0 进行比较。

7. 求解下列线性规划。

(1) $\max f_1 = 2x_1 + x_2$

$$\text{s.t.} \quad \begin{aligned} x_1 + x_2 &\leqslant 5 \\ -x_1 + x_2 &\leqslant 1 \\ 2x_1 - x_2 &\leqslant 8 \\ x_1,\ x_2 &\geqslant 0 \end{aligned}$$

(2) $\min f_4 = -1.1x_1 - 2.2x_2 + 3.3x_3 - 4.4x_4$

$$\text{s.t.}\ \begin{cases} x_1 + x_2 + 2x_3 = 4 \\ x_1 + 2x_2 + 2.5x_3 + 3x_4 = 5 \\ x_1, x_2, x_3, x_4 \geqslant 0 \end{cases}$$

8. 求解下列非线性规划：

(1) $w = e^{-x^2}\sin 6x$ 在 $x_0 = 1$ 附近的极小点与极小值；

(2) $W = x_1^3 + x_2^3 + x_3^3 - 3(x_1 + 4x_2 + 9x_3)$ 的极小点与极小值；

(3) $\min\limits_{x} W = (x_1 - x_2)^4 + (x_2 - x_3)^4 + 200(x_3 - x_4)^2 + 100e^{(x_4-1)^2}$。

第7章 微分方程

在学习和工作中常常会遇到微分方程或微分方程组，本章主要讨论有关微分方程和微分方程组的解析解（符号解）与数值解求法。

7.1 常微分方程的解析解

高阶常微分方程的一般形式是：

$$F(x, y, y', y'', \cdots, y^{(n)}) = 0 \quad ①$$

如果函数 F 关于 $y, y', y'', \cdots, y^{(n)}$ 是线性的，即

$$y^{(n)} + a_{(n-1)} y^{(n-1)} + \cdots + a_1 y' + a_0 y = f(x) \quad ②$$

则式②称为线性常微分方程。当式②中的系数 a_i 全部是常数时，则称为常系数线性常微分方程；当 a_i 中至少有一个是 x 的函数时，则称为变系数线性常微分方程。

根据常微分方程的一般理论可知，常系数线性方程的解（含通解与特解）总可以表示为初等函数的形式，或者说总有初等函数形式的解，而变系数线性方程的解一般则不能。至于一般的高阶方程的解，通常更不能表示为初等函数了。因此在一般的常微分方程中，除一阶方程外总是将线性方程，特别是常系数线性方程（含方程组）作为讨论的主要对象。

在 Mathematica 系统中，利用符号运算求解常微分方程的调用函数是 DSolve，它的求解对象自然也是以线性常微分方程，特别是常系数线性常微分方程为主。

利用 DSolve 函数求解微分方程的调用格式如下：

求通解　　DSolve[微分方程或方程组，未知函数，自变量]

求特解　　DSolve[{微分方程，初始条件}，未知函数，自变量]

【例 7.1】 求方程 $y''' - 4y'' + y' = x + 1$ 的通解。

解　这是一个三阶常系数微分方程，它的通解必能用初等函数表示出来，可直接利用 DSolve 函数求解。

```
DSolve[y'''[x]-4y''[x]+y'[x]= =x+1, y[x], x]
```

$=\{\{y[x]\to 5x+\frac{x^2}{2}-\frac{e^{-(-2+\sqrt{3})x}}{-2+\sqrt{3}}C[1]+\frac{e^{(2+\sqrt{3})x}}{2+\sqrt{3}}C[2]+C[3]\}\}$

通解为 $$y=-\frac{e^{-(-2+\sqrt{3})x}}{-2+\sqrt{3}}c_1+\frac{e^{(2+\sqrt{3})x}}{2+\sqrt{3}}c_2+c_3+5x+\frac{x^2}{2}$$

【例 7.2】 求方程组 $\begin{cases}2x'-5y=0\\ y'+3x=0\end{cases}$ 的通解。

解 这是一个一阶线性常系数微分方程组,一定有能用初等函数表示的通解。

DSolve[{2x'[t]-5y[t]==0&&y'[t]+3x[t]==0},{x[t], y[t]}, t]

$=\{\{x[t]\to C[1]Cos[\sqrt{\frac{15}{2}}t]+\sqrt{\frac{5}{6}}C[2]Sin[\sqrt{\frac{15}{2}}t], y[t]\to C[2]Cos[\sqrt{\frac{15}{2}}t]-\sqrt{\frac{6}{5}}C[1]Sin[\sqrt{\frac{15}{2}}t]\}\}$

通解为 $x=C_1\cos\sqrt{\frac{15}{2}}t+C_2\sqrt{\frac{5}{6}}\sin\sqrt{\frac{15}{2}}t, y=C_2\cos\sqrt{\frac{15}{2}}t-C_1\sqrt{\frac{6}{5}}\sin\sqrt{\frac{15}{2}}t$

【例 7.3】 已知 $y'=y$,求:

(1) 方程的通解;

(2) 方程满足初始条件 $y(0)=4$ 的特解。

解 DSolve[y'[x]==y[x], y[x], x]

$=\{\{y[x]\to e^x c[1]\}\}$

通解为 $y=c_1e^x$

DSolve[{y'[x]==y[x],y[0]==4}, y[x], x]

$=\{\{y[x]\to 4e^x\}\}$

特解为 $y=4e^x$

【例 7.4】 求方程 $x^2y''-2xy'+2y=3x$ 满足条件 $y(1)=m, y'(1)=n$ 的特解。

解 这是一个二阶线性变系数微分方程,属 Euler 方程类,也有初等函数的解。

DSolve [{x^2 * y''[x]-2 * x * y'[x]+2 * y[x]= =3 * x, y[1]= =m, y'[1]= =n}, y[x], x]

$=\{\{y[x]\to -3x+2mx-nx+3x^2-mx^2+nx^2-3xLog[x]\}\}$

【例 7.5】 求方程 $x^2y''+xy'+(x^2-n^2)y=0$ 的通解。

解 这也是一个二阶线性变系数微分方程,属 Bessel 方程类,它在 $(0,+\infty)$ 上有解,但不能用初等函数表示出来。

```
DSolve[x^2 * y''[x]+x * y'[x]+(x^2-n^2) * y[x]= =0, y[x], x]
={{y[x]→BesselJ[n, x]c[1]+BesselY[n, x]c[2]}}
```

即
$$y=C_1 J_n(x)+C_2 y_n(x)$$

式中$J_n(x)$称为第一类 Bessel 函数,$y_n(x)$称为第二类 Bessel 函数,它们是上述 Bessel 微分方程在$(0,+\infty)$上线性无关的两个特解,不妨调用 Plot 函数作出这两个特解在$n=0,1,2,3$时的图形。

```
Plot [{BesselJ[0, x], BesselJ[1, x], BesselJ[2, x], BesselJ[3, x]}, {x,
    0, 15}]
```

运行后输出结果如图 7.1 所示。

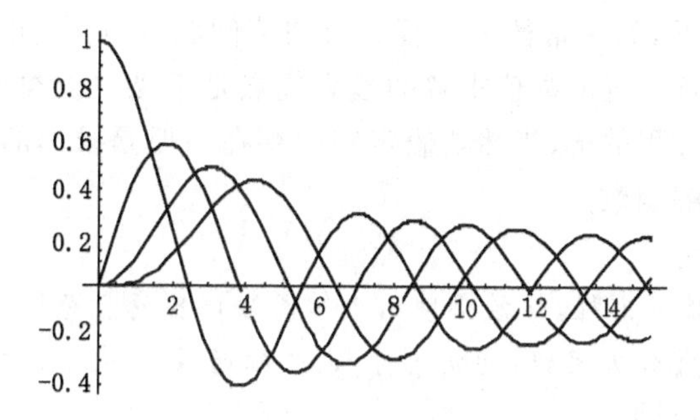

图 7.1 运行结果

```
Plot [{BesselY[0, x], BesselY [1, x], BesselY [2, x], BesselY [3,
    x]}, {x, 0, 15}]
```

运行后输出结果如图 7.2 所示。

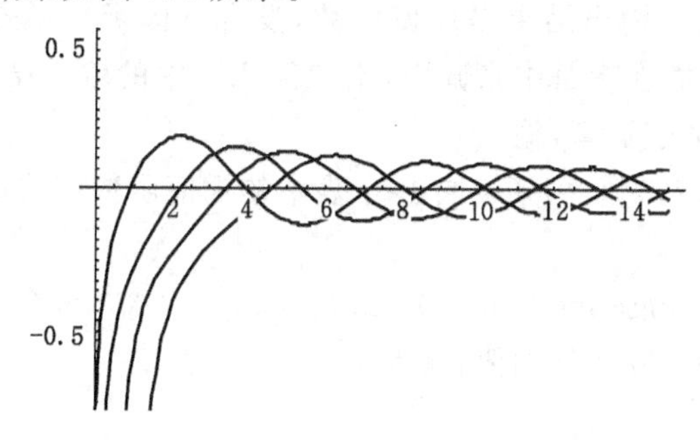

图 7.2 运行结果

7.2 常微分方程的数值解

有些微分方程用 DSolve 函数求不出解析解，如方程 $y' = \sin x + \cos y$ 在一阶方程中不属于任何一种可求初等函数解的类型，因此它的解不能用初等函数表示，不妨试求如下：

输入 DSolve[y'[x]= =Sin[x]+Cos[y[x]], y[x], x]

　　=DSolve[y'[x]= =Cos[y[x]]+Sin[x], y[x], x]

原样输出，求解失败。这时就要求微分方程的数值解。

在这种情况下，如果常微分方程含有初值问题，则可以用 NDSolve 函数求常微分方程数值解。近似数值求解的最大优点是不受方程类型的限制，即可以求任何形状微分方程的解(当然要假定解的存在)，但是求出的解只能是数值的(即数据形式的)解函数。

其调用格式为：

NDSolve[{微分方程,初始条件},未知函数,{自变量范围}]

NDSolve [{微分方程组,初始条件},{未知函数 1,未知函数 2,…},{自变量范围}]

【例 7.6】 求方程 $y' = \sin x + \cos y$ 满足初始条件 $y(0) = 1$ 的特解。

解 s1 =NDSolve[{y'[x] == Sin[x] + Cos[y[x]], y[0] == 1}, y[x], {x, 0, 2}]

　　={{y[x]→InterpolatingFunction[{{0.,2.}},<>][x]}}

NDSolve 函数的输出结果是插值函数，没有具体函数形式，但可以把结果生成的插值函数存放在变量中来调用，比如例 7.6 中的输出结果保存在变量 s_1 中，可以进行如下取值运算，输入

J1 =s1[[1,1,2,0]]　　(* 取出 s_1 表中的插值函数存放在 J_1 中 *)

结果为

　=InterpolatingFunction[{{0.,2.}},<>]

下面求数值解在 0.4 处的值，输入

J1[0.4]

结果为

　=1.25246

也可以把数值解绘制成图形，输入

Plot[J1[x],{x,0,2}]

得到图 7.3。

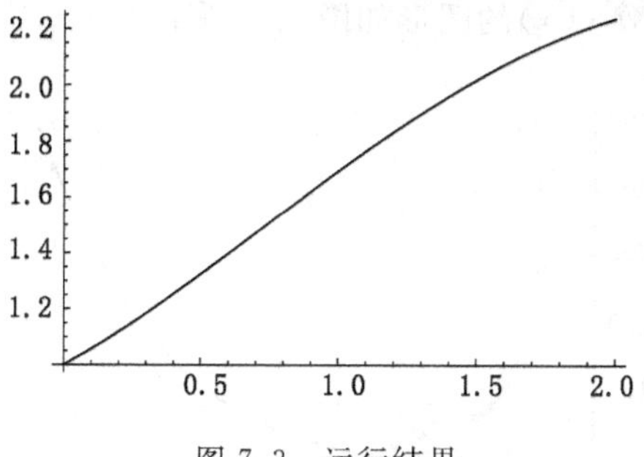

图 7.3 运行结果

【例 7.7】 求方程 $5y''+3y'+x^3y=0$ 在区间[0,10]上满足条件 $y(0)=0$，$y'(0)=1$ 的特解。

解 s2 =NDSolve[{5y''[x]+ 3y'[x]+x^3 * y[x]= =0, y[0]= =0, y'[0]= =1}, y[x], {x, 0,10}];

= {{y[x]→InterpolatingFunction[{{0. ,10. }},<>][x]}}

J2 =s2[[1,1,2,0]]

=InterpolatingFunction[{{0. ,10. }},<>]

Plot[J2[x],{x,0,10}] 或者 Plot[Evaluate[y[x]/. s2], {x, 0, 10}]两个函数都可以绘制数值解图形。

运行后可得解函数 $y(x)$的图形如图 7.4 所示。

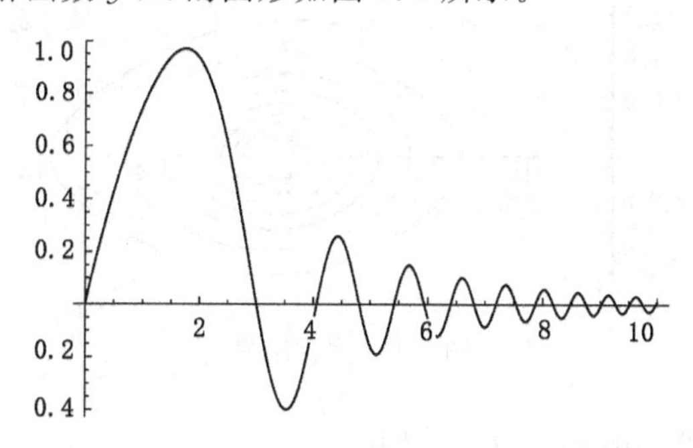

图 7.4 运行结果

【例 7.8】 求 $y'''+y''\sin y=\sqrt{y}$ 在[0,10]上满足条件 $y(0)=0$，$y'(0)=0.5$，$y''(0)=1$ 的特解。

解 s3=NDSolve[{y'''[x]+y''[x]Sin[y[x]]= =Sqrt[y[x]], y[0]= =0, y'[0]= =0.5, y''[0]= =1}, y[x], {x, 0, 10}];

Plot[Evaluate[y[x]/. s3], {x, 0, 10}]

运行后可得解函数 $y(x)$ 的图形如图 7.5 所示。

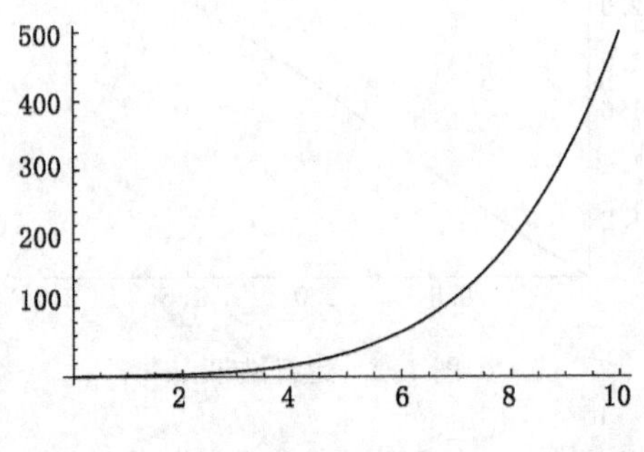

图 7.5 运行结果

【例 7.9】 求方程组 $\begin{cases} x'(t) = y(t) \\ 2y'(t) = -0.1y(t) - \sin x \end{cases}$ 在 $0 \leqslant t \leqslant 100$ 上满足条件 $x(0) = 0$，$y(0) = 1.9$ 的特解。

解

```
s4=NDSolve[{x'[t]= =y[t], 2y'[t]= = -0.1y[t]-Sin[x[t]],
      x[0]= =0, y[0]= =1.9}, {x, y}, {t, 0, 100}];
ParametricPlot[Evaluate[{x[t], y[t]}/. s4], {t, 0, 100}]
```

运行后可得解函数 $x(t)$，$y(t)$ 的参数曲线图如图 7.6 所示。

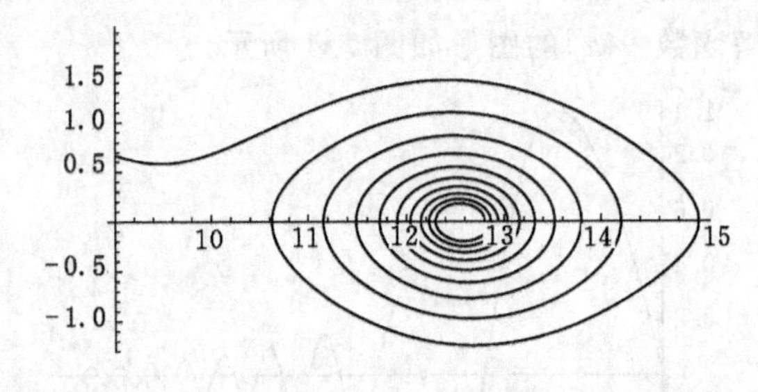

图 7.6 运行结果

【例 7.10】 求 duffing 方程 $x''+0.1*x'-x*x'+x^2*x'+0.88886x-3x^2+2x^3=0.01*\cos t$ 满足周期条件 $x(0)=x(2\pi)$，$x'(0)=x'(2\pi)$ 的数值解，并画出数值解图形。

解

```
s5=NDSolve[{x''[t]+0.1*x'[t]-x[t]*x'[t]+x[t]^2*x'[t]+
0.88886x[t]-3x[t]^2+2x[t]^3==0.01*Cos[t],x[0]==x[2Pi],x'[0]==
x'[2Pi]},x[t],{t,0,48}]
={{x[t]→InterpolatingFunction[{{0.,48.}},<>][t]}}
Plot[Evaluate[x[t]/.s5],{t,0,48}]
```

得到数值近似解图形如图 7.7 所示。

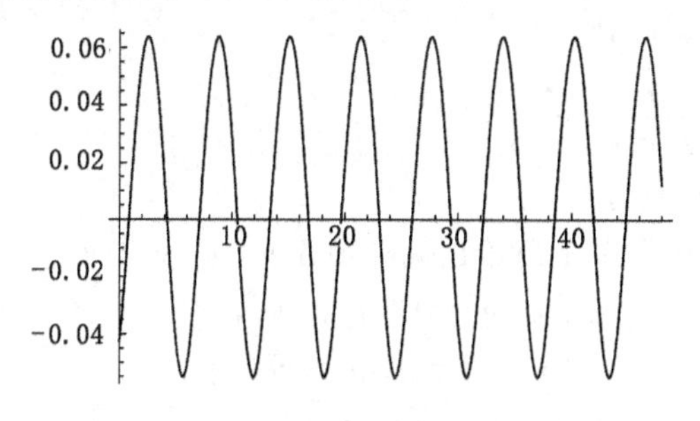

图 7.7 运行结果

7.3 偏微分方程的求解

在科技应用中，通常只考虑二阶线性偏微分方程，它的一般形式是

$$au_{xx}+2bu_{xy}+cu_{yy}+du_x+eu_y+fu+g=0 \quad ①$$

其中 a, b, c, d, e, f, g 都是 x 和 y 的函数，在特殊情况下可能全为常数，这时称为常系数二阶线性偏微分方程，否则称为变系数方程。

将 $H=ac-b^2$ 称为方程①的判别式。在某个平面区域 D 上，如果 $H<0$，则称方程①为双曲形方程；如果 $H=0$，则称方程①为抛物形方程；如果 $H>0$，则称方程①为椭圆形方程。

通过适当的变量变换，总可将方程①转化为下列标准方程之一：

双曲形标准方程 $u_{xx}-k^2u_{yy}=\varphi$ 或者 $u_{xx}=\varphi$

椭圆形标准方程 $u_{xx}+k^2u_{yy}=\varphi$ ②

抛物形标准方程 $u_x+k^2u_{yy}=\varphi$

式中 k 称为方程②的系数，可以是 x 与 y 的函数，也可以是常数；φ 称为右端项，可以是 x 与 y 的函数，也可以是常数(包含 0)。

当 a, b, c 恒为 0 时，则式①成为

$$du_x+eu_y+fu+g=0 \quad ③$$

式③称为一阶线性偏微分方程。

在以后的讨论中只需考虑方程②或者方程③就可以了。

在 Mathematica 中给出求解方程②或方程③的调用函数是 DSolve，其调用格式如下：

DSolve[偏微分方程，未知函数 u(x, y)，变量{x, y}]

上式中尚未涉及定解条件，求得的解只能是方程的通解(含有任意函数的解析解)。

【例 7.11】 求下列一阶方程的通解：

(1) $u_x + 4u_y = x + y$；

(2) $u_x - 9u_y = \dfrac{1}{x+y}$；

(3) $yu_x + xu_y = xy$。

解 首先利用求导运算符 D 给出偏导函数 $u_x[x, y]$与 $u_y[x, y]$的定义如下：

$$u_x[x, y]=D[u[x, y], x]$$
$$u_y[x, y]=D[u[x, y], y]$$

(1) $\mathrm{DSolve}[u_x[x, y]+4u_y[x, y]==x+y, u[x, y], \{x, y\}]$

$=\{\{u[x, y]\to\frac{1}{2}(-3x^2+2xy+2C[1][-4x+y])\}\}$

(2) $\mathrm{DSolve}[u_x[x, y]-9u_y[x, y]==1/(x+y), u[x, y], \{x, y\}]$

$=\{\{u[x, y]\to\frac{1}{8}(-\mathrm{Log}[x+y]+8C[1][9x+y])\}\}$

(3) $\mathrm{DSolve}[y*u_x[x, y]+x*u_y[x, y]==x*y, u[x, y], \{x, y\}]$

$=\{\{u[x, y]\to\frac{1}{2}(x^2+2C[1][\frac{1}{2}(-x^2+y^2)])\}\}$

为了能够直观地看到解函数 $u[x, y]$的情况，可以利用 Plot3D 函数画出它们的图形，但必须事先选定未知函数 $c[1]$。以(1)为例，如果取 $c[1][e\_]:=(x-y)*e$，则

$u=-\frac{3}{2}*x\hat{}2+x*y+(x-y)*(-4*x+y)$

Plot3D[u, {x, -3, 3}, {y, -4, 4}]

运行后可得函数 u，如图 7.8 所示。

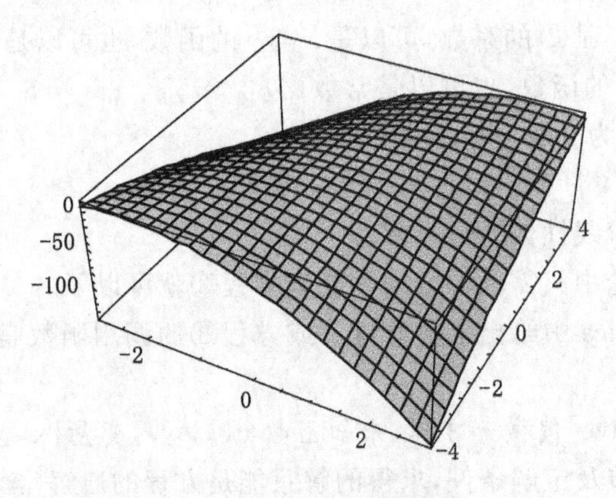

图 7.8 运行结果

【例 7.12】 求下列二阶方程的通解：

(1) $u_{xx}-4u_{yy}=9$；

(2) $u_{xx}+4u_{yy}=9$；

(3) $u_{xy}=9$。

解 先利用求导运算符 D 给出二阶偏导函数 u_{xx}，u_{yy}，u_{xy}的定义如下：

$$u_{xx}[x, y]=D[u[x, y], x, x]$$
$$u_{yy}[x, y]=D[u[x, y], y, y]$$
$$u_{xy}[x, y]=D[u[x, y], x, y]$$

(1) DSolve[u_{xx}[x, y]−4 * u_{yy}[x, y]= =9, u[x, y], {x, y}]

$=\{\{u[x, y]\to\frac{9x^2}{2}+C[1][-2x+y]+C[2][2x+y]\}\}$

(2) DSolve[u_{xx}[x, y]+4 * u_{yy}[x, y]= =9, u[x, y], {x, y}]

$=\{\{u[x, y]\to\frac{9x^2}{2}+C[1][-2ix+y]+C[2][-2ix+y]\}\}$

(3) DSolve[u_{xy}[x, y]= =9, u[x, y], {x, y}]

$=\{\{u[x, y]\to 9xy+C[1][x]+C[2][y]\}\}$

在二阶方程的通解中均含有两个任意函数 C[1]与 C[2]，如果想要画出解函数的几何图形，必须首先确定 C[1]与 C[2]后方可。以方程(1)为例，如果选取C[1][e_]=xe，C[2][e_]=ye 则有：

u=(9/2)x^2+x(2x+y)+y(−2x+y)

Plot3D[u, {x, −2, 2}, {y, −3, 3}]

运行结果如图 7.9 所示。

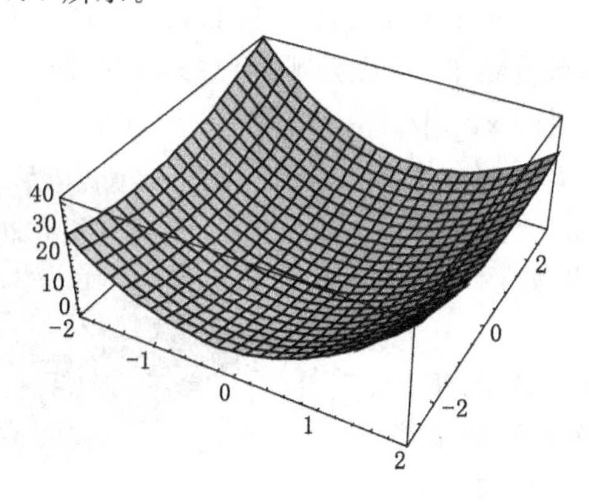

图 7.9 运行结果

7.4 偏微分方程的数值解

在实际问题中求解偏微分方程,通常总是带有定解条件的,即带有边界条件与初始条件的,这样的问题称为偏微分方程的定解问题,简称为定解问题。只有在定解条件十分简单的特殊情况下,才可能求得定解问题的精确解(通常采用解析解的形式)。一般情况下要求定解问题的解析解是十分困难的,所以必须走近似求解,特别是近似数值求解的道路,这与常微分方程在定解条件下求近似数值特解的概念是十分相似的。最常用的求偏微分方程定解问题近似数值特解的方法是有限元法,它在应用数学中属于比较复杂、难于处理的部分。

Mathematica 虽然也提供了求定解问题数值特解的求解函数 NDSolve,但只适用于一些比较简单的情况,它的调用格式如下:

NDSolve[{偏微分方程,定解条件}, u, {x, x1 , x2}, {t, t1, t2}]

式中 u 为要求的未知函数,$\{x, x_1, x_2\}$指明自变量 x 的下界 x_1 与上界 x_2,$\{t, t_1, t_2\}$指明自变量 t 的下界 t_1 与上界 t_2。

【例 7.13】 求弦振动方程 $u_{xx}-4u_{tt}=0$ 满足下面定解条件的特解。

边界条件 $u(0, t)=0$, $u(\pi, t)=0$

初始条件 $u(x, 0)=\sin x$, $u_t(x, 0)=0$

解 NDSolve[{D[u[x, t], x, x]−4D[u[x, t], t, t]= =0, u[0,t]= =0, u[Pi, t]= =0, u[x, 0]=Sin[x], Derivative[0, 1][u][x, 0]= =0}, u, {x, 0, Pi}, {t, 0, 60}]

={{u→InterpolatingFunction[{{0. , 3. 14159}, {0. , 60. }}, <>]}}

利用上面所得的数值结果,可以绘制 $u=u[x, t]$的图形如下:

Plot3D[Evaluate[u[x, t]/. First[%]], {x, 0, Pi}, {t, 0, 60}, PlotPoints→20]

运行后输出结果如图 7.10 所示。

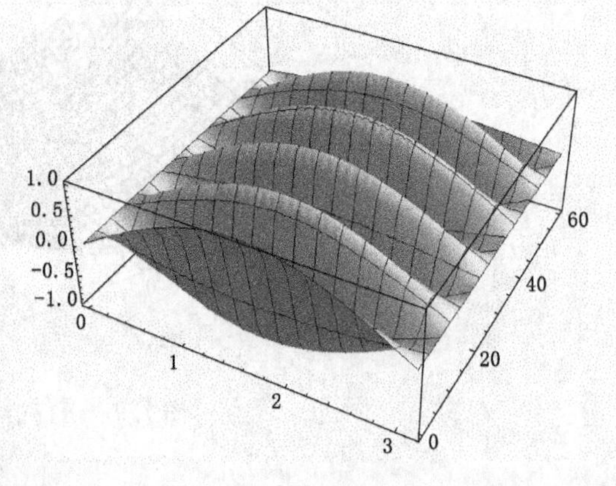

图 7.10 运行结果

这个例子的力学背景是:将一段(设长度为 π)柔软均质的细绳的两端分别固定在 $x=0$ 与 $x=\pi$ 两点,然后给它一个初始位移 $u(x, 0)=\sin x$,并令初速为 0,即令 $u_t(x, 0)=0$。在张力的作用下，细绳在平衡位置 $u=0$ ($0\leqslant x\leqslant\pi$)附近做微小振动，它的振动过程完全由解函数 $u=u(x, t)$来描述。

通过上面解函数的图形，读者不难直观地看到细绳的振动过程。需要指出的是条件 $u_t(x, 0)=0$ 在求解函数 NDSolve 中必须按规定写成 Derivative[0, 1][u][x, 0]= =0，意即 $u^{(0,1)}(x, 0)=0$ 或 $u_t(x, 0)=0$。

【例 7.14】 求热传导方程 $u_t=u_{xx}$ 满足下面定解条件的特解。

边界条件 $u(0, t)=0$，$u(2, t)=0$

初始条件 $u(x, 0)=x(2-x)$

解 NDSolve[{D[u[x, t], t]= =D[u[x, t], x, x], u[0, t]= =0, u[2, t]= =0, u[x, 0]= =x(2-x)}, u, {x, 0, 2}, {t, 0, 1}]

={{u→InterpolatingFunction[{{0., 2.}, {0., 1.}}, <>]}}

Plot3D[Evaluate[u[x, t]/. First[%]], {x, 0, 2}, {t, 0, 1}, PlotPoints→20]

运行结果如图 7.11 所示。

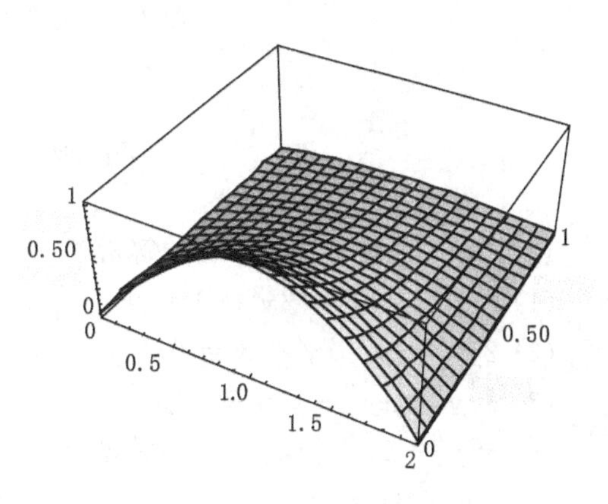

图 7.11 运行结果

这个例子的物理背景是：将一根均质金属细棒(设长度为 2)的两端放置于 $x=0$ 与 $x=2$ 处，令其两端与介质接触的温度恒保持为 0(例如两端始终与大量的冰块接触)，然后给棒的内部一个按 $u(x, 0)=x(2-x)$分布的初始热量。经过一段时间(t 从 0 到 1)之后，棒内热量将不断向两端传递(已将细棒简化为直线段，没有体积，更没有侧面的概念)，最后趋于稳定，棒内各点热量均趋于 0，读者不难从图中看到热量 $u(x, t)$随时间 t 的变化过程。

【例 7.15】 求泊松方程 $u_{xx}+4u_{yy}=-xy$ 满足条件 $u(0, y)=0$，$u(2,y)=0$，$u(x, 0)=x(4-x^2)$，$u_y(x, 0)=0$ 的特解。

解 NDSolve[{D[u[x, y], x, x]+4D[u[x, y], y, y]= = -x*y, u[0, y]= =0, u[2, y]= =0, u[x, 0]= =x(4-x^2), Derivative[0, 1][u][x, 0]= =0}, u, {x, 0, 2}, {y, 0, 1}]

={{u→InterpolatingFunction[{{0., 2.}, {0., 1.}}, <>]}}

Plot3D[Evaluate[u[x, y]/. First[%]], {x, 0, 2}, {y, 0, 1}, PlotPoints→20]

运行结果如图 7.12 所示。

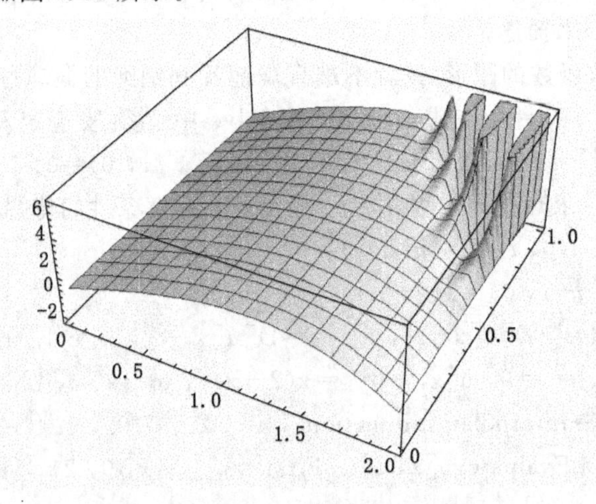

图 7.12 运行结果

习题 7

1. 求解下列各常微分方程的解析解：

(1) $(3x^2+1)y'-2y^2+1=0$；

(2) $2y'''+3y''+y'+y=0$；

(3) $x^2y''+xy'+y=0$；

(4) $x^2y''-2xy'+2y=3x$，满足 $y(1)=m$，$y'(1)=n$；

(5) $\begin{cases} x'+3y=0 \\ 2y'+x=\sin t \end{cases}$；

(6) $\begin{cases} x'=2x+y+x \\ y'=x+2y+z \\ z'=x+y+2z \end{cases}$。

2. 求下列偏微分方程的通解：

(1) $4u_x+9u_y=36$；

(2) $u_x\cos y-u_y\sin x=0$；

(3) $u_{xy}=x+y$；

(4) $u_t=u_{xx}$。

3. 求下列常微分方程的数值解，并画出解函数的图形。

(1) $y'=x^2+y^2$，满足条件 $y(0)=0.1$，$x\in[-1,1]$；

(2) $y''' + y'^3 = 0$, $y(0) = 0$, $y'(0) = 2$, $y''(0) = 1$, $x \in [0, 8]$；

(3) $y'' + c(y^2 - 1)y' + y = 0$, $y(0) = 2$, $y'(0) = 1$, $c = 1$ 与 12, $x \in [0, 50]$；

(4) $\begin{cases} x' = x^2 - y^2 \\ y' = 2xy \end{cases}$，当 $t = 1$ 时，$x = 0.5$，$y = 0.5$，$t \in [-10, 10]$；

(5) $\begin{cases} x' = -y + x^3 \\ y' = x - y^3 \end{cases}$，当 $t = 0$ 时，$x = 0.8$，$y = 0.8$，$t \in [0, 10]$；

(6) $\begin{cases} x' = \cos t^2 \\ y' = \sin t^2 \end{cases}$，当 $t = 0$ 时，$x = 0$，$y = 0$，$t \in [-10, 10]$；

(7) $\begin{cases} x' = x - xy - \dfrac{1}{10}x^2 \\ y' = -y + xy - \dfrac{1}{20}y^2 \end{cases}$，当 $t = 0$ 时，$x = 2$，$y = 1$，$t \in [0, 30]$；

(8) $\begin{cases} x'' = -0.9x - 0.8y \\ y'' = 0.8x - 0.9y \end{cases}$，当 $t = 0$ 时，$x = 10$，$y = 0$，$x' = 4$，$y' = 10$，$t \in [0, 10]$。

4. 求下列偏微分方程的数值解，并画出解函数的图形。

(1) $4u_x + 9u_y = 36$，满足条件 $u(0, y) = 0$，$u(4, y) = 0$，$u(x, 0) = 8x(4 - x)$，$x \in [0, 4]$，$y \in [0, 6]$；

(2) $u_x - 9u_y = xy$，满足条件 $u(0, y) = u(\pi, y)$，$u(x, y) = 8\sin x$，$x \in [0, \pi]$，$y \in [0, 4]$；

(3) $u_{yy} - u_{xx} = \sin(x + y)$，满足条件 $u(x, 0) = \mathrm{e}^{-x^2}$，$u(-5, y) = u(5, y)$，$u_y(x, 0) = 0$，$x \in [-5, 5]$，$y \in [0, 5]$；

(4) $yu_{xx} + 60xu_{yy} = x - y$，满足条件 $u(-4, y) = u(4, y)$，$u(x, 0) = x^2$，$u_y(x, 0) = 0$，$x \in [-4, 4]$，$y \in [0, 8]$。

第 8 章 概率和数理统计

概率和数理统计是应用数学的一个重要分支，它在自然科学及社会科学的各个方面有着极其广泛的应用。

概率和数理统计研究的主要内容是随机变量及其分布、数字特征、参数估计、假设检验、方差分析和回归分析等，它是建立随机模型的重要工具。

8.1 数据运算函数

Mathematica 提供了许多基本运算函数，利用这些函数进行简单的数据计算，可以给我们提供很多有用的信息，为决策提供依据。最常用的计算函数如表 8.1 所列。

表 8.1 计算函数

函 数	意 义
Length[data]	计算表 data 数据的个数
Apply[Plus, data]	计算表 data 数据的总和
Commonest [data]	求众数，即数据表 data 中出现次数最多的数
HarmonicMean[data]	计算数据表 data 的调和平均数 $\frac{n}{\sum_i \frac{1}{x_i}}$
GeometricMean[data]	计算数据表 data 的几何平均数 $\sqrt[n]{\prod_{i=1}^{n} x_i}$
RootMeanSquare[data]	计算数据表 data 的均方根 $\sqrt{\frac{1}{n}\sum_i x_i^2}$
Count[data,a]	统计数据表 data 中数据 a 出现的次数
Tally[data]	计算数据表 data 中各数据出现的次数
Accumulate[data]	计算数据表 data 的累加
BinCounts[data,{r1,r2,step}]	以 r_1 和 r_2 为最小最大界限，step 为组距，计算数据表 data 中的数落于每一组的个数

【例 8.1】 利用数据表{1,1,2,3,4,5,6,2,3,4,1}练习数据运算函数。

```
In[1] : =data={1,1,2,3,4,5,6,2,3,4,1};
In[2] : =Length[data]                    (* 计算数据的个数 *)
Out[2]=11
In[3] : =Apply[Plus,data]                (* 计算数据的总和 *)
Out[3]=32
In[4] : = Commonest[data]
                    (* 求众数,即数据资料里出现次数最多的数 *)
Out[4]={1}
In[5] : =HarmonicMean[data]
```

(* 计算调和平均数 $\dfrac{n}{\sum_i \dfrac{1}{x_i}}$ *)

Out[5]= $\dfrac{165}{83}$

In[6] : =GeometricMean[data] (* 计算 data 的几何平均数 $\sqrt[n]{\prod_{i=1}^{n} x_i}$ *)

Out[6]= $2^{7/11}\ 3^{3/11}\ 5^{1/11}$

In[7] : =RootMeanSquare[data] (* 计算 data 的均方根 $\sqrt{\dfrac{1}{n}\sum_i x_i^2}$ *)

Out[7]= $\sqrt{\dfrac{122}{11}}$

【例 8.2】 利用数据表{1,3,10,20,30,10,25,31,11,12,16,11,40}练习数据运算函数。

```
In[1] : = data={1,3,10,20,30,10,25,31,11,12,16,11,40};
In[2] : =Count[data,11]
Out[2]=2
In[3] : = Tally[data]
Out[3]= {{1,1},{3,1},{10,2},{11,2},{12,1},{16,1},{20,1},{25,1},
{30,1}, {31,1},{40,1}}
In[4] : = Accumulate[data]
Out[4]= {1, 4, 14, 34, 64, 74, 99, 130, 141, 153, 169, 180, 220}
In[5] : = BinCounts[data, {10, 40, 10}]
Out[5]= {6, 2, 2}
```

8.2 统计图表的绘制

在 Mathematica 中可以利用统计数据绘制各种图表，从这些图表中可以直观地看到某些规律。绘制的图表一般有条形图、饼形图。

8.2.1 条形图

绘制条形图的调用函数格式为

BarChart[data，选项]

【例 8.3】 已知数据表{1,3,−1,2}，画出条形图。

解 In[1]：=data={1,3,−1,2}；

In[2]：=BarChart[data]

运行结果如图 8.1 所示。

【例 8.4】 假设某水果生产基地，香蕉的产量为 100 t，苹果的产量为 200 t，樱桃的产量为 20 t，葡萄的产量为 50 t，试根据不同水果的产量画出条形图。

解 输入

BarChart[{100,200,20,50},ChartLabels → {"香蕉","苹果","樱桃","葡萄"}]

运行后得到图 8.2。

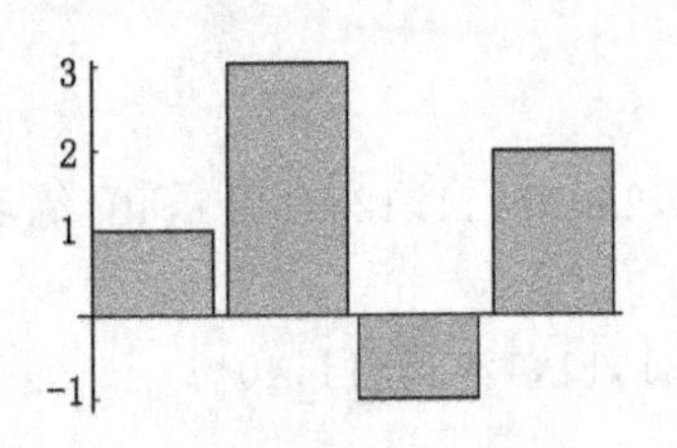

图 8.1 运行结果

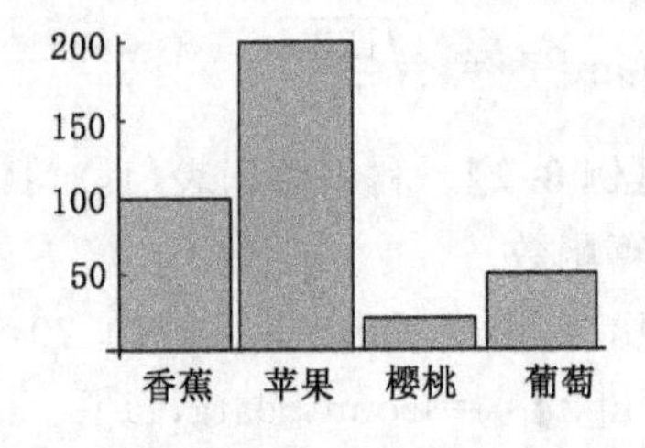

图 8.2 运行结果

BarChart 函数中选项有很多，读者可参考 Mathematica 中的 Help 进行练习。选项不同，图形外观就不同。比如对于例 8.4 若改一下选项，输入

BarChart[{100, 200, 20, 50}, ChartLabels → Placed[{香蕉，苹果，樱桃，葡萄}, Center]]

则得到下面的图形 8.3。

8.2.2 圆饼图

绘制条形图的调用函数格式为

PieChart[data，选项]

【例 8.5】 假设某水果生产基地，香蕉的产量为 100 t，苹果的产量为 200 t，樱桃的产量为 20 t，葡萄的产量为 50 t，试根据不同水果的产量画出圆饼图。

解 输入

PieChart[{100,200,20,50},ChartLabels → {"香蕉","苹果","樱桃","葡萄"}]

运行后得到图形 8.4。

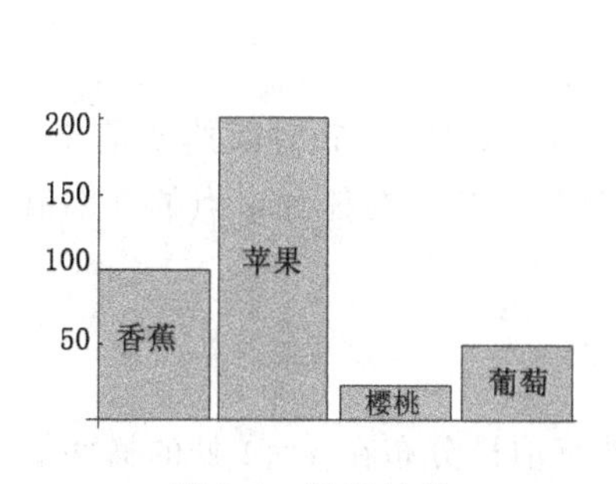

图 8.3 运行结果

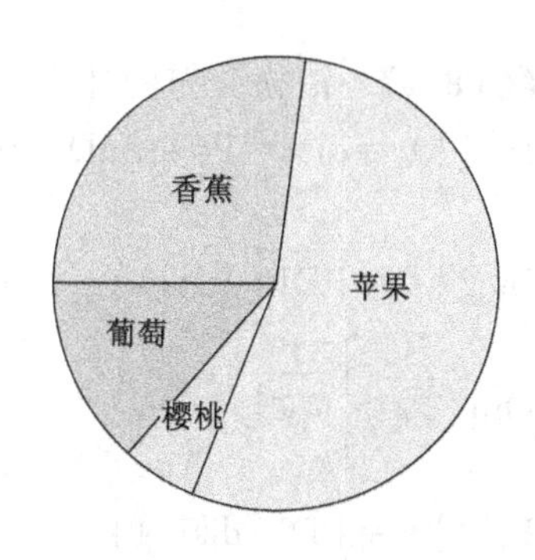

图 8.4 运行结果

PieChart 函数与 BarChart 函数一样，选项不同，图形外观不一样，读者自己去练习。

8.3 随机变量分布的计算

8.3.1 离散型随机变量的分布

Mathematica 的统计里包含常用的离散型分布，见表 8.2。

表 8.2 离散型分布函数

函 数	意 义
BernoulliDistribution[p]	伯努利分布
BinomialDistribution[n,p]	二项式分布
GeometricDistribution[p]	几何分布
HypergeometricDistribution[n,M,N]	超几何分布
PoissonDistribution[λ]	泊松分布
DiscreteUniformDistribution[{1, n}]	离散均匀分布

这些分布中的参数，既可以是符号，也可以是数值，使用这些函数只能建立一个表达式，不返回任何其他结果。若要进行概率计算，就必须调用求值函数，见表 8.3。

表 8.3 求值函数

函 数	意 义
PDF[dist,x]	计算分布 dist 在点 x 处的概率值或密度函数值
CDF[dist,x]	计算 x 点处的分布函数值
Quantile[dist,q]	求 x 使 CDF[dist,x]=q,即上 q 分位点

【例 8.6】 泊松分布的计算。

In[1]:=dist=PoissonDistribution[3];

(* 调用 $\lambda=3$ 的泊松分布,并赋给变量 dist *)

In[2]:=PDF[dist,x] (* 计算泊松分布在任意 x 点的概率值 *)

$$\text{Out[2]}=\begin{cases}\dfrac{3^x}{e^3 x!}, & x\geqslant 0\\ 0, & \text{True}\end{cases}$$

In[3]:=PDF[dist,4] (* 计算泊松分布在 $x=4$ 处的概率值 *)

$$\text{Out[3]}=\frac{27}{8e^3}$$

In[4]:=N[%] (* 求上一次运算结果的近似值 *)

Out[4]= 0.168031

In[5]:=CDF[dist,3]//N (* 计算 $x=3$ 处的分布函数值 *)

Out[5]= 0.647232

In[6]:=CDF[dist,x]

$$\text{Out[6]}=\begin{cases}\text{GammaRegularized}[1+\text{Floor}[x],3], & x\geqslant 0\\ 0, & \text{True}\end{cases}$$

In[8]:=Plot[CDF[dist,x],{x,0,6},PlotStyle→{Thickness[0.005],RGBColor[1,0,0]}]

(* 绘出 dist 的 CDF 图形,如图 8.5 所示 *)

In[9]:= Quantile[dist, 0.25] (* 求 x 使 CDF[dist,x]=0.25 *)

Out[9]=2

In[10]:= RandomInteger[dist, 10]

(* 产生 10 个泊松分布的随机数 *)

Out[10]= {4, 1, 4, 3, 5, 4, 2, 3, 0, 2}

【例 8.7】 某厂多年的统计表明,该厂生产的产品次品率为 0.003,某天生产了 3 000 个产品,求至少有 2 个次品的概率。

解 设 X 表示"至少有两个次品的概率",则有 $X\sim B(3\,000,0.003)$,即求

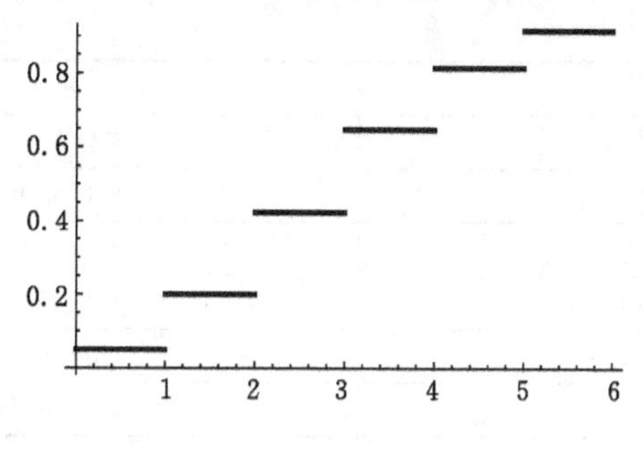

图 8.5　运行结果

$P(X\geqslant 2)$的概率。

$$P(X\geqslant 2)=1-P(X=0)-P(X=1)$$
$$=1-0.997^{3\,000}-C_{3\,000}^{1}0.003(0.999\,7)^{2\,999}\approx 0.998\,8$$

计算量较大，可借助 Mathematica 来解。

```
In[1]：=dist= BinomialDistribution[3000, 0.003]
                                    (* 调用二项分布计算 *)
In[2]：=1-CDF[dist,1]
Out[2]= 0.998779
```

也可以借助泊松分布来近似计算，即 $np=3\,000\times 0.003=9$

```
In[3]：=dist=PoissonDistribution[9];
                    (* 调用参数为 9 的泊松分布，并赋给变量 dist *)
In[4]：=1-CDF[dist,1]//N
Out[4]=0.998766
```

8.3.2　连续型随机变量的分布

表 8.4 是 Mathematica 中包含的常用连续型随机变量的分布函数。

表 8.4　连续型随机变量的分布函数

函　数	意　义
NormalDistribution[μ,σ]	正态分布
UniformDistribution[{min,max}]	均匀分布
ExponentialDistribution[λ]	指数分布
StudentTDistribution[n]	T 分布
ChiSquareDistribution[n]	χ^2 分布
FRatioDistribution[n1,n2]	F 分布

表 8.4(续)

函　数	意　义
GammaDistribution[α,β]	Γ 分布
CauchyDistribution[a,b]	柯西分布
BetaDistribution[p,q]	Beta 分布
LogNormalDistribution[μ,σ]	对数正态
LaplaceDistribution[μ,λ]	Laplace 分布
WeibullDistribution[α,β]	Weibull 分布
RayleighDistribution[σ]	Rayleigh 分布

【例 8.8】 正态分布的计算:设 $X\sim N(-0.5,9)$,计算下列概率:

(1) $P(X<1.2)$;

(2) $P(|X|>2.03)$;

(3) $P(|X-2|<3)$。

解 In[1]:=dist=NormalDistribution[-0.5,3];

(* 调用参数为-0.5,3 的正态分布,并赋给变量 dist *)

In[2]:=PDF[dist,x]

Out[2]= $\frac{e^{-\frac{1}{18}(0.5+x)^2}}{3\sqrt{2}\pi}$　　(* 给出 $N(-0.5,3^2)$的密度函数 *)

In[3]:=CDF[dist,1.2]　　(* $P(X<1.2)=F(1.2)$ *)

Out[3]= 0.71453

In[4]:=1-(CDF[dist,2.03]-CDF[dist,-2.03])

(* $P(|X|\leqslant 2.03)=F(2.03)-F(-2.03)$ *)

Out[4]= 0.504547

In[5]:=CDF[dist,5.]-CDF[dist,-1]

(* $P(|X-2|<3=F(5)-F(-1))$ *)

Out[5]= 0.532807

【例 8.9】 某省拟招聘新公务员 800 人,按考试成绩(面试成绩与笔试成绩的总和)从高分到低分依次录取,设报考该单位的考生共 3 000 人,且考试成绩服从正态分布。已知这些考生中成绩在 600 分以上的有 200 人,500 分以下的有 2 075 人,问该省录取公务员的最低分是多少?

解 设考生成绩 $X\sim N(\mu,\sigma^2)$,由题设知,应有

$P(X\geqslant 600)=200/3\,000=0.066\,7$, $P(X<500)=2\,075/3\,000=0.691\,7$

从而得

$$\Phi(\frac{600-\mu}{\sigma}) = 0.9333,\ \Phi(\frac{500-\mu}{\sigma}) = 0.6917$$

In[1]：=dist=NormalDistribution[0,1]；

In[2]：=Quantile[dist,0.9333]

Out[2]= 1.50083

In[3]：=Quantile[dist,0.6917]

Out[3]= 0.500675

由 $\begin{cases}\dfrac{600-\mu}{\sigma}=1.5\\ \dfrac{500-\mu}{\sigma}=0.5\end{cases}$，得 $\mu=450,\sigma=100$，即 $X\sim N(450,100)$

又设该省录取公务员的最低分为 C，由题设知

$P(X\geqslant C)=800/3\ 000=0.2667$，于是可得 $\Phi(\frac{C-450}{100})=0.7333$

In[4]：=Quantile[dist,0.7333]

Out[4]=0.622824

由 $\frac{C-450}{100}=0.623$，得 $C=512.282$，即该省录取公务员的最低分约为 512 分。

【例 8.10】 一工厂生产的某电子产品寿命(以年计算)服从 $X\sim E(0.2)$ 指数分布，服务承诺产品售出后一年内若损坏可以免费更换。若售出一件该产品盈利 200 元，更换一件则亏损 300 元，求工厂售出一件产品净盈利的数学期望。

解 由题设，售出一件产品的利润 $g(x)$ 为：

$$g(x)=\begin{cases}-300, & 0<x<1\\ 200, & x\geqslant 1\end{cases}$$

In[1]：= dist=ExponentialDistribution[0.2]；　　(* 定义指数分布 *)

In[2]：= −300(CDF[dist, 1] − CDF[dist, 0]) + 200(1 − CDF[dist, 1])

(* 求 E[g(X)] *)

Out[6]= 109.365

即工厂平均每售出一件产品就盈利 109.365 元。

【例 8.11】 绘制正态分布密度函数曲线图。

解 In[1]：= Plot[{PDF[NormalDistribution[0, 2], x], PDF[NormalDistribution[0, 3], x]}, {x, −6, 6}]

运行结果如图 8.6 所示。图中峰值较高者为 NormalDistribution[0,2]分布，较低者为 NormalDistribution[0,3]分布。

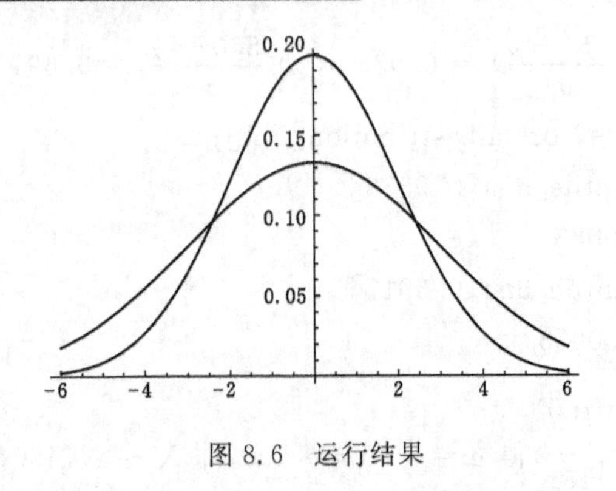

图 8.6 运行结果

8.4 随机变量的数字特征

最常用的数字特征是随机变量的数学期望、方差、标准差以及随机变量的原点矩、中心矩、特征函数等,见表 8.5。

表 8.5 数字特征

函数	意义
Mean[dist]	求 dist 分布的数学期望
Variance[dist]	求 dist 分布的方差
StandardDeviation[dist]	求 dist 分布的标准差
ExpectedValue[f,dist,x]	求 dist 函数 $f(X)$ 的数学期望 $E[f(X)]$
CharacteristicFunction[dist,t]	求 dist 分布的特征函数

【例 8.12】 求随机变量的数字特征。

解 In[1]:=Mean[BinomialDistribution[n,p]]

(* 求二项分布的期望 *)

Out[1]=np

In[2]:=Variance[BinomialDistribution[n,p]]

(* 求二项分布的方差 *)

Out[2]=n(1-p)p

In[3]:=StandardDeviation[BinomialDistribution[n,p]]

(* 求二项分布的标准差 *)

Out[3]=$\sqrt{n(1-p)p}$

```
In[4]:=CharacteristicFunction[BinomialDistribution[n,p],t]
                                        (* 求二项分布的特征函数 *)
```

Out[4]= $(1-p+e^{it}p)^n$

```
In[5]:=ExpectedValue[x^2,NormalDistribution[μ,σ],x]
                                        (* 求二项分布的二阶原点矩 *)
```

Out[5]= $\mu^2+\sigma^2$

```
In[6]:= ExpectedValue[(x-μ)^4,NormalDistribution[μ,σ],x]
                                        (* 求二项分布的四阶中心矩 *)
```

Out[6]= $3\sigma^4$

8.5 数据资料的统计与分析

表 8.6 是一些常用的统计与分析函数。

表 8.6 常用的统计与分析函数

函 数	意 义
Mean[data]	求 data 的样本平均值 $\frac{1}{n}\sum_{i=1}^{n}x_i$
Median[data]	求 data 的样本中位值
Variance[data]	求 data 的样本方差 $\frac{1}{n-1}\sum_{i=1}^{n}(x_i-\tilde{x})^2$
StandardDeviation[data]	求 data 的样本标准差 $\sqrt{\frac{1}{n-1}\sum_{i=1}^{n}(x_i-\tilde{x})^2}$
CentralMoment[data,k]	求 data 的样本 k 阶中心矩 $\frac{1}{n}\sum_{i=1}^{n}(x_i-\tilde{x})^k$
Kurtosis[data]	计算峰态系数 CentralMoment[data,4]/CentralMoment[data,2]$^2-3$
Skewness[data]	计算偏态系数 CentralMoment[data,3]/CentralMoment[data,2]$^{3/2}$
Covariance[xlist,ylist]	求 x,y 样本的协方差 $\frac{1}{n-1}\sum_{i=1}^{n}(x_i-\tilde{x})(y_i-\tilde{y})$
Correlation[xlist,ylist]	求 x，y 的相关系数 $\sum_{i=1}^{n}(x_i-\tilde{x})(y_i-\tilde{y})/\sqrt{\sum_{i=1}^{n}(x_i-\tilde{x})^2\sum_{i=1}^{n}(y_i-\tilde{y})^2}$

【例 8.13】 统计与分析函数的练习。

```
In[1]：=data={1.75,1.2,3,2.3,2.2,2.3,3.3,1.6,4.8,2.2,1.6}；
In[2]：=Mean[data]
Out[2]= 2.38636
In[3]：=Median[data]
Out[3]=2.2
In[4]：=Variance[data]
Out[4]= 1.01705
In[5]：=StandardDeviation[data]
Out[5]= 1.00849
In[6]：=CentralMoment[data,2]
Out[6]= 0.924587
In[7]：= x = {1.1, 2, 3, 4}；y = {2, 4, 3, 1}；
In[8]：=Covariance[x,y]
Out[8]=-0.683333
In[9]：=Correlation[y,x]
Out[9]= -0.422546
In[10]：=CentralMoment[data,3]
Out[10]= 1.10368
In[11]：=Kurtosis[data]
Out[11]= 4.00798
In[12]：= Skewness[data]
Out[12]= 1.24143
```

【例 8.14】 统计数据的练习。

```
In[1]：= data={1.2,1.2,2.3,2.3,4,3,3,6}；
In[2]：=Tally[data]        (* 统计数据表data中各数字出现的次数 *)
Out[2]= {{1.2, 2}, {2.3, 2}, {4, 1}, {3, 2}, {6, 1}}
In[3]：=BarChart[%]        (* 数据点的频数分布如图8.7所示，第一
                             条块高度为频数值，第二条块为数据值，以
                             此类推 *)
In[4]：=Total[data]
Out[4]=23.
In[5]：=Accumulate[data]                        (* 计算数据的累加 *)
Out[5]= {1.2, 2.4, 4.7, 7., 11., 14., 17., 23.}
```

In[6]：=ListPlot[%,PlotStyle→PointSize[0.02]]

（＊ 画数据点累加值如图 8.8 所示＊）

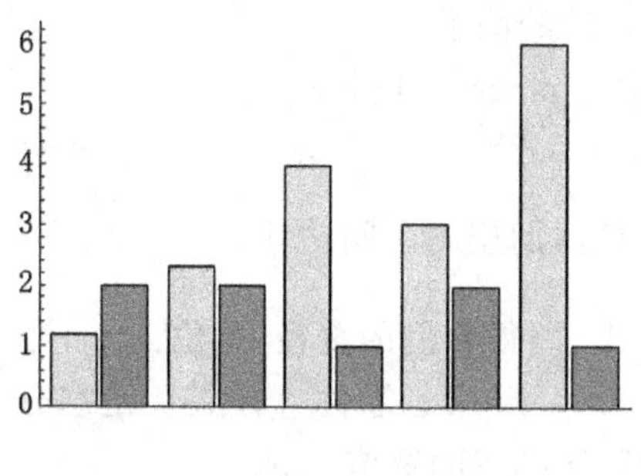

图 8.7　运行结果

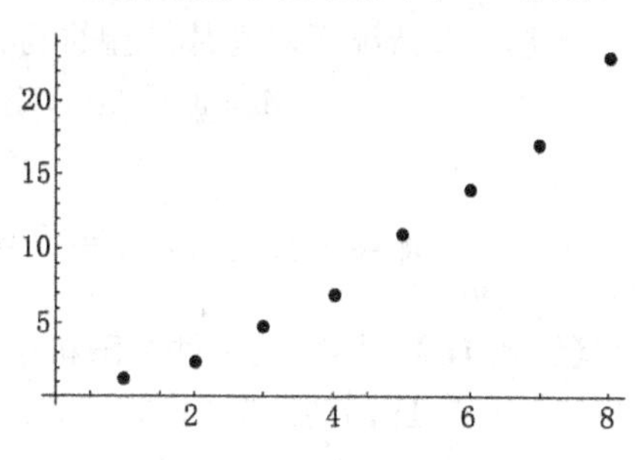

图 8.8　运行结果

8.6　参数估计

8.6.1　参数的点估计

【例 8.15】　在一批袋装食品中随机抽取 8 袋，测得的质量(单位:g)为：

50.001，50.003，50.001，50.005，49.98，50.998，50.002，49.922

设袋装食品质量测定值服从正态分布，求均值 μ 和方差 σ^2 的极大似然估计值，并求食品质量小于 50.006 g 的概率的估计值。

解　由于总体服从正态分布，所以均值 μ 和方差 σ^2 的极大似然估计分别为：

$$\hat{\mu}=\bar{x},\hat{\sigma}^2=\frac{1}{n}\sum_{i=1}^{n}(x_i-\tilde{x})^2$$

In[1]：=data={50.022，50.003，50.001，50.005，49.98，50.998，50.002，49.922}；

In[2]：=μ=Mean[data]

Out[2]= 50.1166

In[3]：=VarianceMLE[data_]：=Variance[data](Length[data]-1)/Length[data]；

In[4]：= σ=VarianceMLE[data]

Out[4]= 0.111775

In[5]：=dist=NormalDistribution[μ,σ]；

In[6]：=p=CDF[dist,50.006]

Out[6]= 0.161158

即均值 μ 的极大似然估计值为 50.116 6，方差 σ^2 的极大似然估计值为 0.111 775，食品质量小于 50.006 g 的概率的估计值为 0.161 158。

8.6.2 单正态总体均值的区间估计

8.6.2.1 方差已知

方差已知情况下对总体期望进行区间估计的函数是：

MeanCI[data,KnownVariance→var]

NormalCI[mean,sd]

$sd=\frac{\sigma}{\sqrt{n}}$ 和样本均值 mean 为已知，求总体期望的区间估计。

【例 8.16】 从一批零件中随机抽取 9 个，测得它们的直径(单位:mm)为：5.52,5.41,5.18,5.32,5.64,5.22,5.76,5.19,5.61，若零件直径服从正态分布 $N(\mu,0.16^2)$，求这批零件平均直径的置信度为 95%的置信区间。

解 依题意，所求的置信区间为$[\bar{x}-Z_{\frac{\alpha}{2}}\frac{\sigma}{\sqrt{n}},\bar{x}+Z_{\frac{\alpha}{2}}\frac{\sigma}{\sqrt{n}}]$

```
In[1] : = data={5.52,5.41,5.18,5.32,5.64,5.22,5.76,5.19,5.61};
In[2] : = Needs["HypothesisTesting`"]   (* 调用假设检验函数库 *)
In[3] : =MeanCI[data,KnownVariance→0.16^2]
Out[3]= {5.32325, 5.53231}
```

于是这批零件平均直径的置信度为 95% 的置信区间为(5.323 25, 5.532 31)。

也可以用另外一种方法计算：

In[4] : =m=Mean[data];NormalCI[m,$\frac{0.16}{3}$]

Out[4]= {5.32325, 5.53231}

若置信度不是默认值 95%(默认值)，可以增加参数 ConfidenceLevel，如置信度为 0.99，则有

```
In[5] : =MeanCI[data, KnownVariance → 0.16^2, ConfidenceLevel → .99]
Out[5]={5.2904,5.56516}
```

或者

In[6] : =m=Mean[data];NormalCI[m,$\frac{0.16}{3}$,ConfidenceLevel→.99]

Out[6]= {5.2904, 5.56516}

8.6.2.2 方差未知

方差未知情况下区间估计的函数是：

MeanCI[data]

【例 8.17】 一批袋装水泥质量服从正态分布，随机抽取 12 袋，称得质量(单位:kg)分别是 51.001，50.003，50.001，51.005，49.98，50.998，50.002，49.922，

51.02,51.56,50.91,51.001,试求袋装水泥平均质量的置信区间(置信度为95%)。

解 依题意,所求的置信区间为$[\overline{x}-t_{\frac{\alpha}{2}}(n-1)\frac{s}{\sqrt{n}},\overline{x}+t_{\frac{\alpha}{2}}(n-1)\frac{s}{\sqrt{n}}]$

In[1]:=data={51.001,50.003,50.001,51.005,49.98,50.998,50.002,49.922,51.02,51.56,50.91,51.001}

In[2]:= Needs["HypothesisTesting`"] (* 调用假设检验函数库 *)

In[3]:= MeanCI[data]

Out[3]= {50.2459, 50.988}

若置信度不用默认值95%,可以增加参数ConfidenceLevel,如置信度为0.99,则有

In[4]:= MeanCI[data, ConfidenceLevel → 0.99]

Out[4]= {50.0933, 51.1405}

8.6.3 单正态总体方差的区间估计

对总体方差进行区间估计的函数是:

VarianceCI[data]

由数据data求总体方差的置信区间。

ChiSquareCI[variance,dof]

variance为s^2的值,其中dof为自由度$n-1$。

【例8.18】 求上题的袋装水泥质量方差的置信区间(置信度为95%)。

解 依题意,所求的置信区间为$[\frac{(n-1)s^2}{\chi^2_{\alpha/2}},\frac{(n-1)s^2}{\chi^2_{1-\alpha/2}}]$

In[1]:= Needs["HypothesisTesting`"]; (* 调用假设检验函数库 *)

In[2]:=VarianceCI[data]

Out[2]= {0.171149, 0.983187}

若题目给出的不是原始数据,而是样本方差s^2,则可用ChiSquareCI[variance,dof]函数求解如下:

In[3]:= ChiSquareCI[Variance[data], 11]

Out[3]= {0.171149, 0.983187}

【例8.19】 设炮弹速度服从正态分布,测得9发炮弹数据的样本方差$S^2=11\ (m/s)^2$,求炮弹速度方差的置信区间(置信度为90%)。

解 In[1]:= Needs["HypothesisTesting`"];

In[2]:=ChiSquareCI[11,8,ConfidenceLevel→0.9]

Out[2]= {5.67474, 32.2033}

即炮弹速度方差的置信区间为(5.674 74,32.203 3)。

8.6.4 两个正态总体均值差的区间估计

对两个正态总体均值差进行区间估计的函数是：

MeanDifferenceCI[data1,data2,KnownVariance→{var1,var2}]

此函数是已知方差 var1 和 var2，由数据 data1，data2 求两个总体数学期望之差的置信区间。若省略参数 KnownVariance，可用于求方差未知的两个正态总体数学期望之差的置信区间，其中参数 KnownVariance 也可以改用 KnownStandardDeviation。除可选参数外，还可选参数 EqualVariances，当设置为 True 时，假定两个总体的方差相等，默认值为 False。

【例 8.20】 随机地从 A 批导线中抽取 4 根，又从 B 批导线中抽取 5 根，测得电阻（单位：Ω）为：

A 批导线：0.143，0.142，0.143，0.137

B 批导线：0.140，0.142，0.136，0.138，0.140

设两批导线分别服从正态分布且方差相同，求两批导线平均电阻之差的置信度为 95%的置信区间。

解 依题意，所求的置信区间为

$$\left[\overline{x}-\overline{y}-t_{\frac{\alpha}{2}}(n_1+n_2-2)s_W\sqrt{\frac{1}{n_1}+\frac{1}{n_2}},\ \overline{x}-\overline{y}+t_{\frac{\alpha}{2}}(n_1+n_2-2)s_W\sqrt{\frac{1}{n_1}+\frac{1}{n_2}}\right]$$

```
In[1] := Needs["HypothesisTesting"];
In[2] :=data1={0.143,0.142,0.143,0.137};
        data2={0.140,0.142,0.136,0.138,0.140};
        MeanDifferenceCI[data1,data2,EqualVariances→True]
Out[4]= {-0.00199635, 0.00609635}
```

所求的置信区间为（−0.001 996 35，0.006 096 35）。

8.6.5 两个正态总体方差比的区间估计

对两个正态总体方差比进行区间估计的函数是：

VarianceRatioCI[data1,data2]

由数据 data1 和 data2，求两个总体方差之比 $\frac{\sigma_1^2}{\sigma_2^2}$ 的置信区间。

FRatioCI[ratio,numdof,dendof]

两个总体样本方差 s_1^2 和 s_2^2 已知时，求两个总体方差之比 $\frac{\sigma_1^2}{\sigma_2^2}$ 的置信区间，其中

ratio= $\frac{s_1^2}{s_2^2}$ ，numdof 和 dendof 分别是第一自由度 n_1-1，第二自由度 n_2-1。

【例 8.21】 随机地从 A 批导线中抽取 4 根，又从 B 批导线中抽取 5 根，测得电阻（单位：Ω）如下。

A 批导线:0.143,0.142,0.143,0.137

B 批导线:0.140,0.142,0.136,0.138,0.140

设两批导线分别服从正态分布但方差不相同,求两批导线平均电阻之差的置信度为95%的置信区间,求 $\frac{\sigma_1^2}{\sigma_2^2}$ 的置信度为95%的置信区间。

解　依题意,所求的置信区间为 $\left[\frac{s_1^2/s_2^2}{F_{\alpha/2}}, \frac{s_1^2/s_2^2}{F_{1-\alpha/2}}\right]$

```
In[1]: = Needs["HypothesisTesting"];
In[2]: =data1={0.143,0.142,0.143,0.137};
        data2={0.140,0.142,0.136,0.138,0.140};
        VarianceRatioCI[data1,data2]
Out[4]= {0.158985, 23.9583}
```

于是得 $\frac{\sigma_1^2}{\sigma_2^2}$ 的置信度为95%的置信区间为(0.158 985, 23.958 3)。

【例8.22】　两台车床加工同一种零件,分别抽取12个和16个零件,测量其长度,计算出样本方差分别为0.845和0.657。假设两台机床加工的零件长度都服从正态分布,试求它们的方差比的置信区间(置信度为0.95)。

解

```
In[1]: = Needs["HypothesisTesting"];
In[2]: =FRatioCI[0.845/0.657,11,15]
                    (* s1^2/s2^2 =0.845/0.657,numdof=11,dendof=15 *)
Out[2]= {0.427601, 4.28279}
```

于是得 $\frac{\sigma_1^2}{\sigma_2^2}$ 的置信度为95%的置信区间为(0.427 601, 4.282 79)。

8.7　参数的假设检验

为了读者学习方便,本节仍选用 Mathematica 9.0 中的假设检验函数在 Mathematica 11.1 下运行。

8.7.1　单正态总体数学期望的假设检验

用于单正态总体数学期望假设检验的函数是:

MeanTest[data,μ,KnownVariance→var]

方差 var 已知,根据数据 data 基于正态分布,检验总体数学期望 μ,求出 P 值。当其中的参数 KnownVariance 省略时,就是方差未知时,基于 t 分布的数学期望的假设检验。

该检验函数可选的参数还有：

SignificanceLevel：给出显著性水平 α，默认值是 0.05；

TwoSided：其值为 True 时，给出双侧的 P 值，默认值是 False(单侧)；

FullReport：其值为 True 时，输出较详细的结果，默认值是 False。

【例 8.23】 某厂生产某种肥料的含氮量 $X \sim N(0.56, 0.01^2)$，现改进配方，对改进配方后的肥料取样，测得含氮量为：0.59，0.553，0.554，0.558，0.58，0.56，0.57，0.57，0.541。假定改进配方前后的含氮量的方差不变，在显著性水平为 0.05 下，问改进配方后肥料含氮量有无显著变化？

解 依题意，检验假设 $H_0: \mu = 0.56$，$H_1: \mu \neq 0.56$

In[1]：= Needs["HypothesisTesting`"]；

In[2]：= data = {0.59, 0.553, 0.554, 0.558, 0.58, 0.56, 0.57, 0.57, 0.541}；

In[3]：= MeanTest[data, 0.56, KnownVariance→0.01^2, SignificanceLevel→0.05, TwoSided→True, FullReport→True]

Out[3]={FullReport→

Mean	TestStat	Distribution
0.564	1.2	NormalDistribution[0, 1]

,

TwoSidedPValue→0.230139，

Fail to reject null hypothesis at significance level→0.05}

计算出的 P 值为 0.230139>0.05，所以接受原假设，即认为改进配方后含氮量无显著变化。

如果省略参数 TwoSided→True 和 FullReport→True，就给出单侧的假设检验，则仍拒绝原假设。若输入 In[4]：=MeanTest[data, 0.56]，就是假定方差未知，由数据 data 基于 t 分布，检验总体数学期望是否为 0.56，输出是：

Out[4]= OneSidedPValue → 0.223771

其 P 值仍大于 0.05，接受原假设。

8.7.2 单正态总体方差的假设检验

用于单正态总体方差假设检验的函数是：

VarianceTest[data, var]

根据数据 data，检验总体方差 var，求出 P 值。

该检验函数可选的参数还有：

SignificanceLevel：给出显著性水平 α，默认值是 0.05；

AlternativeHypothesis 值为 Less 时，给出单侧左边检验的 P 值，值为

Great 时给出单侧右边检验的 P 值,取默认值或 Unequal 时对应双侧检验的 P 值。

【例 8.24】 某食品厂使用自动包装机包装糖果,每袋糖果标准质量(单位:g)是 750,标准差为 5。现抽取 10 袋,测得质量如下:755,746,755,749,748,751,752,749,747,753。假定袋装糖果的质量服从正态分布,问袋装糖果质量的标准差是否为 5?(显著性水平为 0.05)

解 检验假设 $H_0:\sigma^2=5^2$, $H_1:\sigma^2\neq5^2$

```
In[1]: = Needs["HypothesisTesting`"];
In[2]: =data={755,746,755,749,748,751,752,749,747,753};
In[3]: =VarianceTest[data,100,SignificanceLevel→0.05]
Out[3]=0.000816444
```

计算结果 $P=0.000\,816\,444$,小于 0.05,则拒绝原假设,即认为袋装糖果质量的标准差不为 5 g。

8.7.3 两个正态总体均值差的假设检验

用于两个正态总体均值差的假设检验的函数是:

MeanDifferenceTest[data1,data2,diff,KnownVariance→{var1,var2}]

已知方差 var1 和 var2,由 data1 和 data2 检验两个总体数学期望之差 diff=$\mu_1-\mu_2$,求出 P 值。

MeanDifferenceTest[data1,data2,diff]

方差未知,由数据 data1 和 data2 检验两个总体数学期望之差 diff=$\mu_1-\mu_2$,求出 P 值。

其中参数 KnownVariance 也可以改用 KnownStandardDeviaion。

该检验函数可选的参数还有:

SignificanceLevel:给出显著性水平 α,默认值是 0.05;

TwoSided:其值为 True 时,给出双侧的 P 值,默认值是 False(单侧);

FullReport:其值为 True 时,输出较详细的结果,默认值是 False。

后一函数还有可选参数:EqualVariance。当设置为 True 时,假定两个总体方差相等,默认值为 False。

【例 8.25】 对用甲、乙两种不同原材料生产的铜丝做抗拉强度试验,得到实验数据如下(单位:kg/cm^2)。

甲种原料生产的铜丝:31,34,29,26,32,35,38,34,30,29,32,31

乙种原料生产的铜丝:33,34,33,29,30,29,32,26,31,29,32,29

设它们的抗拉强度都服从正态分布,且方差相等,问甲乙两种原材料生产的铜丝的平均抗拉强度有无明显差异?($\alpha=0.05$)

解 依题意,检验假设 $H_0:\mu_1=\mu_2$, $H_1:\mu_1\neq\mu_2$

```
In[1]: = Needs["HypothesisTesting`"];
In[2]: =data1={31,34,29,26,32,35,38,34,30,29,32,31};
        data2={33,34,33,29,30,29,32,26,31,29,32,29};
MeanDifferenceTest[data1,data2,0,EqualVariances→True,
SignificanceLevel→0.05,TwoSided→True,FullReport→True]
Out[4]={FullReport→
Meandiff      TestStat     Distribution
1.16667       1.02453      StudentTDistribution[22],
TwoSidedPValue→0.31672,
Fail to Reject null hypothesis at significance level→0.05}
```

计算结果 P 值为 0.316 72,大于 0.05,接受原假设,即认为甲、乙两种原材料生产的铜丝的平均抗拉强度无明显差异。

8.7.4 两个正态总体方差之比的假设检验

用于两个正态总体方差之比的假设检验的函数是:

VarianceRatio[data1,data2,ratio]

由数据 data1 和 data2 检验两个总体方差之比 ratio$=\frac{\sigma_1^2}{\sigma_2^2}$,求出 P 值。

该检验函数可选的参数还有:

SignificanceLevel:给出显著性水平 α,默认值是 None;

TwoSided:其值为 True 时,给出双侧的 P 值,默认值是 False(单侧);

FullReport:其值为 True 时,输出较详细的结果,默认值是 False。

【例 8.26】 甲、乙两台机床加工同一种轴,从它们加工的轴中分别抽取 8 根,测得直径(单位:mm)为:

甲:20.5,19.8,19.7,20.4,20.1,20.0,19.0,19.9

乙:19.7,20.8,20.5,19.8,19.4,20.6,19.2,20.1

假定轴的直径都服从正态分布,检验两台机床加工精度有无显著差异($\alpha=0.05$)。

解 检验假设 $H_0:\sigma_1=\sigma_2$, $H_1:\sigma_1\neq\sigma_2$

```
In[1]: = Needs["HypothesisTesting`"];
In[2]: =data1={20.5,19.8,19.7,20.4,20.1,20.0,19.0,19.9};
        data2={19.7,20.8,20.5,19.8,19.4,20.6,19.2,20.1};
VarianceRatioTest[data1,data2,1,SignificanceLevel→0.05,
TwoSided→True,FullReport→True]
```

Out[2]={FullReport→

Ratio	TestStat	Distribution
0.634223	0.634223	FRatioDistribution[7,7]

,

TwoSidedPValue→0.56264,

Fail to reject null hypothesis at significance level→0.05}

求出的 P 值为 0.56264,大于 0.05,不能拒绝原假设,即两台机床加工精度无显著差异。

8.8 回归分析

8.8.1 线性回归

用于线性回归的函数是:

LinearModelFit [data,funs,vars]

由 data 的数据求由基函数表 funs 中的函数的线性组合构成的回归方程,其中 data 的一般形式为$\{\{x_{11},x_{21},x_{31},\cdots,y_1\},\{x_{12},x_{22},x_{32},\cdots,y_2\},\cdots\}$,表 funs 的一般形式为$\{f_1,f_2,f_3,\cdots\}$,而表 vars 的一般形式为$\{x_1,x_2,x_3,\cdots\}$,它是 funs 中函数的自变量表。

利用函数 LinearModelFit 得到的回归函数里含有很多回归过程的信息,有很多可选参数,最常用的是 ParameterTable,RSquared,AdjustedRSquared,EstimatedVariance,ANOVATable。

【例 8.27】 已知某种商品的价格与日销售量的数据如下:

价格(元):1.0　2.0　2.0　2.3　2.5　2.6　2.8　3.0　3.3　3.5

销量(斤):5.0　3.5　3.0　2.7　2.4　2.5　2.0　1.5　1.2　1.2

试求线性回归方程和统计分析报告表。

解 In[1]:=data={{1.0,5.0},{2.0,3.5},{2.0,3.0},{2.3,2.7},{2.5,2.4},{2.6,2.5},{2.8,2.0},{3.0,1.5},{3.3,1.2},{3.5,1.2}};

In[2]:=nh= LinearModelFit[data, {1, x}, {x}]

(* 由表 data 的数据,求由基函数{1,x}中的函数的线性组合构成的回归方程,其中{1,x}中的函数的自变量 x 已给出 *)

Out[2]= FittedModel[6.43828−1.57531x]

In[3]:=Normal[nh]

Out[3]:=6.43828−1.57531x

所以得到的线性回归方程为 6.438 28−1.575 31x,若要得到统计分析报告,可以进行如下操作:

```
In[4] : = nh["ParameterTable"]                    (*求相关参数表*)
Out[4]=
```

	Estimate	Standard Error	t Statistic	P-Value
1	6.43828	0.236494	27.2239	3.57135×10^{-9}
x	−1.57531	0.0911754	−17.2778	1.28217×10^{-7}

```
In[5] : = nh[{"RSquared", "AdjustedRSquared", "EstimatedVariance"}
Out[5]= {0.973901, 0.970639, 0.0397359}
In[6] : = nh["ANOVATable"]
Out[6]=
```

	DF	SS	MS	F Statistic	P-Value
x	1	11.8621	11.8621	298.524	1.28217×10^{-7}
Error	8	0.317887	0.0397359		
Total	9	12.18			

【例 8.28】 在某项钢材实验中，测得实验数据见表 8.7。

表 8.7 实验数据

含碳量 x_1	回火温度 x_2	伸长率 y	含碳量 x_1	回火温度 x_2	伸长率 y
57	535	19.25	58	490	17.25
64	535	17.50	57	460	16.25
69	535	18.25	64	435	14.75
58	460	16.25	69	460	12.00
59	460	17.00	59	490	17.75
58	460	16.75	64	467	15.50
58	490	17.00	69	490	15.50
58	490	16.75			

假定 y 关于 x_1、x_2 有二元线性回归关系，试求回归方程并检验回归的显著性。

解 In[1] : = data = {{57,535,19.25},{58,490,17.25},{64,535,17.50},{57,460,16.25},{69,535,18.25},{64,435,14.75},{58,460,16.25},{69,460,12.00},{59,460,17.00},{59,490,17.75},{58,460,16.75},{64,467,15.50},{58,490,17.00},{69,490,15.50},{58,490,16.75}};

```
In[2]：=lf=LinearModelFit[data,{x,y},{x,y}]
Out[2]= FittedModel [9.87031−0.208781x+0.04023593y]
In[3]：=lf["ParameterTable"]
Out[3]=
```

	Estimate	Standard Error	t-Statistic	P-Value
1	9.87031	4.41059	2.23787	0.0449694
x	−0.208781	0.0494527	−4.22182	0.00118507
y	0.0402359	0.00737731	5.45401	0.000146712

```
In[4]：=lf[{"RSquared","AdjustedRSquared","EstimatedVariance"}]
Out[4]= {0.780772,0.744234,0.727346}
In[5]：= lf["ANOVATable"]
Out[5]=
```

	DF	SS	MS	F-Statistic	P-Value
x	1	9.44911	9.44911	12.9912	0.00361704
y	1	21.6358	21.6358	29.7463	0.000146712
Error	12	8.72815	0.727346		
Total	14	39.8131			

从以上的 P 值看，线性回归是显著的。

8.8.2 非线性回归

用于非线性回归的函数是

NonlinearModelFit [data,model,vars,parameters]

按 model 给出的非线性函数关系式进行数据拟合，其中 vars 是变量表，而 parameters 是被求的参数表。

【例 8.29】 已知数据{0,1},{1,0},{3,2},{5,4},{6,4},{7,5},求对数函数形式的回归方程。

解 In[1]：=data={{0,1},{1,0},{3,2},{5,4},{6,4},{7,5}};

```
In[2]：= nlf = NonlinearModelFit[data, Log[a + b x^2], {a, b}, x]
Out[2]= FittedModel[Log[1.50632+1.42633 ≪1≫]]
In[3]：= Normal[nlf]
Out[3]=Log[1.50632+1.42633 x²]
In[4]：= nlf[{"ParameterTable", "RSquared"}]
Out[4]={
```

	Estimate	Standard Error	t-Statistic	P-Value
a	1.50632	1.10159	1.36741	0.243294
b	1.42633	0.600123	2.37673	0.0762602

,0.957573}

In[5]:= nlf["ANOVATable"]

Out[5]=

	DF	SS	MS
Model	2	59.3695	29.6848
Error	4	2.63047	0.657618
Uncorrected Total	6	62.	
Corrected Total	5	19.3333	

In[6]:= nlf["MeanPredictionConfidenceIntervalTable"]

Out[6]=

Observed	Predicted	Standard Error	Confidence Interval
1	0.40967	0.731309	{−1.62077,2.44011}
0	1.07591	0.391325	{−0.0105857,2.1624}
2	2.66328	0.369419	{1.63761,3.68895}
4	3.61536	0.399001	{2.50755,4.72316}
4	3.96754	0.405226	{2.84245,5.09263}
5	4.26825	0.409155	{3.13225,5.40425}

非线性回归方程的表达式为

y= Log[1.50632+1.42633 x^2]

8.9 概率统计模拟实验

8.9.1 抽签实验

10个人只有一张电影票,用抽签的方法抽取电影票,甲方认为:先抽的人比后抽的人机会大;乙方认为:不论先后,他们抽到电影票的机会是一样的。究竟他们谁说得对?

解　模拟试验:用1—10的随机数来模拟试验结果。10个人对应1—10十个数编号。假设随机生成这十个数中的一个,出现什么数,就表示编号为该数的人摸到了电影票。程序如下:

```
chouqian[n_Integer] := Module[{cs, tt},
  cs = Table[Random[Integer, {1, 10}], {i, n}];
  tt = Tally[cs];
  Print[tt];
  Table[N[tt[[i, 2]]/n], {i, 1, 10}]]
n=100;
chouqian[n]
```

8.9.2　会面问题

甲乙两人约定8:00—9:00在某地会面,先到者等20 min后离去,试求两人能会面的概率。

解　由于两人在[0, 60]时间区间中任何时刻到达是等可能的,若以x和y分别表示甲乙两人到达的时刻,则每次试验相当于在边长为60的正方形区域$\{(x,y);0\leqslant x,y\leqslant 60\}$中取一点,"能会面"事件可表示为

$A=\{(x,y):|x-y|\leqslant 20\}$

程序如下:

```
meet[n_Integer] :=
Module[{x}, x[k_] := x[k] = Abs[Random[Real, {0, 60}] - Random[Real, {0, 60}]];
pile = Table[x[k], {k, 1, n}];
ycs = Count[pile, x_ /; 0 <= x <= 20]; Print[ycs]; gl = N[ycs/n]]
n = 10000; meet[n]
```

习题8

1. 设$X\sim N(2,4)$,求:

(1) $P\{3<x<5\}$, $P\{-5<x<10\}$, $P\{|x|>2\}$, $P\{|x|>1.3\}$;

(2) 确定C使得$P\{X>C\}=P\{X<C\}$,并与正态分布密度图形结合说明C值的含义。

2. 设射手向目标射击,弹着点与目标的距离X的密度函数为

$$f(x)=\begin{cases}\dfrac{1}{9\,000}x^2, & 0<x<30\\ 0, & \text{其他}\end{cases}$$

若弹着点落在目标 30 m 以内，将导致目标被破坏。现射击 5 次，求目标被破坏的概率。

3. 设随机变量的分布律为

$$X \sim \begin{pmatrix} -1 & 0 & 1 \\ 0.1 & 0.3 & 0.6 \end{pmatrix}$$

求 $E(X)$，$E(X^2+X)$ 和 $D(X+5)$ 的值。

4. 按规定，模型号的电子元件的使用寿命超过 1 500 h 为一级品，已知一样品 20 只一级品的概率为 0.2，问这些样品中一级品元件的期望和方差为多少？

5. 计算正态分布 $N(0,1)$ 下在点 0.666 1 的值。

6. 绘制 χ^2 分布密度函数在 n 分布等于 1，10，20 的图。

7. 随机的取 5 个活塞环，测得它们的直径为(单位：mm)：

63.991 1　64.005　64.003　64.001　64.000　63.998　64.006　64.002

试求样本的均值、样本方差、样本标准差。

8. 已知某种产品的寿命 $\xi \sim N(\mu,\sigma^2)$，μ，σ^2 未知，在某星期生产的产品中随机抽取 10 只，测得其寿命(单位：h) 为：

1 051　1 023　925　845　958　1 084　1 166　1 048　789　1 021

用极大似然估计法估计这批产品能使用 1 000 h 以上的概率。

9. 设某种油漆的 9 个样品，其干燥时间(单位：h) 分别为：

6.0　5.7　5.8　6.5　7.0　6.3　5.6　6.1　5.0

设干燥时间总体服从正态分布 $N(\mu,\sigma^2)$，求 μ 和 σ 的置信度为 0.95 的置信区间。(σ 未知)

10. 分别使用金属球和铂球测定引力常数。

(1) 用金属球测定的观察值为：

6.683　6.681　6.676　6.678　6.679　6.672

(2) 用铂球测定的观察值为：

6.661　6.661　6.667　6.667　6.664

设测定值总体为 $N(\mu,\sigma^2)$，μ 和 σ 为未知。对(1) 和(2) 两种情况分别求 μ 和 σ 的置信度为 0.9 的置信区间。

11. 已知以下数据：1　6　7　23　26　21　12　3　1　0，这些数据为指数分布，求它的置信度为 0.05 的参数的估计值和区间估计。

12. 在平炉进行一项实验以确定改变操作方法的建议是否会增加钢的得率，实验是在同一个平炉上进行的。每炼一炉钢时除操作方法外，其他条件都尽可能做到相同。先用标准方法炼一炉，然后用建议的新方法炼一炉，以后交替进行，各炼 10 炉，其得率(%) 分别如下。

(1) 标准方法：

78.1 72.4 76.2 74.3 77.4 78.4 76.0 75.5 76.7 77.3

(2) 新方法：

79.1 81.0 77.3 79.1 80.0 79.1 79.1 77.3 80.2 82.1

设这两个样本相互独立，且分布来自正态总体 $N(\mu_1,\sigma^2)$ 和 $N(\mu_2,\sigma^2)$，μ_1，μ_2，σ^2 均未知。问建议的新操作方法能否提高得率？(取 $\alpha=0.05$)

13. 某商店对A、B两公司以往某商品各次进货的次品率(%)进行比较，所得数据如下所示。

A：7.0 3.5 9.6 8.1 6.2 5.1 10.4 4.0 2.0 10.5

B：5.7 3.2 4.2 11.0 9.7 6.9 3.6 4.8 5.6 8.4 10.1 5.5 12.3

设两样本独立，问两公司的商品的质量有无显著差异？设两公司的商品的次品率服从正态分布，且方差相同，取 $\alpha=0.05$。

14. 为了研究某一化学反应过程中温度 x(℃)对产品得率 y(%)的影响，测得数据如下。

温度 x：	100	110	120	130	140	150	160	170	180	190
得率 y：	45	51	54	61	66	70	74	78	85	89

试作 $y=a+bx$ 型回归。

第二篇

数学实验

实验 1 Mathematica 系统的安装及文件的存取

1.1 问题的提出

Mathematica 系统是一个强大的数学运算和编程工具。若想利用它为我们的学习和科研服务,则需要知道它的安装和启动方法,以及它的文件存取方式。本实验练习 Mathematica 系统的安装、启动及文件的存取方法。

1.2 实验目的

① 掌握 Mathematica 系统的安装和启动方法;

② 掌握文件存取方法。

1.3 实验内容

1.3.1 系统安装

安装 Mathematica 系统的基本步骤如下:

第一步,找到安装盘上的 Setup. exe 文件并双击,出现安装向导对话框;

第二步,按向导对话框的提示一步一步做,直到点击“完成”。

1.3.2 启动系统

按顺序单击下列菜单:

开始→程序→Wolfram Mathematica11. 1→Wolfram Mathematica11. 1

单击上述菜单后出现工作窗口,在工作窗口直接输入数字、文本等。比如输入“2+3”,屏幕就会显示:

In[1]:=2+3

同时按下 Shift 键和 Enter 键表示运行输入的命令,屏幕立即显示结果:

Out[1]=5

上式中“In[1]:=”是系统提供的输入提示符,表示第一次输入。“Out[1]=”也是系统提供的输出提示符,表示这一行的结果是对应于“In[1]:=”的。它们是在系统执行后自动显示的,用户不需输入。

1.3.3 文件的存取

【例 1.1】 建立一个名为 tt1. nb 的笔记本文件,内容为“Mathematica 练习”,并把它保存在当前路径下。

解 第一步启动:

开始→程序→Wolfram Mathematica11.1→Wolfram Mathematica11.1；

第二步输入内容：

在工作窗口输入文本：Mathematica 练习；

第三步保存：

File→Save，出现一个对话框，在其中输入文件名 tt1.nb，再单击确定，文件就保存在当前路径。

【例 1.2】 打开当前路径下名为 tt1.nb 的文件。

解 单击"File(文件)"菜单的"Open(打开)"选项，出现一个对话框，输入文件名 tt1.nb 即可。

Mathematica 可打开多个文件窗口进行轮换操作。

1.3.4 系统的退出

要退出系统，只需单击系统窗口右上角的关闭按钮"☒"，或者单击"File(文件)"菜单的"Quit(退出)"选项。

习题 1

1. 练习启动和退出 Mathematica 系统。
2. 练习寻求帮助的方法。
3. 计算下列各式的值，并把输入输出文档(命名为"ex1.nb")保存在自己的优盘上。

(1) 5^{100}； (2) $\frac{1}{9}+\frac{2}{15}$； (3) $2.5-\frac{3}{52}$； (4) $\sin 0.2+\cos 3$。

实验 2　基本数学运算

2.1　问题的提出

数学中的极限、积分、求导等都需要运算，Mathematica 恰恰是一个强大的数值和符号运算器。本实验用 Mathematica 进行一些基本的数学运算练习，以熟悉表、函数、表达式及常见括号的使用，在不断练习的过程中掌握 Mathematica 的基本语法。

2.2　实验目的

掌握以下运算：

① 极限运算；

② 积分运算；

③ 导数的运算；

④ 求和运算；

⑤ 求积运算。

2.3　实验内容

实验中用到的函数命令：

Limit[f[x],{x,x_0}]	求极限
Integrate[f[x],{x,x_{min},x_{max}}]或者 $\int_{x_{min}}^{x_{max}}$ f[x]dx	求积分
D[f[x],{x,n}]或者$\partial_{x,x,\ldots}$f[x]	求导数
Sum[f[x],{x,x_{min},x_{max}}]	求和
Product[f[x],{x,x_{min},x_{max}}]	求积

【例 2.1】　求 $\lim\limits_{x\to 0}\dfrac{\sin 2x}{x}$。

解　输入 Limit[Sin[2x]/x,x→0]，得到结果为：2。

函数 $f(x)=\dfrac{\sin 2x}{x}$ 在 $x=0$ 处的函数值虽不存在(为不定型 $\dfrac{0}{0}$)，当 $x\to 0$ 时的极限值是存在的。

【例 2.2】　求：(1) $\int e^{ax}\sin 4x\mathrm{d}x$；(2) $\int_0^{\pi/4} e^{ax}\,\mathrm{Sin}[4x]\mathrm{d}x$。

解 (1) 输入 Integrate[Exp[a * x]Cos[4x], x]

得到结果为：$\frac{e^{ax}(aCos[4x]+4Sin[4x])}{16+a^2}$

或者直接输入 $\int e^{ax}\sin 4xdx$ 按下 Shift+Enter 键后结果就出来了。即

In[1] := $\int e^{ax}\sin 4xdx$

Out[1]= $\frac{e^{ax}(aCos[4x]+4Sin[4x])}{16+a^2}$

(2) 输入 Integrate[Exp[a * x] * Sin[4x], {x,0,$\frac{\pi}{4}$}]或者输入

$\int_0^{\pi/4} e^{ax}Sin[4x]dx$,得到结果为：$\frac{4(1+e^{\frac{a\pi}{4}})}{16+a^2}$。

【例 2.3】 见第一篇 2.4 导函数与偏导数例 2.15。

【例 2.4】 求 $\sum_{n=1}^{4}\frac{x^n}{2n}$ 与 $\sum_{n=1}^{\infty}\frac{x^n}{2n}$。

解 输入 Sum[x^n/(2n), {n, 1, 4}],

得到结果为：$\frac{x}{2}+\frac{x^2}{4}+\frac{x^3}{6}+\frac{x^4}{8}$。

输入 $\sum_{n=1}^{\infty}\frac{x^n}{2n}$,

得到结果为：$-\frac{1}{2}Log[1-x]$。

【例 2.5】 已知 $u_n=1+\frac{1}{n^3}$,试求 $\prod_{n=1}^{5}u_n$。

解 输入 Product[$1+\frac{1}{n^3}$, {n, 1, 5}],

得到结果为：$\frac{1911}{800}$。

习 题 2

1. 求下列函数的极限。

(1) $\lim\limits_{x\to 0}\frac{\tan x-\sin x}{x^8+1}$;

(2) $\lim\limits_{x\to -\infty}(1+\frac{1}{1-x})^x$;

(3) $\lim\limits_{x\to\infty}\left(\dfrac{x+1}{x-10}\right)^{x}$ 。

2. 求下列函数的导数。

(1) $y = a\cos x$,求 y'' ;

(2) $y = \mathrm{e}^{-x}\cos x$,求 y' ;

(3) $y = \dfrac{1}{1-x}$,求 $y^{(20)}$ 。

3. 求 $\sum\limits_{n=1}^{10}\dfrac{x^n}{n}$ 与 $\prod\limits_{n=1}^{5}\dfrac{1}{n}$ 。

4. 计算下列积分。

(1) $\int_0^{\pi/4}\mathrm{d}t\int_0^1\sqrt{1-r^2}\,\mathrm{d}r$;

(2) $\int_0^1\mathrm{d}x\int_0^{\sqrt{1-x^2}}\sqrt{1-x^2-y^2}\,\mathrm{d}y$;

(3) $\int_0^1\mathrm{d}x\int_0^{1-x}\mathrm{d}y\int_0^{1-x-y}\dfrac{x+y}{(1+x+y+z)^6}\mathrm{d}z$;

(4) $\int\sqrt{1-r^2}\,\mathrm{d}r$ 。

实验3 一元函数的性质与图形

3.1 问题的提出

数学的研究对象是函数,研究数学就要研究函数。有些函数为基本初等函数,如幂函数 $y=x^a$,对数函数 $y=\ln x$,三角函数 $y=\sin x$,指数函数 $y=a^x$ 等;有些函数是由这些基本初等函数构成的函数,如 $y=x^{\sin x}+\ln x$,$y=a^x+\cos x$ 等。

研究函数往往要研究函数的性质和特点,如函数的周期性、对称性、奇偶性、最大值和最小值等。如果能够将任何函数以图形形成呈现出来,那么这些函数的性质和特点也就一目了然了。本实验利用数学软件 Mathematica 强大的绘图功能多角度地研究函数的特性。

3.2 实验目的

① 掌握基本初等函数图形的绘制;

② 掌握常见的几个特殊函数 $y=\dfrac{\sin x}{x}$,$y=\mathrm{e}^{-2x^2}$,$y=(1+\dfrac{1}{n})^n$ 图形的绘制;

③ 观察函数应变量随自变量改变而改变的变化趋势;

④ 从绘制的不同图形观察函数的性质及特点。

3.3 实验内容

实验中用到的函数命令:

Plot[f[x],{x,x_{min},x_{max}}]　绘制函数曲线

3.3.1 基本初等函数

【例3.1】 函数 $y=x^a$ 。

解 分别绘制 $y=x^a$ 在 $a=1,2,3$ 时的图形。从图形上观察在 a 取不同值时函数的零点、最值及对称性。

输入 Plot[x,{x,−1,1}]得到图 3.1。

图 3.1 显示函数 $y=x$ 关于原点对称,只有一个零点(0,0)。

输入 Plot[x^2,{x,−1,1}]得到图 3.2。

图 3.2 显示函数 $y=x^2$ 关于 y 轴对称,只有一个零点(0,0)。

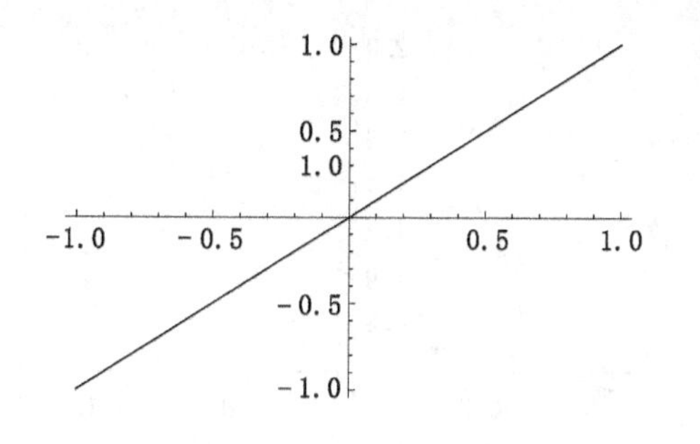

图 3.1　函数 $y=x$ 的图形

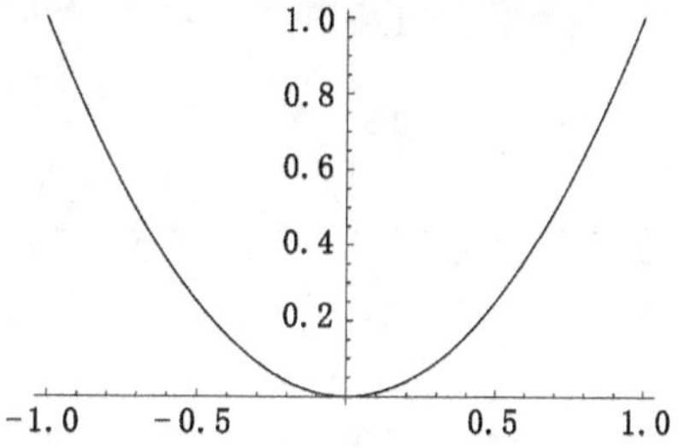

图 3.2　函数 $y=x^2$ 的图形

输入 Plot[x³,{x,−1,1}]得到图 3.3。

图 3.3 显示函数 $y=x^3$ 关于原点对称，只有一个零点(0,0)。

【例 3.2】　函数 $y = \ln x$ 。

解　输入 Plot[Log[x],{x,0,10}]得到图 3.4。

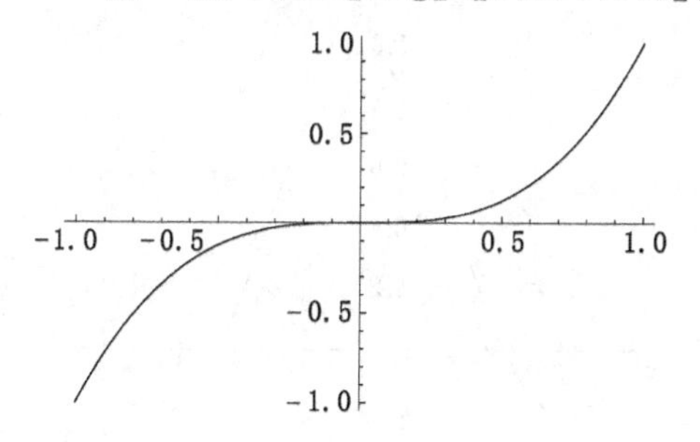

图 3.3　函数 $y=x^3$ 的图形

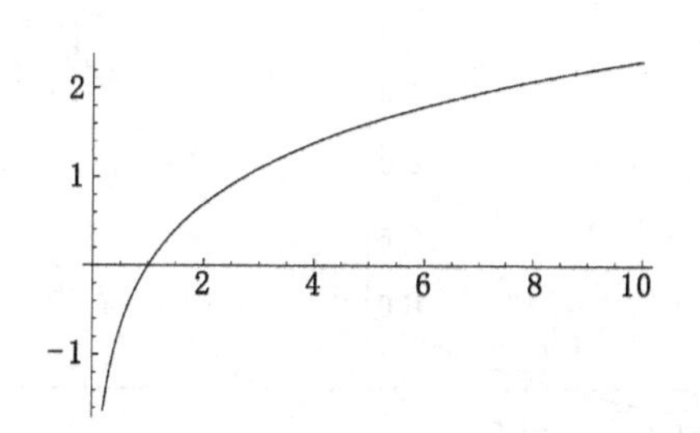

图 3.4　函数 $y=\ln x$ 的图形

图 3.4 显示函数 $y = \ln x$ 是增函数。

【例 3.3】　函数 $y = \sin x$ 。

解　输入 Plot[Sin[x],{x,−π,π}]得到图 3.5。

图 3.5 显示函数 $y = \sin x$ 是周期函数。

【例 3.4】　函数 $y = a^x$ 。

解　分别绘制 $y = a^x$ 在 $a = 2,3$ 时的图形。

输入 Plot[2ˣ,{x,−1,1}]得到图 3.6。

图 3.6 显示函数 $y = 2^x$ 是单调递增函数。

输入 Plot [3ˣ,{x,−1,1}] 得到图 3.7。

图 3.7 显示函数 $y = 3^x$ 是单调递增函数。

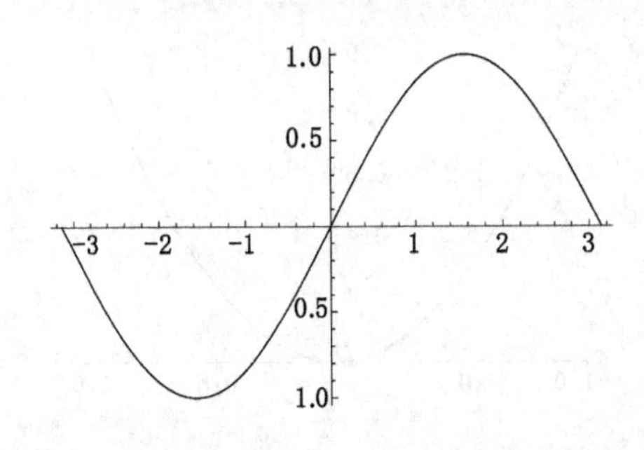

图 3.5 函数 $y=\sin x$ 的图形

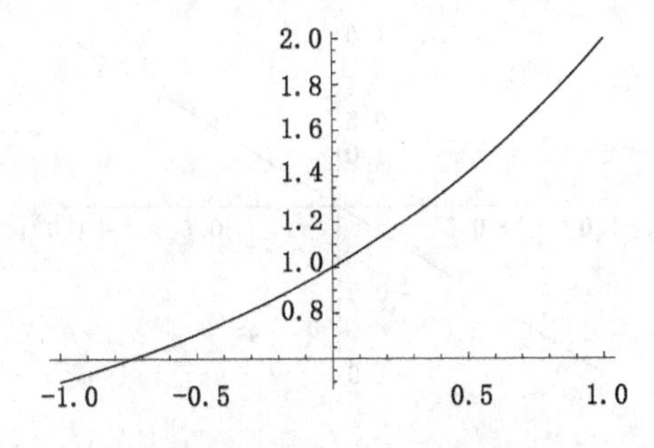

图 3.6 函数 $y=2^x$ 的图形

3.3.2 几个特殊函数的图形

【例 3.5】 函数 $y=\dfrac{\sin x}{x}$。

解 输入 Plot[$\dfrac{\text{Sin[x]}}{\text{x}}$,{x,−2π,2π}]得到图 3.8。

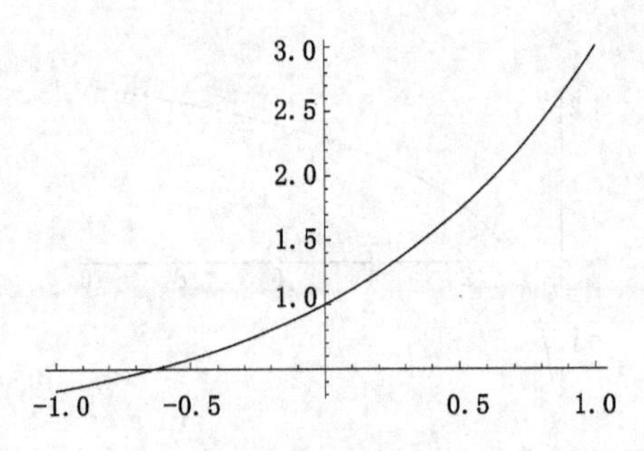

图 3.7 函数 $y=3^x$ 的图形

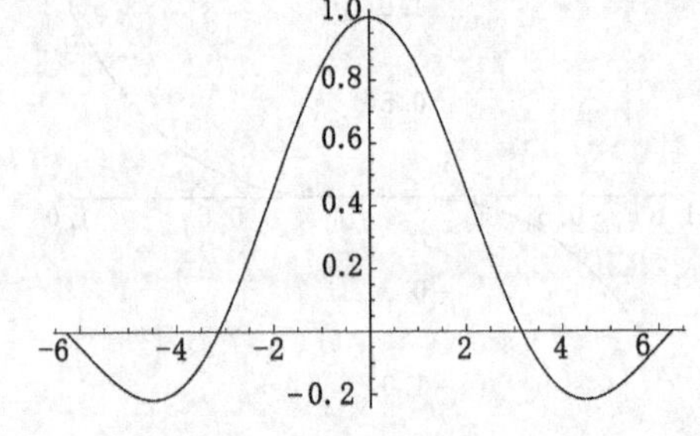

图 3.8 函数 $y=\dfrac{\sin x}{x}$ 的图形

图 3.8 显示函数 $y=\dfrac{\sin x}{x}$ 关于 y 轴对称，在 x 趋向于 0 时函数 y 的值为 1，表示 $\sin x$ 和 x 是等价的无穷小。

【例 3.6】 函数 $y=\sin\dfrac{1}{x}$。

解 输入 Plot[Sin[$\dfrac{1}{\text{x}}$],{x,−0.1,0.1}]得到图 3.9。

图 3.9 显示函数 $y=\sin\dfrac{1}{x}$ 当 x 趋向于 0 时，y 的值在正负无穷大之间激烈振荡。

【例 3.7】 函数 $y=e^{-\frac{x^2}{2}}$。

解　输入 Plot[$e^{-\frac{x^2}{2}}$,{x,−5,5}]得到图 3.10。

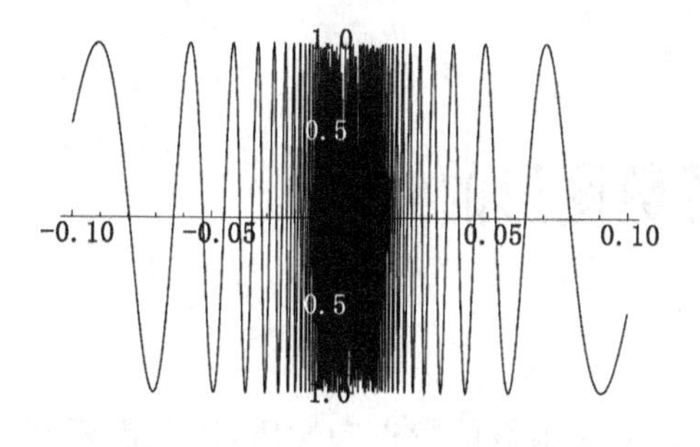

图 3.9　函数 $y=\sin\frac{1}{x}$ 的图形

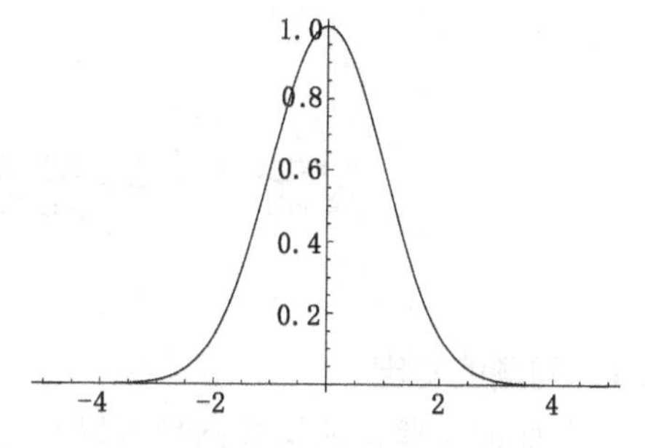

图 3.10　函数 $y=e^{-\frac{x^2}{2}}$ 的图形

图 3.10 显示函数 $y=e^{-\frac{x^2}{2}}$ 关于 y 轴对称，x 轴是函数 y 的渐近线。

习题 3

1. 绘制下列平面曲线，从图形上观察曲线的性质。

(1) $y=\sin x^3$，$x\in[-1,5]$；

(2) $y=e^{-\sin x}$，$x\in[-6,6]$；

(3) $y=\ln x, x\in(0,10)$，$x\in[-2,2]$；

(4) $y=\frac{1}{x}, x\in(-2,2)$。

实验4 一元函数图形的绘制

4.1 问题的提出

前面的实验说明函数图形可以很好地反映函数的特点和性质，因此需要掌握各种函数图形的绘制方法及图形的美化。

4.2 实验目的

① 练习一元函数图形的绘制方法；

② 图形的美化。

4.3 实验内容

实验中绘图所用函数命令：

Plot[f[x],{x, x_{min}, x_{max}}] 绘制显函数二维曲线

ParametricPlot[{x(t),y(t)},{t, t_1, t_2}] 绘制参数二维曲线

ContourPlot [F[x,y]= =0,{x, x_1, x_2},{y, y_1, y_2},可选项] 绘制隐函数二维曲线

PolarPlot[$\rho=\rho(\theta)$,{θ, θ_1, θ_2}] 绘制极坐标二维曲线

4.3.1 显式函数绘图

【例 4.1】 绘制函数 $y = \tan x$ 在区间 $-3\leqslant x\leqslant 3$ 上的图形。

解 输入 Plot[Tan[x],{x,-3,3}]

运行后图形如图 4.1 所示。

4.3.2 参数式函数绘图

【例 4.2】 绘制 $x = 3t\sin 2t$, $y = 3t\cos 2t$ 在 $-2\pi\leqslant t\leqslant 2\pi$ 上的图形。

解 输入 ParametricPlot[{3t * Sin[2t],3t * Cos[2t]},{t,-2Pi, 2Pi}]

运行后可得输出结果，如图 4.2 所示。

4.3.3 隐式函数绘图

【例 4.3】 绘制隐函数 $(x^2+y^2)^3-16(x^4+y^4)+4=0$ 在区间 $-6\leqslant x\leqslant 6$, $-6\leqslant y\leqslant 6$ 上的图形。

解 输入 ContourPlot [(x^2+y^2)^3-16 * (x^4+y^4)+4= =0,{x,-6,6},{y,-6,6}]

运行后可得输出结果如图 4.3 所示。

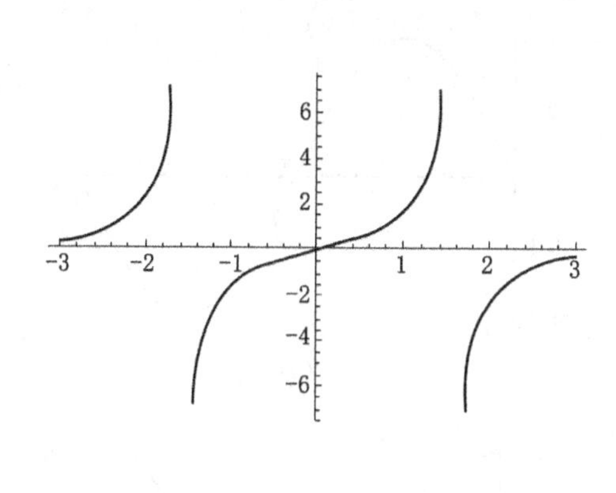

图 4.1　运行结果

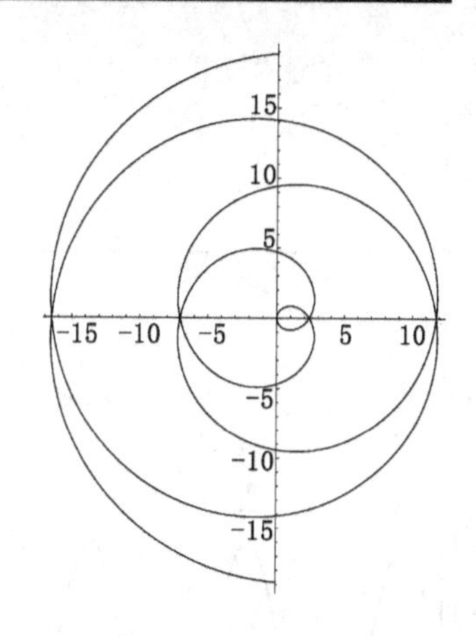

图 4.2　运行结果

4.3.4　极坐标绘图

【例 4.4】 绘制函数 $\rho=3\theta$ 在区间 $0\leqslant\theta\leqslant10\pi$ 上的图形。

解　输入 PolarPlot[3θ,{θ,0,10Pi}],运行后可得输出结果如图 4.4 所示。

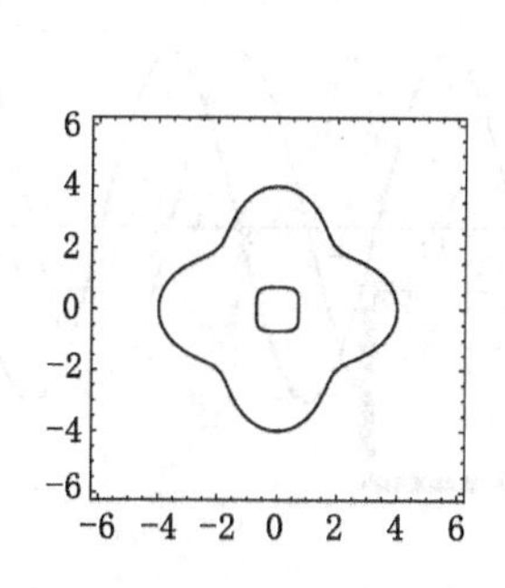

图 4.3　运行结果

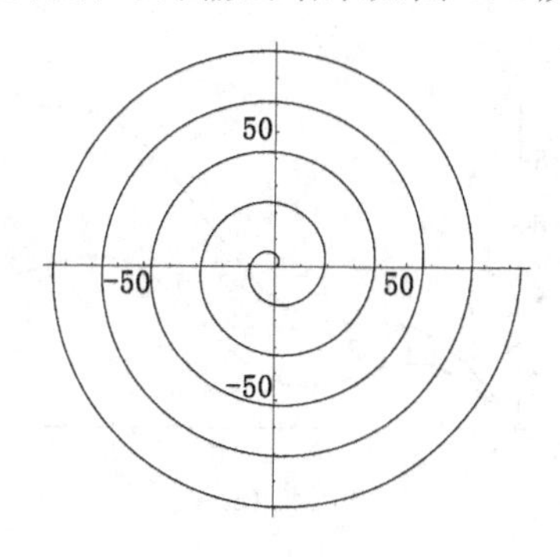

图 4.4　运行结果

读者可以利用曲线表示法之间的互相转化来绘制一些图形,例如可以将极坐标函数 $\rho=\rho(\theta)$ 转化为参数式函数 $x=\rho(\theta)\cos\theta$, $y=\rho(\theta)\sin\theta$ 来绘出 $\rho=1-2\cos\theta$ 的图形等。这些练习可以帮助读者加深对各种形式曲线画法的理解,并能提高绘制图形的灵活性与举一反三的能力,有兴趣的读者不妨试一试。

4.3.5　图形美化举例

【例 4.5】 给定函数 $y=\sin x$ 及区间 $0\leqslant x\leqslant2\pi$,画出函数 y 的图形,并且在横坐标刻度值为 π,2π 的点处分别标为"π"和"2π",纵坐标刻度取默认值。

解　输入 Plot[Sin[x],{x,0,2π},Ticks→{{{π, π},{2π,2π}},Automatic}],运行得到图 4.5(a)。

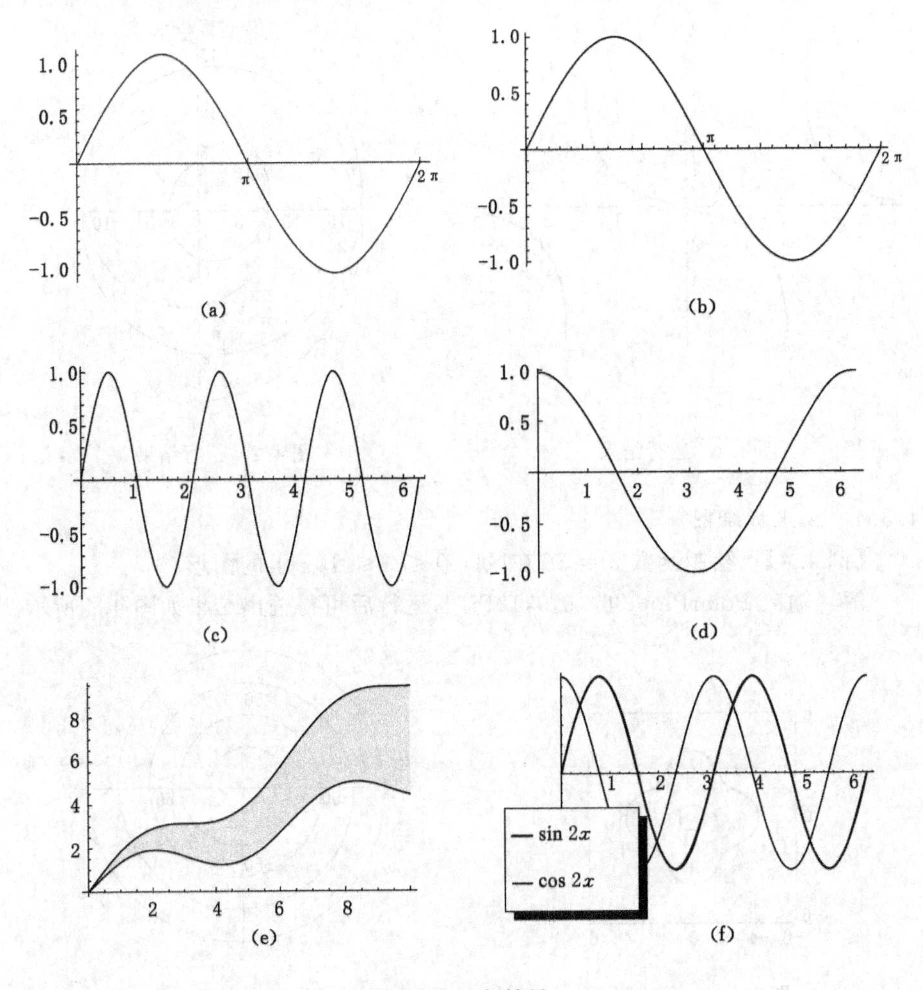

图 4.5 运行结果

【例 4.6】 给定函数 $y=\sin x$ 及区间 $0<x<2\pi$，画出函数 y 的图形，要求图形中的文字为粗体红色字。

解 输入

```
Plot[Sin[x],{x,0,2*π},PlotLabel→"sinx",LabelStyle→{Red,Bold}]
```

运行得到图形 4.5(b)。

下面举一些其他选项的例子，因内容非常丰富，无法全面介绍，有兴趣的读者自己可进一步学习。

【例 4.7】 给定函数 $y=\sin 3x$ 及区间 $0<x<2\pi$，画出函数 y 的图形，要求曲线颜色为彩虹。

解　输入

```
Plot[Sin[3x],{x,0,2Pi},ColorFunction→{Green,Pink,Yellow}]
```

运行结果如图 4.5(c)所示。

【例 4.8】　给定函数 $y = \cos x$ 及区间 $0<x<2\pi$，画出函数 y 的图形，要求曲线颜色由函数 Hue 随 y 值定。

解　输入

```
Plot[Cos[x],{x,0,2Pi},ColorFunction→Function[{x,y},Hue[y]]]
```

运行结果如图 4.5(d)所示。

【例 4.9】　在两条曲线之间用黄色进行填充。

解　输入

```
Plot[{Sin[x]+x/2,Sin[x]+x},{x,0,10},Filling→{1→{{2},Yellow}}],
```

运行结果如图 4.5(e)所示。

【例 4.10】　对不同的曲线进行标识说明。

解　输入

```
Plot[{Sin[2x],Cos[2x]},{x,0,2Pi},PlotLegends→{sin2x,cos2x}]
```

运行结果如图 4.5(f)所示。

习题 4

1. 在同一个坐标系下绘制下列两条曲线，使两条曲线之间用红色进行填充。

(1) $y = \sin x^3 + \cos x$, $x \in [-1,5]$;

(2) $y = e^{-\sin x} + x^2$, $x \in [-6,6]$ 。

2. 绘制下列隐式曲线，设置线型为虚线。

(1) $x^4 + y^4 = 1$, $x \in [-1,1]$, $y \in [-1,1]$;

(2) $x^4 + y^4 - 8x^2 - 10y^2 + 16 = 0$, $x \in [-6,6]$, $y \in [-6,6]$ 。

3. 绘制下列参数式曲线，设置线条颜色为蓝色。

$x = \dfrac{3t}{1+t^3}$, $y = \dfrac{3t^2}{1+t^3}$, $t \in [-6,6]$ 。

4. 绘制下列曲线(可选项取默认值)。

$\rho = 5\cos\theta$, $\theta \in [0,3\pi]$ 。

5. 用四种不同的绘图函数绘制一个圆。

实验 5　二元函数图形的绘制

5.1　问题的提出

前面的实验介绍了一元函数图形的绘制方法,本实验练习二元函数图形的绘制方法及图形的美化。通过三维图形了解二元函数的各种特性。

5.2　实验目的

① 练习二元函数图形的绘制方法;

② 三维图形的美化。

5.3　实验内容

实验中绘图所用函数命令:

ParametricPlot3D[{x(t),y(t),z(t)},{t,t_1,t_2}]　参数法绘制三维曲线

ListPointPlot3D[{{x_1,y_1},{x_2,y_2},…,{x_n,y_n}}]　绘制三维点图

Plot3D[f(x,y),{x,x_1,x_2},{y,y_1,y_2}]　显函数法绘制三维曲面

ParametricPlot3D[{x(u,v),y(u,v),z(u,v)},{u,u_1,u_2},{v,v_1,v_2}]　参数法绘制三维曲面

ContourPlot3D[F(x,y,z),{x,x_1,x_2},{y , y_1,y_2}, {z, z_1,z_2}]　隐函数法绘制三维曲面

RevolutionPlot3D[f(x),{x,x_1,x_2}]　旋转法绘制三维曲面

【例 5.1】　参数式二元函数曲线的绘制。

绘制柱面螺旋线 $x=4\cos t, y=4\sin t, z=1.5t$ 在 $0\leqslant t\leqslant 8\pi$ 上的图形。

解　输入

```
ParametricPlot3D[{4Cos[t],4Sin[t],1.5t},{t,0,8Pi}]
```

运行后可得输出结果,如图 5.1 所示。

【例 5.2】　三维空间数据点图的绘制。

绘制由{Cos x,Sin x,1.5x}在 x 从 0 到 2π,步长为取值 0.1 时构成的坐标分布图形。

解　输入

```
Data1=Table [{Cos[x], Sin[x], 1.5 x}, {x, 0, 2Pi, 0.1}]
ListPointPlot3D [Data1]
```

运行后可得输出结果，如图 5.2 所示。

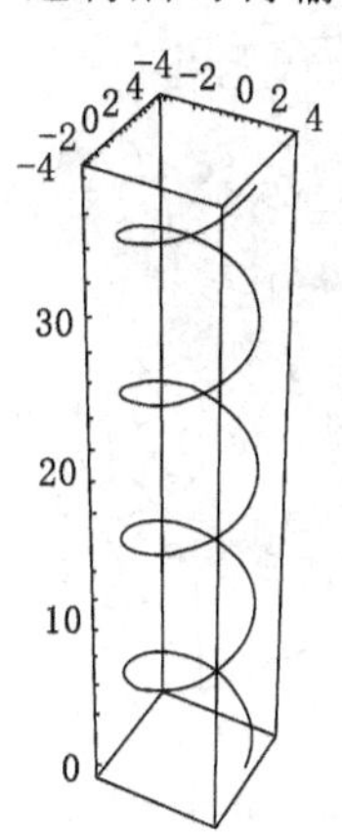

图 5.1　运行结果

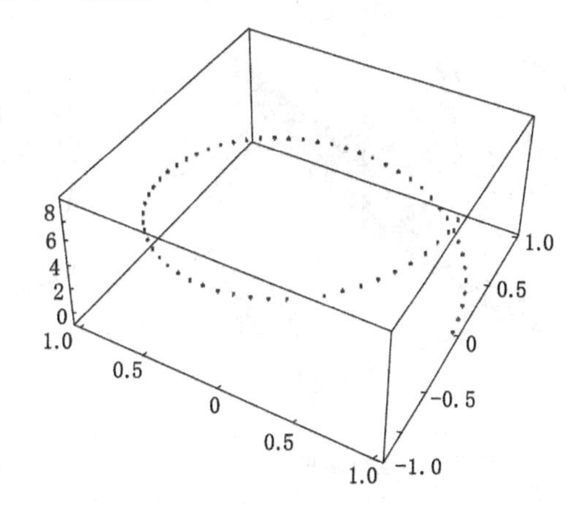

图 5.2　运行结果

【例 5.3】　显式函数曲面的绘制。

绘制函数 $z = \cos x - x\sin x$ 在区域 $0 \leqslant x \leqslant 2\pi, 0 \leqslant y \leqslant 2\pi$ 上的图形。

解　输入

```
Plot3D[Cos[x]-x * Sin[x],{x,0,2 * Pi},{y,0,2 * Pi}]
```

运行后可得输出结果，如图 5.3 所示。

【例 5.4】　参数式函数曲面的绘制。

绘制 $x=\cosh u\cos v, y=\cosh u\sin v, z=u$ 在范围 $-2 \leqslant u \leqslant 2, 0 \leqslant v \leqslant 2\pi$ 上的图形。

解　输入 ParametricPlot3D[{Cosh[u] * Cos[v],Cosh[u] * Sin[v],u},{u,-2,2},{v,0,2 * Pi}]

运行后可得输出结果，如图 5.4 所示。

通过上面的例子，不难看到，利用参数方程可以表达许多十分复杂的曲面，而绘图函数又具有十分强大的参数绘图功能，这给我们绘制曲面图形提供了极大的方便。

【例 5.5】　见第一篇 4.5 曲面的绘制法，例 4.34。

【例 5.6】　见第一篇 4.5 曲面的绘制法，例 4.35。

【例 5.7】　旋转式曲面的生成。

用旋转法绘制 $x^2 + y^2 + z^2 = 1$ 构成的球面。

解　输入

RevolutionPlot3D[$\sqrt{1-x^2}$,{x,-1,1},RevolutionAxis→{1,0,0}]

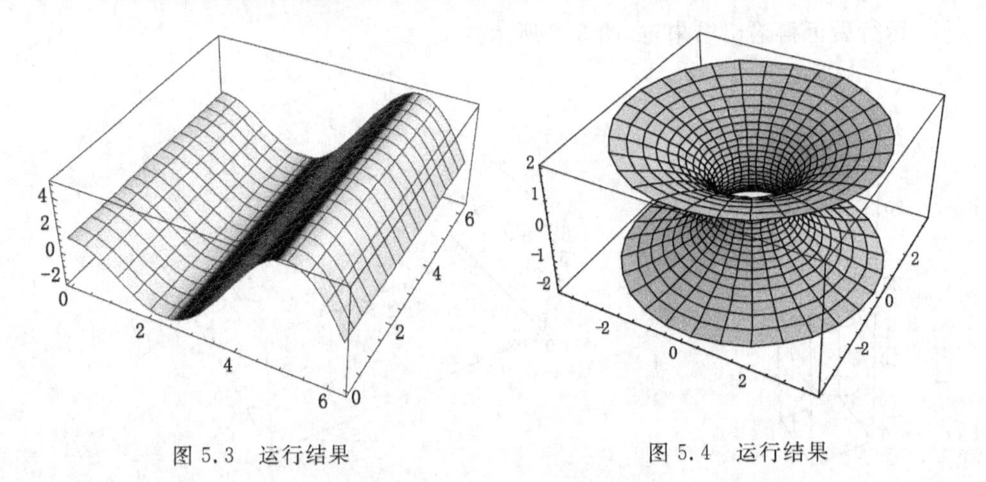

图 5.3 运行结果

图 5.4 运行结果

运行后可得输出结果如图 5.5 所示。

【例 5.8】 用旋转法绘制 $z=\cos x$ 绕 z 轴旋转所构成的图形。

解 输入

```
RevolutionPlot3D [Cos[x],{x,−1,1},RevolutionAxis→{0,0,1}]
```

运行后可得输出结果,如图 5.6 所示。

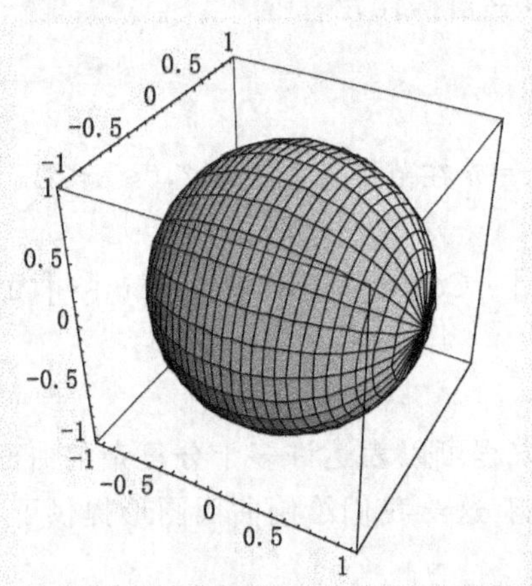

图 5.5 运行结果

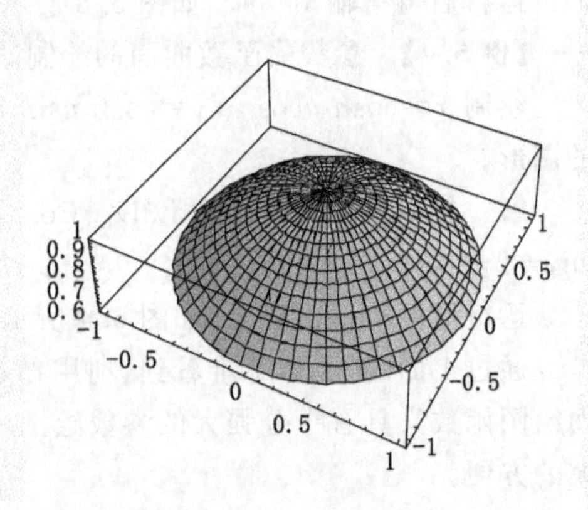

图 5.6 运行结果

【例 5.9】 空间图形的美化。

绘制 $z=\cos(2x-y)$图形为一个绿色点光源。

解 输入

```
Plot3D[Cos[2x−y],{x,−3,3},{y,−4,4},Lighting→{{"Point",Green,
```

{2,0,2}}}]

运行后可得输出结果,如图 5.7 所示。

【例 5.10】 图形元素构造曲面图形。

生成一个中心为{1,2,1}、半径为 2 的球。

解　输入

Graphics3D[Sphere[{1,2,1},2]],运行结果如图 5.8 所示.

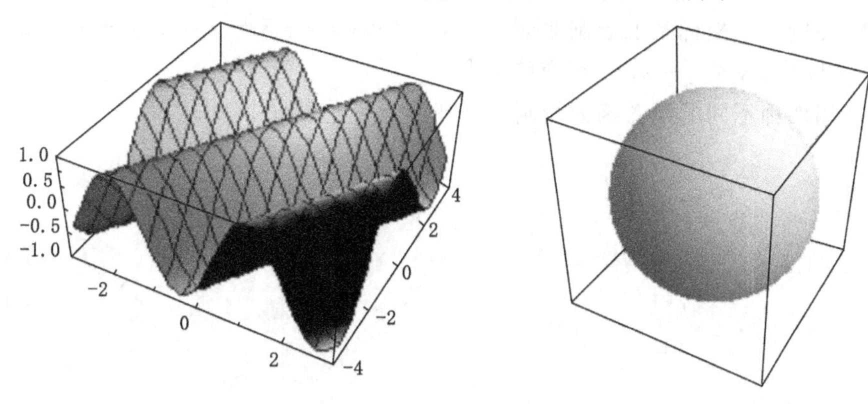

图 5.7　运行结果　　　　图 5.8　运行结果

【例 5.11】 同时生成一个圆锥体、点、圆柱体。

解　输入

{Graphics3D[Cone[{{0,0,0},{1,1,1}},1/2]],Graphics3D[{PointSize[0.5],Point[{0.5,1,1}]}],Graphics3D[Cylinder[]]}

运行结果如图 5.9 所示。

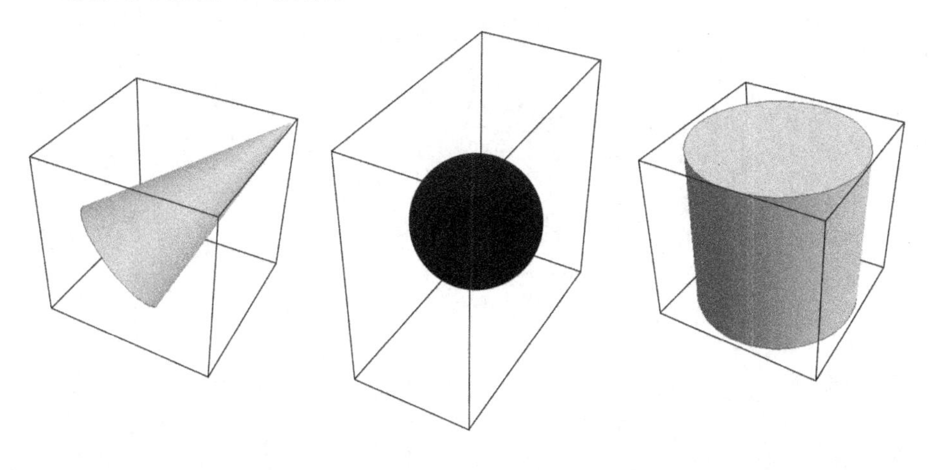

图 5.9　运行结果

习题 5

1. 绘制下列空间曲线。

(1) $x = t^2 + 1$, $y = t^3$, $z = 3t$, $t \in [0,3]$;

(2) $x = t\cos t$, $y = 2t\sin t$, $z = 2\sin 2t$, $t \in [0,2\pi]$ 。

2. 在同一个坐标系上绘制曲面 $z = x^2 + y^2\cos x + 3$ 与 $z = 2xy + y^2 + 2$, $x \in [-2,2]$, $y \in [-2,2]$ 相交的图形。

3. 用四种不同的绘图函数绘制一个球面。

实验 6　函数的近似值和数列的散点图

6.1　问题的提出

在学习极限时，先学习数列极限，然后由数列极限引出函数的极限。为了便于理解，可以画出数列的散点图，可非常直观地看出数列是否收敛，观察散点图的规律，进一步找出数列的极限。同样，对于函数的极限或近似值也可以用同样的画散点图的方法进行观察。

6.2　实验目的

① 掌握数列散点图的画法，观察数列的收敛性，找到数列的极限；

② 掌握函数散点图的画法，观察函数的近似值和极限。

6.3　实验内容

实验中用到的 Mathematica 函数命令：

Table[f[x], {x, x_{min}, x_{max}}]	生成一个表
ListPlot[list]	绘制二维点图

【例 6.1】　画出数列 $x_n = n^3$ 和 $x_n = \sqrt[3]{n}$ 的散点图，观察数列的收敛性。

解　输入

```
list1=Table[n^3,{n,1,30}];
ListPlot[list1]
list2= Table[n^(1/3),{n,1,30}];
ListPlot[list2]
```

运行后得到图 6.1 和图 6.2，从图形上可以看出，两个数列都不收敛。

【例 6.2】　求数列 $x_n = \sqrt[n]{n}$ 的极限。

解　输入

```
list3= Table[n^(1/n),{n,1,100}];
ListPlot[list3]
```

运行后得到图 6.3，从图形上可以看出，数列 $\sqrt[n]{n}$ 在 $n \to +\infty$ 时收敛到 1，所以数列 $\sqrt[n]{n}$ 在 $n \to +\infty$ 时的极限是 1。

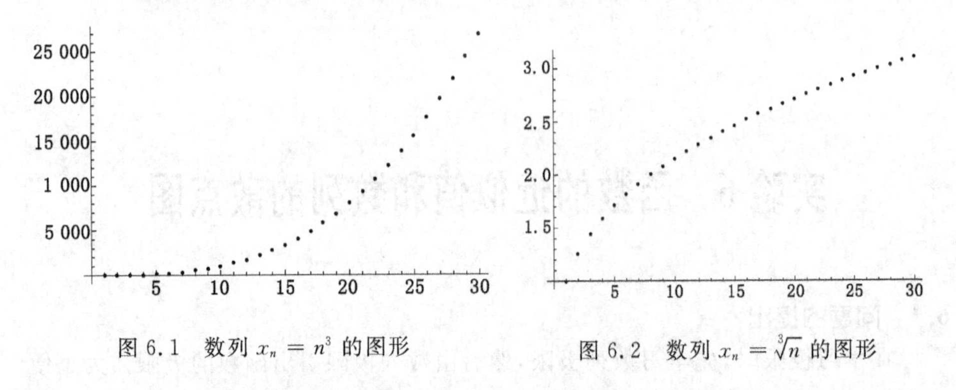

图 6.1 数列 $x_n = n^3$ 的图形　　　　图 6.2 数列 $x_n = \sqrt[3]{n}$ 的图形

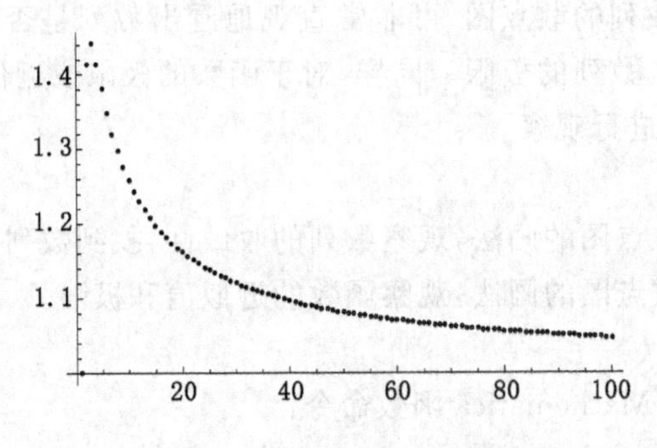

图 6.3 数列 $x_n = \sqrt[n]{n}$ 的图形

【例 6.3】 观察函数 $f(n) = 1 + \frac{1}{1!} + \frac{1}{2!} + \cdots + \frac{1}{n!}$ 的收敛性，并求 $f(100)$，$f(1\,000)$，$f(10\,000)$ 。

解

f[0]=1；

f[1]=1+ $\frac{1}{1!}$ ；

f[n_]：=f[n-1]+ $\frac{1}{n!}$ ；

list4=Table[f[n],{n,1,100}]；

ListPlot[list4]

程序运行结果如图 6.4 所示，从图形上可以看出函数 $f(n)$ 是收敛的，$f(n)$ 的极限在 2.6 和 2.8 之间取值。为了进一步明确 $f(n)$ 的极限是多少，可以让 Mathematica 算出 $f(100)$，$f(1\,000)$，$f(10\,000)$的值后进一步观察。

输入

N[f[100]]

```
=2.71828
$RecursionLimit=20000
N[f[1000]]
=2.71828
N[f[10000]]
=2.71828
```

从 $f(100)$，$f(1\ 000)$，$f(10\ 000)$ 的输出结果可以知道 $f(n)$ 的极限是2.718 28。

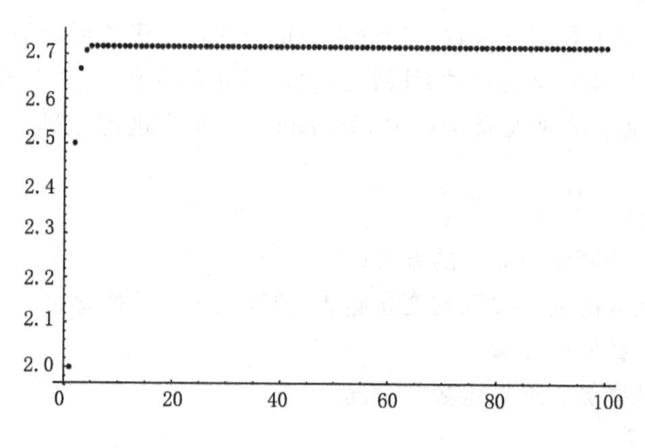

图 6.4　函数 $f(n)=1+\frac{1}{1!}+\frac{1}{2!}+\cdots+\frac{1}{n!}$ 的图形

习 题 6

1. 画出数列 $x_n=n^2$ 和 $x_n=\sqrt{n}$ 的散点图，观察数列的收敛性。

2. 分析数列 $x_n=\frac{\sqrt[n]{n}}{n}$ 在 n 趋向于无穷大时的极限是多少。

3. 分析验证 $\frac{\sin x}{x}$ 在 x 等于 0 处的近似值为 1。

4. 分析验证 $(1+\frac{1}{x})^x$ 在 n 趋向于无穷大时的近似值是 2.718 28。

实验7 无穷级数与函数逼近

7.1 问题的提出

无穷级数和函数逼近是数学理论中的重要内容。函数逼近是指对所给定的函数寻找一系列较简单的函数无限接近它。逼近有两类:一类是局部逼近,另一类是全局性逼近。本实验就是通过 Mathematica 程序进行直观演示来说明它们的不同。

7.2 实验目的

① 练习函数幂级数展开的方法;

② 观察级数的前 n 项和的变化趋势,理解级数和的概念;

③ 讨论级数的收敛域;

④ 考察某些级数逼近函数的情况。

7.3 实验内容

实验中所用函数命令:

Series[expr,{x,0,n}]	幂级数展开
Normal[expr]	去除幂级数展开式中的余项

7.3.1 函数的幂级数展开

【例7.1】 将 $f(x)=e^x$ 展开成幂次为8的麦克劳林展开式。

解 输入 Series[E^x,{x,0,8}]

运行结果为:

$$1+x+\frac{x^2}{2}+\frac{x^3}{6}+\frac{x^4}{24}+\frac{x^5}{120}+\frac{x^6}{720}+\frac{x^7}{5040}+\frac{x^8}{40320}+O(x^9)$$

上面输出结果中的最后一项是皮亚诺余项,它不能参与一般的表达式计算,可以通过 Normal 函数把上面输出的麦克劳林展开式转换成能进行运算的一般表达式形式。

输入如下程序:

```
Series[E^x,{x,0,8}];
tt=Normal[%]
```

运行结果为:

$$1+x+\frac{x^2}{2}+\frac{x^3}{6}+\frac{x^4}{24}+\frac{x^5}{120}+\frac{x^6}{720}+\frac{x^7}{5040}+\frac{x^8}{40320}$$

上面的结果没有余项，是一般表达式形式。接下来可以绘制出它的图形与原函数 e^x 的图形进行比较。

输入如下程序：

```
t1=Plot[tt,{x,-4,2}];
t2=Plot[E^x,{x,-4,2}];
t3=Show[t1,t2]
```

运行结果如图 7.1、图 7.2 和图 7.3 所示，从图形上可以看出原函数 e^x 的图形与其幂级数展开式图形在[-2,2]区间上较吻合，其他地方有很大差别。这说明麦克劳林展开式对某个固定的幂次 n 只能在 $x=0$ 的较小的邻域内与函数有较好的逼近。随着 n 的增大，逼近区域也会增大。

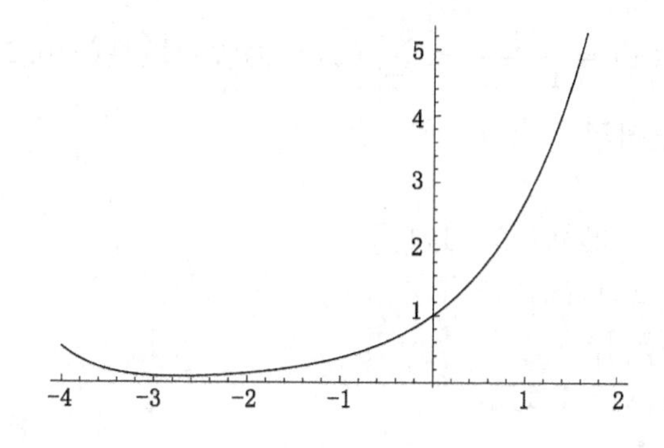

图 7.1　运行结果

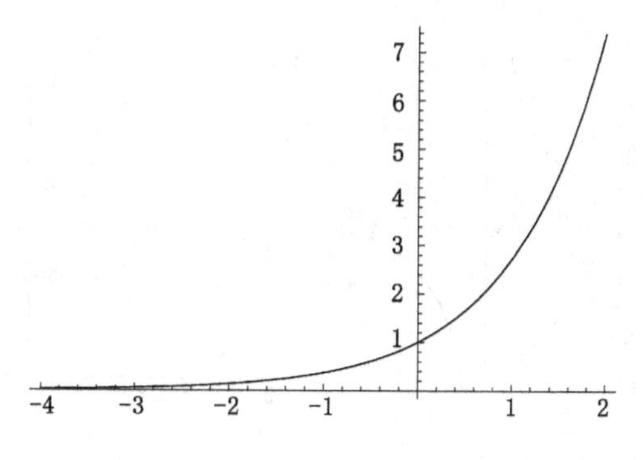

图 7.2　运行结果

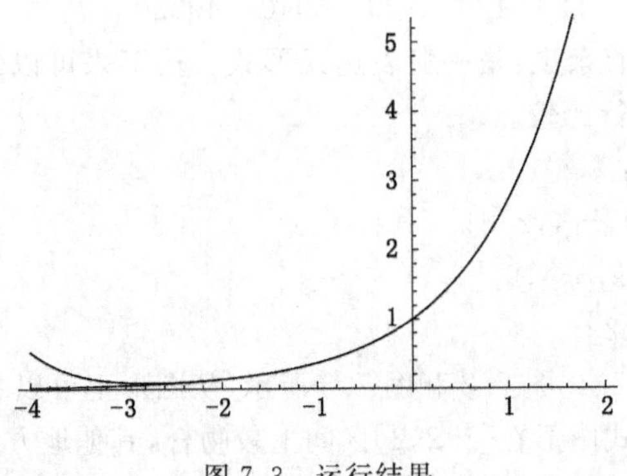

图 7.3 运行结果

7.3.2 幂级数的收敛域

【例 7.2】 $f(x)=\dfrac{1}{1-2x}=\sum\limits_{n=0}^{\infty}(2x)^n$ 的收敛域是(-0.5,0.5),画出函数和它的 8 阶幂级数图形。

解 输入

```
t1=Plot[1/(1-2x),{x,-1,1}]
Series[1/(1-2x),{x,0,8}];
d1=Normal[%];
t2=Plot[d1,{x,-1,1}]
Show[t1,t2]
```

运行结果如图 7.4、图 7.5 和图 7.6 所示。

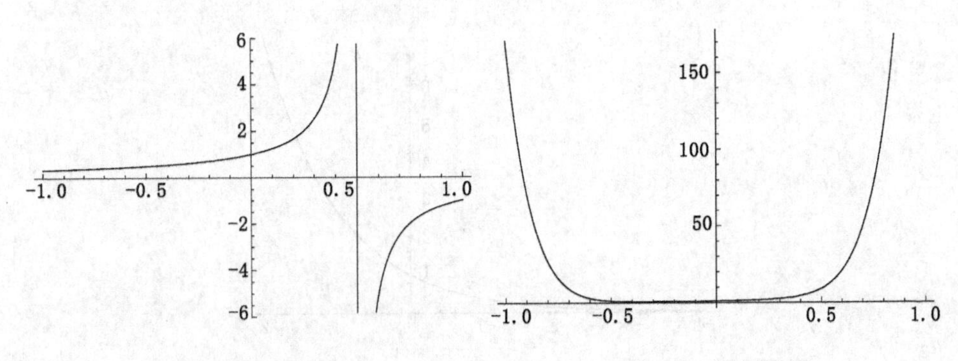

图 7.4 运行结果

图 7.5 运行结果

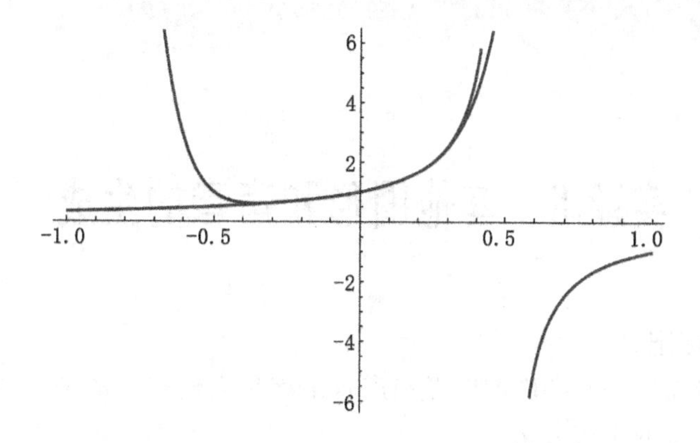

图 7.6　运行结果

从图 7.6 可以看到，函数 $f(x)=\dfrac{1}{1-2x}$ 即使是 8 阶的展开式，在它的收敛区间[－0.5，0.5]以内，图形重合得较好，但在区间[－0.5，0.5]以外，函数与其展开式的图形重合性很差。因此将函数展开成幂级数以后，一定要记住确定它的收敛域。

习题 7

1. 将函数 $f(x)=\ln x$ 展开成幂次为 15 的麦克劳林展开式。

2. 分析验证 $f(x)=\dfrac{1}{1-x}$ 的收敛域是(－1，1)，算出它的幂级数，比较函数和它的幂级数图形。

实验8 其他图形和声音的生成

8.1 问题的提出

有些时候需要一些特殊的图形和声音来满足人们现实的需要，本实验学习这些图形和声音的生成方法。

8.2 实验目的

① 练习气泡图、扇形图、向量图、流量图的生成方法；

② 练习声音的制作方法。

8.3 实验内容

实验中所用函数命令：

BubbleChart[{x_1, x_2, …, x_n}] 绘制气泡图

SectorChart[{{v_1, v_2}, {v_3, v_4}, …, {v_n, v_n}}] 绘制扇形图

VectorPlot[{v_x, v_y}, {x, x_{min}, x_{max}}, {y, y_{min}, y_{max}}] 绘制向量图

StreamPlot[{v_x, v_y}, {x, x_{min}, x_{max}}, {y, y_{min}, y_{max}}] 绘制流量图

Play[f, {t, t_{min}, t_{max}}] 制作声音

【例 8.1】 绘制气泡图。

解 输入 BubbleChart[RandomReal[1,{20,5,3}]]，运行得到图 8.1。

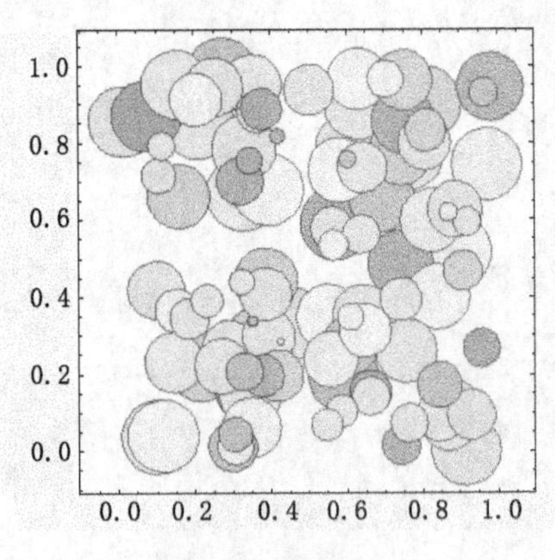

图 8.1 气泡图

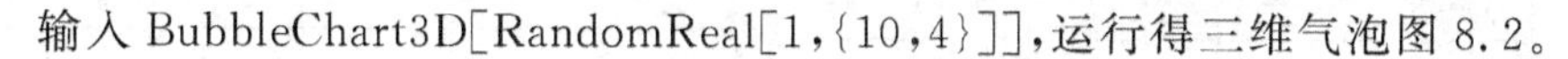

输入 BubbleChart3D[RandomReal[1,{10,4}]],运行得三维气泡图 8.2。

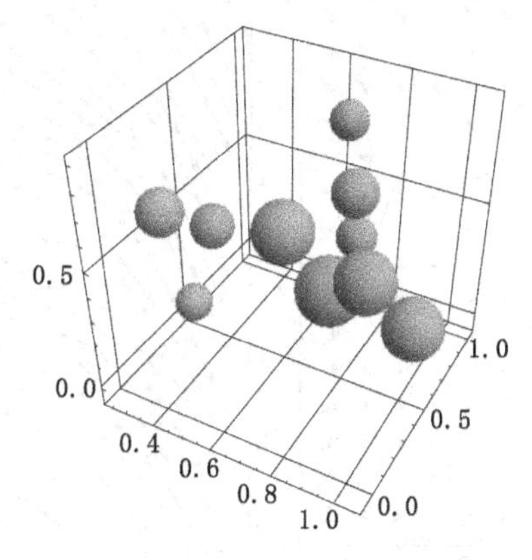

图 8.2　三维气泡图

【例 8.2】 绘制扇形图。

解　输入 SectorChart[{{1,1},{1,2},{1,3}}],运行得到图 8.3。

输入 SectorChart3D[{{1,1,1},{2,2,1},{1,3,1}}],运行得到图 8.4。

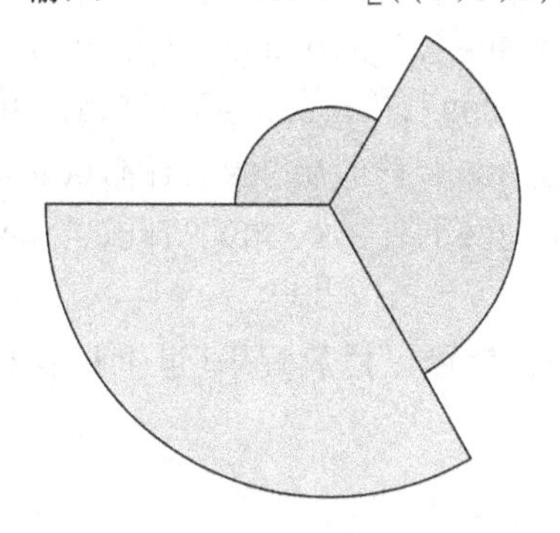

图 8.3　扇形图

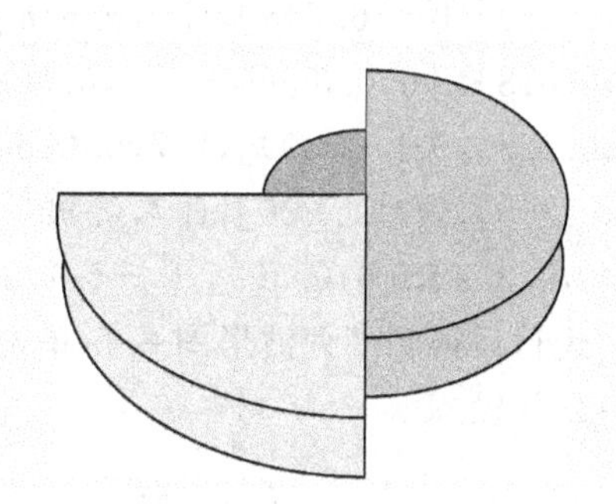

图 8.4　三维图

【例 8.3】 绘制向量图。

解　输入 VectorPlot[{x,y},{x,−1,1},{y,−1,1}],运行得到图 8.5。

【例 8.4】 绘制流量图。

解　输入 StreamPlot[{−1−x^2−y^2,1+x^3−y^2},{x,−3,3},{y,−3,3}],运行得到图 8.6。

【例 8.5】 制作一段音乐。

解　输入下列函数

f[m_,t_]:=Play[{Sin[512 * 2^(m/12) * 2Pi * x],Sin[509 * 2^(m/12) *

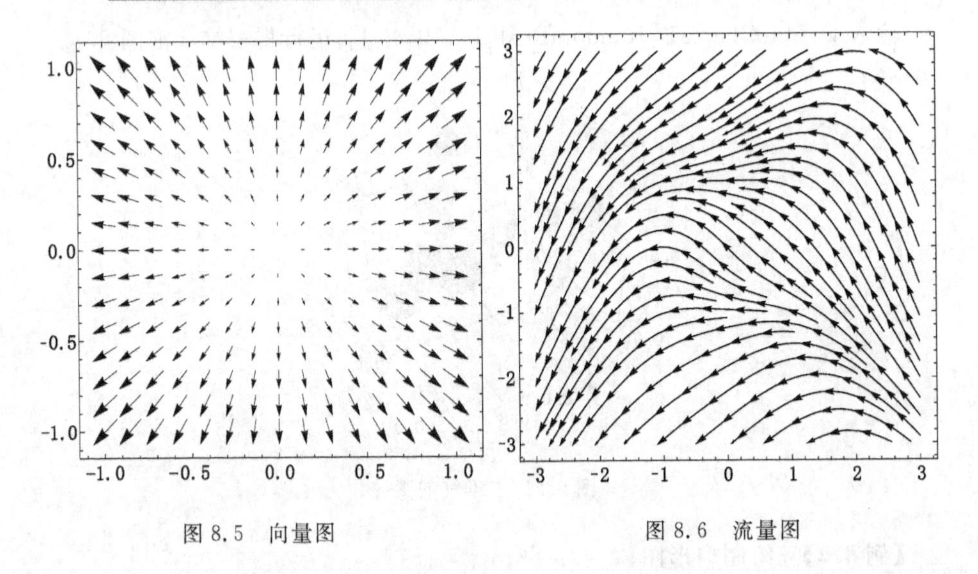

图 8.5 向量图　　　　图 8.6 流量图

2Pi * x]},{x,0,t}];Show[{f[9,0.927],f[7,0.309],f[4,0.618],f[7,0.618],
f[12,0.618],f[9,0.309],f[7,0.309],f[9,1.236],f[4,0.618],f[7,0.309],
f[9,0.309],f[7,0.618],f[4,0.618],f[7,0.309],f[9,0.309],f[7,0.618],
f[4,0.618],f[0,0.309],f[-3,0.309],f[7,0.309],f[4,0.309],f[2,1.236],
f[2,0.927],f[4,0.309],f[7,0.618],f[7,0.309],f[9,0.309],f[4,0.927],
f[2,0.309],f[0,1.236],f[7,0.927],f[4,0.309],f[2,0.309],f[0,0.309],
f[-3,0.309],f[0,0.309],f[-5,1.854]}]

运行后得到下列波形图 8.7,单击播放按钮就可以播放音乐(世上只有妈妈好音乐片段)。

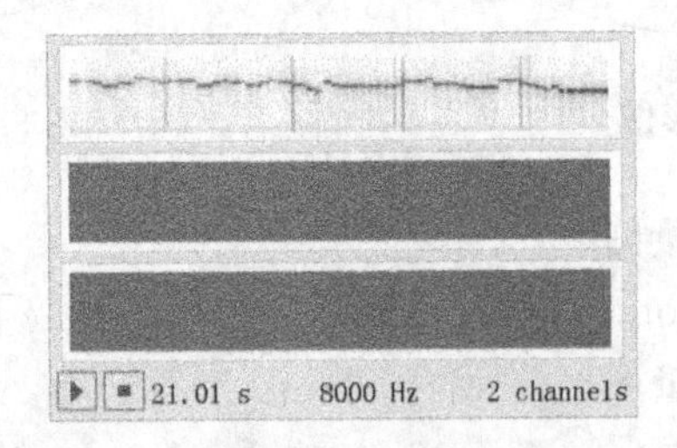

图 8.7 波形图

习 题 8

1. 绘制二维气泡图和三维气泡图各 1 幅；
2. 绘制扇形图 1 幅；
3. 制作一段悦耳的音乐。

实验9 编程基础

9.1 问题的提出

前面的几个实验都是对简单的单个命令函数进行练习。除了表和函数,有些实际问题还需要用到一些复杂的语句序列即要编制程序才能完成,在程序里常用到分支语句、循环语句、条件语句。本实验练习编程方法。

9.2 实验目的

① 熟悉 Mathematica 的基本编程;

② 熟悉表、函数、表达式及常见括号的使用;

③ 熟悉对序列进行排序的方法,会对表中的元素查数;

④ 会使用分支语句、循环语句、条件语句解决实际问题。

9.3 实验内容

实验中用到的 Mathematica 函数和命令:

Table[f[x],{x,x_{min},x_{max}}]　　生成一个表

Count[list,expr]

Range[expr1,expr2,…]

Random[type,{x_{min}, x_{max}}]

9.3.1 基本函数练习

【例9.1】 抛一枚硬币1 000次求正面朝上的次数。

解
```
aa=Table[Random[Integer,{0,1}],{1000}]
Count[aa,1]//N
```

【例9.2】 掷一枚骰子1 000次,求出3点和5点的频数和。

解
```
bb=Table[Random[Integer,{1,6}],{1000}];
(Count[bb,3]+Count[bb,5])/1000//N
```

【例9.3】 写出下列形式数据的函数命令。

(1) {1,4,7,10,13,16,19,22}

(2) $\begin{pmatrix} 1 & 2 & 3 & 4 \\ 1 & 4 & 9 & 16 \\ 1 & 16 & 81 & 256 \end{pmatrix}$

(3) 5　6　7　8

10　11　12　13

15　16　17　18

20　21　22　23

解 (1) Range[1,22,3]

(2) Table[j^2^(i-1),{i,1,3},{j,1,4}]//MatrixForm

(3) Table[5i+j,{i,0,3},{j,5,8}]//TableForm

【例 9.4】 随机生成 1 000 个 1 到 1 000 之间的整数,并从小到大排序。

解
```
cc=Table[Random[Integer,{1,1000}],{1000}];
Sort[cc]
```

【例 9.5】 随机生成(0,1)之间的 100 个数并从大到小排序。

解
```
dd=Table[Random[Real,{0,1}],{100}];
Reverse[Sort[dd]]
```

9.3.2 语句练习

【例 9.6】 使用条件语句定义分段函数 $f(x)=x+1,\ x<0;\ e^x, x\geqslant 0$,并求 $f'(x)$与$\int_{-5}^{5} f(x)dx$,画出函数 $y=f(x)$与 $y=f'(x)$在区间 $x\in(-1,1)$上的图形。

解
```
f[x_]:=If[x<0,x+1,E^x]
aa=D[f[x],x]
bb=Integrate[f[x],{x,-5,5}]
Plot[f[x],{x,-1,1}]
Plot[aa,{x,-1,1}]
```

【例 9.7】 将满足关系:$u_0=1, u_1=1, u_n=u_{n-1}+u_{n-2}$的数列$\{u_n\}$称为 Filbonacci 数列,试利用 Do 循环语句定义一个函数 $f(n)=u_n$,然后求 $f(20)$。

解
```
n=Input[];
u[0]=1;u[1]=1;
P[n_]:=Do[Print[u[i]];u[i+2]=u[i]+u[i+1],{i,0,n}];
f[n_]:=Take[u[n]];
f[20]
```

【例 9.8】 编写一个用于显示不超过 n 的全部素数的程序。

解
```
aa=Input[n];
Do[If[PrimeQ[i],Print[i]],{i,aa}
```

【例 9.9】 编写一个一元二次方程 $ax^2+bx+c=0$ 求(实与复)根的程序。

解
```
a=Input[aa];
b=Input[bb];
c=Input[cc];
NSolve[ax^2+bx+c==0,x]
```

【例 9.10】 编写一个程序,用以寻求边长为不超过 100 的相邻整数,面积也为整数的三角形。

解
```
Do[b=a+1;c=a+2;p=(a+b+c)/2;s=Sqrt[p(p-a)(p-b)(p-c)];If[IntegerQ[s],Print["a=",a,"b=",b,"c=",c]],{a,2,100}]
```

【例 9.11】 编写一个程序,用以找出 100 至 1000 之间的、能被 3 或 11 整除的自然数。

解
```
Do[If[IntegerQ[n/3]||IntegerQ[n/11],Print[n]],{n,100,1000}]
```

习题 9

1. 随机生成 100 个大于 10 的整数,并从小到大排序。

2. 随机生成(1,6)之间的 100 个数,并从大到小排序,求出现 5 的频率是多少。

3. 定义分段函数 $f(x)=x+\sin x,\ x<0,\ e^x, x\geqslant 0$,并绘制出函数图形。

4. 编写一个程序,用以寻求边长为在 10 到 100 之间的相邻整数,且面积也为整数的三角形。

实验 10　线性方程组的求解

10.1　问题的提出

线性方程组的求解问题在数值计算中非常重要，在线性代数中对于线性方程组解的判定和求解也已给出了方法，如秩、逆、初等变换法等。以往在判定和计算的时候都要进行大量的计算，对于大型的方程组在利用计算机求解的时候也要编写较复杂的程序，而 Mathematica 中已经包罗了丰富的矩阵计算、方程组求解的命令，只要对于问题有了求解的方法，就可以直接调用函数了。

10.2　实验目的

① 掌握基本的行列式、逆、初等行变换、线性方程组的求解命令；

② 学习线性方程组求解中的矩阵分解法：LU 分解法。

注：LU 分解法的主要思想

若 $\boldsymbol{A}$ 可逆且顺序主子式都不为零，则 $\boldsymbol{A}=\boldsymbol{LU}$，其中 $\boldsymbol{L}$ 为单位下三角矩阵，$\boldsymbol{U}$ 为上三角矩阵。即

$$\boldsymbol{L}=\begin{pmatrix} 1 & & & \\ l_{21} & 1 & & \\ \vdots & \vdots & \ddots & \\ l_{n1} & l_{n2} & \cdots & 1 \end{pmatrix},\boldsymbol{U}=\begin{pmatrix} u_{11} & u_{12} & \cdots & u_{1n} \\ & u_{22} & \cdots & u_{2n} \\ & & \ddots & \vdots \\ & & & u_{nn} \end{pmatrix}$$

那么 $\boldsymbol{Ax}=\boldsymbol{b}\Leftrightarrow\begin{cases}\boldsymbol{Ly}=\boldsymbol{b}\\ \boldsymbol{Ux}=\boldsymbol{y}\end{cases}$，而这两个方程组为上三角和下三角方程组，求解非常简单。

10.3　实验内容

实验中用到的 Mathematica 函数和命令：

Det[A]	求行列式的值
LUDecomposition[A]	进行 LU 分解
LUBackSubstitution[LU,b]	利用 LU 分解的结果，求解方程组 $\boldsymbol{Ax}=\boldsymbol{b}$
Inverse[]	求逆矩阵

【例 10.1】 给定对称矩阵 $A=\begin{pmatrix} n & & & & \\ n-1 & n & & & \\ \vdots & \vdots & \ddots & & \\ 2 & 3 & \cdots & n & \\ 1 & 2 & \cdots & n-1 & n \end{pmatrix}$，$b=\begin{pmatrix} 1 \\ 0 \\ \vdots \\ 0 \\ 0 \end{pmatrix}$。

(1) 求 A 的 LU 分解；

(2) 利用 LU 分解求下列方程组：

① $Ax=b$； ② $A^2x=b$ ； ③ $A^3x=b$。

注：利用 LU 分解法的优点在于不必求解 A 的幂，而只需多次调用已经存好的 LU 矩阵，从计算方法的角度，可减少计算量，减少误差，这是非常好的方法。

解 程序：

```
f[n_]:=Module[{A,B,x1,x2,x3,lufj},
Clear[A,a,B,b];
A=Array[a,{n,n}];
B=Array[b,n];
For [i=1,i<=n,i++,
    For[j=1,j<=n,j++,If[i==j,a[i,j]=n,If[i>j,a[i,j]=n-i+
j,a[i,j]=n+i-j]]]
];
b[1]=1;For[i=2,i<=n,i++,b[i]=0];
Print["A=",A//MatrixForm,        "行列式=",Det[A]];
For[i=1,i<=n,i++,zjz=Take[A,{1,i},{1,i}];
Print["顺序主子式",MatrixForm[zjz],        "行列式=",Det[zjz]]]
(*A 的行列式不为零，且顺序主子式不为零，则存在唯一的 LU 分解*)
lufj=LUDecomposition[A];
L=lufj[[1]]*SparseArray[{i_,j_}/;j<i→1,{n,n}]+IdentityMatrix
[n];(*查看 L 矩阵*)
Print["L 矩阵为",L//MatrixForm];
x1=LUBackSubstitution[lufj,B];
x2=LUBackSubstitution[lufj,x1];
x3=LUBackSubstitution[lufj,x2];
Print["x1=",x1,"x2=",x2,"x3=",x3]]
```

运行输入 f[6]

输出结果为：

$$A=\begin{pmatrix}6&5&4&3&2&1\\5&6&5&4&3&2\\4&5&6&5&4&3\\3&4&5&6&5&4\\2&3&4&5&6&5\\1&2&3&4&5&6\end{pmatrix}$$　行列式＝112

顺序主子式(6)　行列式＝6

顺序主子式$\begin{pmatrix}6&5\\5&6\end{pmatrix}$　行列式＝11

顺序主子式$\begin{pmatrix}6&5&4\\5&6&4\\4&5&6\end{pmatrix}$　行列式＝20

顺序主子式$\begin{pmatrix}6&5&4&3\\5&6&5&4\\4&5&6&5\\3&4&5&6\end{pmatrix}$　行列式＝36

顺序主子式$\begin{pmatrix}6&5&4&3&2\\5&6&5&4&3\\4&5&6&5&4\\3&4&5&6&5\\2&3&4&5&6\end{pmatrix}$　行列式＝64

顺序主子式$\begin{pmatrix}6&5&4&3&2&1\\5&6&5&4&3&2\\4&5&6&5&4&3\\3&4&5&6&5&4\\2&3&4&5&6&5\\1&2&3&4&5&6\end{pmatrix}$　行列式＝112

L 矩阵为$\begin{pmatrix}1&0&0&0&0&0\\2&1&0&0&0&0\\5&4&1&0&0&0\\4&3&0&1&0&0\\3&2&0&0&1&0\\6&7&0&0&0&1\end{pmatrix}$

$x1=\left\{\frac{4}{7},-\frac{1}{2},0,0,0,\frac{1}{14}\right\}$ $x2=\left\{\frac{57}{98},-\frac{11}{14},\frac{1}{4},0,-\frac{1}{28},\frac{4}{49}\right\}$

$x3=\left\{\frac{1003}{1372},-\frac{471}{392},\frac{9}{14},-\frac{3}{28},-\frac{15}{196},\frac{291}{2744}\right\}$

注:这里解方程组当然也可以用 MatrixPower[]和 LinearSolve[]实现。

【例 10.2】 某城市有三个企业:一个煤矿,一个发电厂和一条地方铁路。已知开采一元钱煤,煤矿需支付 0.25 元电费驱动它的设备和照明,还需支付 0.25 元的运输费;生产一元钱电力,发电厂需支付 0.65 元煤做燃料,亦需支付 0.05 元电费驱动辅助设备,并需支付0.05元运输费;提供一元钱的运输费,铁路需支付 0.55 元煤做燃料,支付 0.10 元电费驱动它的辅助设备。现知某星期内,煤矿和发电厂分别接到 5 万元煤和 2.5 万元电力的订单,外界对铁路没有任何要求。问这三个企业在该星期内的总产值应为多少时,才能准确满足它们内部和外界的要求?

解 设在该星期内,煤矿、发电厂和铁路的总产值分别为 x,y,z,则根据题意写成矩阵形式:

$$\begin{cases} x-(0x+0.65y+0.55z)=50\ 000 \\ y-(0.25x+0.05y+0.10z)=2\ 500 \\ z-(0.25x+0.05y+0z)=0 \end{cases}$$

$$\Leftrightarrow\begin{cases} x-0.65y-0.55z=50000 \\ -0.25x+0.95y-0.1z=25000 \\ -0.25x-0.05y+z=0 \end{cases}$$

程序:

```
A={{1,-0.65,-0.55},{-0.25,0.95,-0.1},{-0.25,-0.05,1}};
b={50000,25000,0};
Det[A];
{x,y,z}=Inverse[A].b
```

或

```
{x,y,z}=LinearSolve[A,b]
```

得到结果为:

```
{102087.,56163.,28330.}
```

【例 10.3】 解线性方程组的迭代法。

对于线性方程组 $\boldsymbol{Ax}=\boldsymbol{b}$,其中 $\boldsymbol{A}=(a_{ij})_{n\times n}$,$\boldsymbol{b}=(b_i)_n$,$\boldsymbol{x}=(x_i)_n$,给定初值 $\boldsymbol{x}^{(0)}=(x_1^{(0)},x_2^{(0)},\cdots,x_n^{(0)})^{\mathrm{T}}$,构造迭代格式 $\boldsymbol{x}^{(k+1)}=\boldsymbol{Mx}^{(k)}+\boldsymbol{g}$,其中 $\boldsymbol{M}$ 称为迭代矩阵。

定理：迭代格式收敛的充分必要条件为迭代矩阵的谱半径 $\rho(M)=\max|\lambda_i|<1$。

从方程组的第 i 个方程中解出 $x_i=(b_i-\sum\limits_{n}a_{ij}x_j)\cdot\frac{1}{a_{ii}}$，从而建立迭代格式：

(1) 雅可比迭代法：$\boldsymbol{x}_i^{(k+1)}=(b_i-\sum\limits_{n}a_{ij}\boldsymbol{x}_j^{(k)})\cdot\frac{1}{a_{ii}}$

$$\boldsymbol{A}=\begin{pmatrix}a_{11}&&&\\&a_{22}&&\\&&\ddots&\\&&&a_{nn}\end{pmatrix}-\begin{pmatrix}0&&&\\-a_{21}&0&&\\\vdots&\vdots&\ddots&\\-a_{n1}&\cdots&-a_{n,n-1}&0\end{pmatrix}-\begin{pmatrix}0&-a_{12}&\cdots&-a_{1n}\\&0&-a_{23}&\vdots\\&&\ddots&\vdots\\&&&0\end{pmatrix}$$

$$=\boldsymbol{D}-\boldsymbol{L}-\boldsymbol{U}$$

则雅可比迭代格式可写成矩阵形式：$\boldsymbol{x}^{(k+1)}=(\boldsymbol{I}-\boldsymbol{D}^{-1}\boldsymbol{A})\boldsymbol{x}^{(k)}+\boldsymbol{D}^{-1}\boldsymbol{b}$，其中 $\boldsymbol{M}=(\boldsymbol{I}-\boldsymbol{D}^{-1}\boldsymbol{A})$，称为迭代矩阵。

(2) 高斯赛德尔迭代法：$\boldsymbol{x}_i^{(k+1)}=(b_i-\sum\limits_{j=1}^{i-1}a_{ij}x_j^{(k+1)}-\sum\limits_{j=i+1}^{n}a_{ij}x_j^{(k)})\cdot\frac{1}{a_{ii}}$

矩阵形式为 $\boldsymbol{x}^{(k+1)}=(\boldsymbol{D}-\boldsymbol{L})^{-1}\boldsymbol{U}\boldsymbol{x}^{(k)}+(\boldsymbol{D}-\boldsymbol{L})^{-1}\boldsymbol{b}$，迭代矩阵为 $\boldsymbol{M}=(\boldsymbol{D}-\boldsymbol{L})^{-1}\boldsymbol{U}$。

【例 10.4】 利用雅可比和高斯赛德尔迭代法求解下面方程组，并判断收敛性。

$$\boldsymbol{A}=\begin{pmatrix}6&2&-1\\1&4&-2\\-3&1&4\end{pmatrix},\boldsymbol{b}=\begin{pmatrix}-3\\2\\4\end{pmatrix}$$

解 程序

(1) 雅可比迭代法

程序：

```
Module[{A={{6,2,-1},{1,4,-2},{-3,1,4}},b={-3,2,4},x0=
{0.,0,0},e=1,n=0},
d=Diagonal[A];
D1=DiagonalMatrix[d];
Jacobi=IdentityMatrix[3]-Inverse[D1].A;
p=Max[Abs[Eigenvalues[N[Jacobi]]]];
Print["谱半径=",p];
If[p<1,While[e>10^(-6),x1=Jacobi.x0+Inverse[D1].b;e=Norm[x1
```

-x0,1];x0=x1;n=n+1],Print["发散"]];Print["近似解=",x1,"迭代次数=",n,"误差=",e]];

运行结果为：

谱半径=0.542663

近似解={-0.727273,0.808081,0.252525}

迭代次数=25

误差=6.46928×10^{-7}

(2) 高斯赛德尔迭代法

程序：

```
Module[{A={{6,2,-1},{1,4,-2},{-3,1,4}},b={-3,2,4},x0={0.,0,0},e=1,n=0},
d=Diagonal[A];
D1=DiagonalMatrix[d];
L=-A*SparseArray[{i_,j_}/;j<i→1,{3,3}];
U=-A*SparseArray[{i_,j_}/;j>i→1,{3,3}];
dni=Inverse[D1-L];
gaosi=dni.U;
p=Max[Abs[Eigenvalues[N[gaosi]]]];
Print["谱半径",p];
If[p<1,While[e>10^(-6),x1=gaosi.x0+dni.b;e=Norm[x1-x0,1];x0=x1;n=n+1],Print["发散"]];
Print["近似解=",x1,"迭代次数=",n,"误差=",e]]
```

运行结果：

谱半径=0.353553

近似解={-0.727273,0.808081,0.2525253}

迭代次数=15　误差=6.80774×10^{-7}

习题 10

1. 随机生成一个对称正定矩阵和右端向量，输出矩阵行列式和顺序主子式，并用 LU 分解法和雅可比迭代法求解方程组。(正定矩阵可用顺序主子式均大于零或特征值都大于零控制，用雅可比迭代格式的时候注意收敛判断)

2. 一个木工，一个电工，一个油漆工，三人相互同意彼此装修他们自己的房子。在装修之前，他们达成协议：每人总共工作十天(包括给自家干活)；每人的日工资根据一般的市场价；每人的日工资应使得每人的总收入与总支出相等，表 10.1 是他们协商后制定的工作天数的分配方案：

表 10.1　分配方案

	木工	电工	油漆工
在木工家的工作天数	2	1	6
在电工家的工作天数	4	5	1
在油漆工家的工作天数	4	4	3

试求三人各自的日工资。

实验11 线性规划的模型建立及Mathematica求解

11.1 问题的提出

线性规划是运筹学中研究较早、发展较快、应用广泛、方法较成熟的一个重要分支,它是辅助人们进行科学管理的一种数学方法。研究线性约束条件下线性目标函数的极值问题的数学理论和方法,可广泛应用于军事作战、经济分析、经营管理和工程技术等方面,为合理地利用有限的人力、物力、财力等资源作出最优决策,提供科学依据。

11.2 实验目的

通过两个典型的例子,建立数学模型,运用Mathematica进行求解。

11.3 实验内容

实验中用到的Mathematica函数命令:

LinearProgramming[c,A,b] 线性规划求解

【例11.1】 营养学家指出,成人良好的日常饮食中每克食物应该至少提供0.075 g的碳水化合物、0.06 g的蛋白质、0.06 g的脂肪;其中1 g食物A含有0.105 g碳水化合物,0.07 g蛋白质,0.14 g脂肪,每克花费28元;而1 g食物B含有0.05 g碳水化合物,0.14 g蛋白质,0.07 g脂肪,每克花费21元。为了满足营养学家提出的日常饮食要求,同时使花费最低,需要同时食用食物A和食物B多少克?

解 设食用食物A和B分别为x_1 g,x_2 g,有

$$\min f = 28x_1 + 21x_2$$

$$\text{s.t.}\begin{cases}0.105x_1 + 0.05x_2 \geqslant 0.075\\ 0.07x_1 + 0.14x_2 \geqslant 0.06\\ 0.14x_1 + 0.07x_2 \geqslant 0.06\end{cases}$$

$$x_1 \geqslant 0, x_2 \geqslant 0$$

Mathematica程序为:

```
c={28,21};
b={0.075,0.06,0.06};
A={{0.105,0.05},{0.07,0.14},{0.14,0.07}};
```

```
x=LinearProgramming[c,A,b]
minf=c. x
```

运行结果：{0.669643,0.09375}

20.7187

【例 11.2】（生产决策问题）　某工厂可以用 A、B 两种原料生产Ⅰ、Ⅱ、Ⅲ三种产品（每种产品同时需要用两种原料），有关数据见表 11.1。

表 11.1　单位消耗与资源限制

	单位产品消耗的原料量			现有原料
	产品Ⅰ	产品Ⅱ	产品Ⅲ	
原料 A/t	2	1	1	7
原料 B/t	1	3	2	11
单位产品利润/万元	2	3	1	

求单位产品利润的最大值是多少？

解　设 x_1、x_2、x_3 分别表示产品Ⅰ、Ⅱ、Ⅲ的生产量，问题的模型为：

$$\max f = 2x_1 + 3x_2 + x_3$$

$$\text{s. t.} \begin{cases} 2x_1 + x_2 + 2x_3 \leqslant 7 \\ x_1 + 3x_2 + 2x_3 \leqslant 11 \\ x_1, x_2, x_3 \geqslant 0 \end{cases}$$

Mathematica 程序为：

```
c={-2,-3,-1};
b={7,11};
A={{2,1,2},{1,3,2}};
x=LinearProgramming[c,A,{{b[[1]],-1},{b[[2]],-1}}]
max=-c. x
```

运行结果：{2,3,0}

13

习题 11

1. 某工厂生产水晶饰品，资料如表 11.2 所示，根据资料确定生产计划，使在要求加工时间内利润达到最大，并求出最大利润值。

表 11.2 相关数据资料

工序名称	每件产品工时消耗		各工序时间限制
	A	B	
压碎	2	6	36
筛选	5	3	30
烘干	8	2	40
利润/(元/件)	40	50	50

2. 某工厂用甲、乙、丙三种原料生产 A1、A2、A3、A4 四种化工产品。已知原料的月供应量、单位产品消耗的原料量及单位产品的利润数据见表 11.3,问该企业应如何安排生产计划使总利润达到最大?

表 11.3 相关数据资料

原料	单位产品消耗的原料量				月供应量
	A1	A2	A3	A4	
甲/t	1	1	2	1	500
乙/t	0	1	1	2	300
丙/t	1	2	1	0	200
利润/(元/t)	200	250	300	200	

实验 12　多项式插值与拟合

12.1　问题的提出

在生产和科研实践中碰到的大量函数，相当一部分是通过实验和观测得到的。虽然函数关系是客观存在的，但是具体的解析表达式却得不到，只得到一些离散点上的函数值和导数值，所以希望对这样的函数用一些比较简单的函数去近似。Mathematica 提供了丰富的函数近似求解的方法，主要有整区间上的多项式逼近、分段多项式逼近以及一些特殊的插值选项，如样条插值、Hermite 插值等。我们还可以利用最小二乘法的思想进行拟合。

12.2　实验目的

给出若干点测量数据，包含函数值、导数值，利用 Mathematica 提供的函数进行插值，构造近似多项式，并利用该多项式进行近似计算。主要掌握整区间插值、分段插值、样条插值、拟合等函数的应用。

12.3　实验内容

实验中用到的 Mathematica 函数命令：

InterpolatingPolynomial[data, x]	利用 data 数据做整区间的插值
Interpolation[data, InterpolationOrder→r]	利用 data 数据做分段 r 次插值
Interpolation[data, Method→"Spline"]	利用数据做样条插值

【例 12.1】　插值多项式和分段多项式、泰勒多项式的性质比较。

给定函数 $f(x)=\ln(1+x)$，使用节点 $x_i=i(i=0.1,0.2,\cdots,1)$ 构造 9 次插值多项式、分段线性插值，并求 $f(x)$ 在 $x=1$ 处的 5 次泰勒多项式，并用这三种方法分别计算函数在 1.1 处的近似值，并与准确值比较。

解　程序：

```
data=Table[{i,Log[1+i]},{i,0.1,1,0.1}];
p1[x_]=InterpolatingPolynomial[data,x];
Collect[p1[x],x];
p2[x_]=Normal[Series[Log[1+x],{x,1,9}]];
p3=Interpolation[data,InterpolationOrder→1];
Plot[{Log[1+x]-p1[x],Log[1+x]-p2[x]},{x,0.6,1.1},PlotStyle→
```

{{Blue,Dashed,Thick},{Red,Thick}}]

Plot[{Log[1+x]-p3[x],Log[1+x]-p1[x]},{x,0,4},PlotStyle→{{Blue,Dashed,Thick},{Red,Thick}},PlotRange→All]

运行结果见图 12.1 和图 12.2。

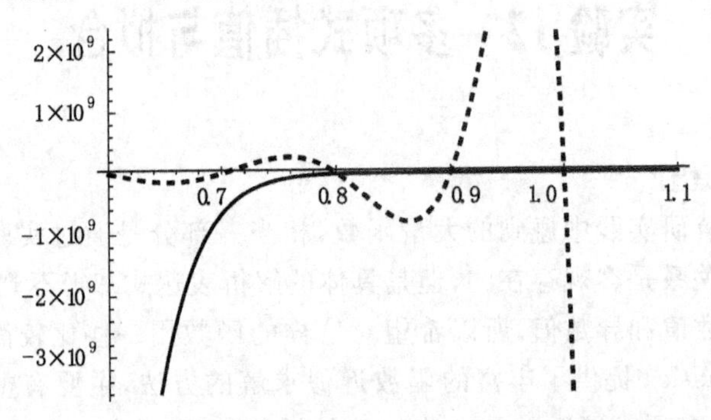

虚线表示整区间插值的误差，实线为泰勒展开式的误差

图 12.1 运行结果

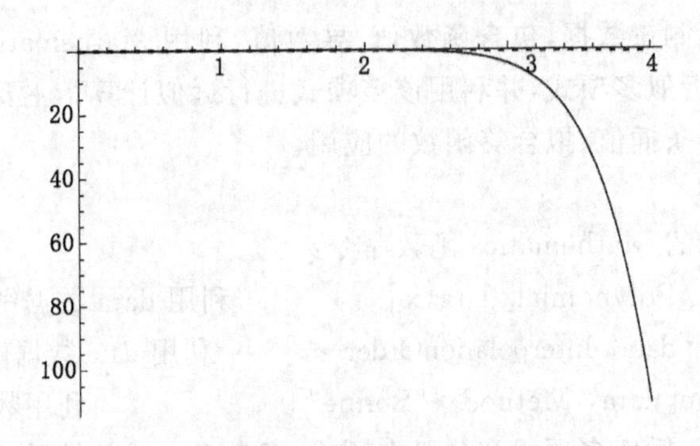

虚线为分段插值的误差，实线为整区间插值的误差

图 12.2 运行结果

接着输入：

p1[1.1]-Log[2.1]

p2[1.1]-Log[2.1]

其结果为：

$3.97165*10^{-7}$

$9.32587*10^{-15}$

结果分析：

① 从实验结果可以看出，在1附近泰勒展开近似效果比插值好，但是远离

1,泰勒展开发散了,因为在理论上,泰勒级数的收敛域为(－1,1],而插值在某些点却比较好。

② 对于插值函数来讲,当 x 的值越大,误差越大,原因在于高次插值的龙格现象,而分段低次插值效果很好。

【例 12.2】 龙格现象的一个典型例子。

$f(x)=\dfrac{1}{1+16x^2}$,将[－1,1] n 等分,观察整区间插值随着 n 增大近似的效果,并利用分段插值观察发生的现象。

解　程序:

```
t=Table[{x,1/(1+16x^2)},{x,-1,1,0.1}];
InterpolatingPolynomial[t,x];
p=Collect[%,x];
tu1=Plot[p,{x,-1,1},PlotStyle→{RGBColor[1,0,0],Thickness[0.01]}]
tu2=Plot[1/(1+16x^2),{x,-1,1},PlotStyle→{Dashed,Thick}]
Show[tu1,tu2]
```

运行后得到图 12.3、图 12.4 和图 12.5。

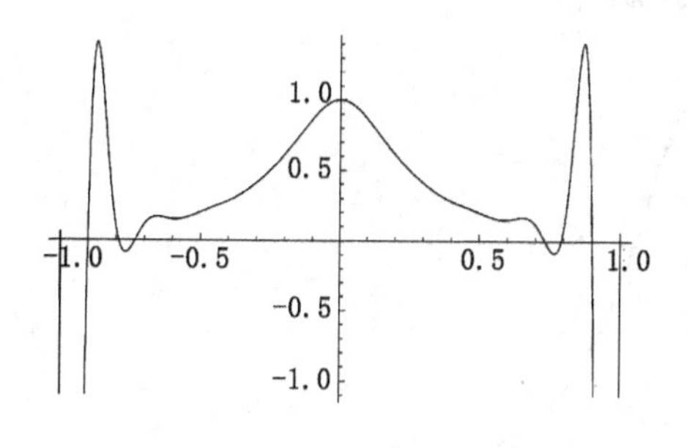

图 12.3　整区间插值函数

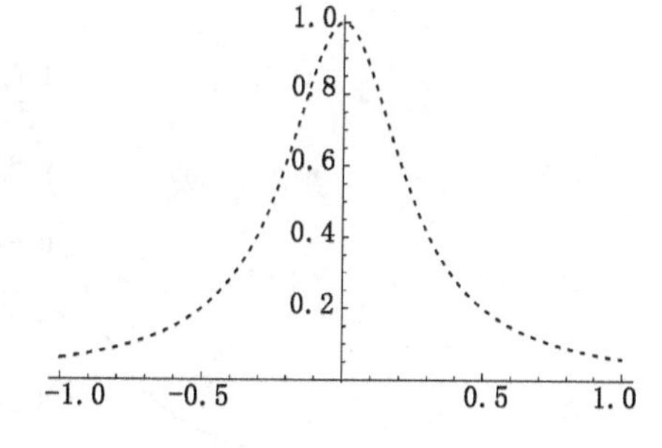

图 12.4　准确解

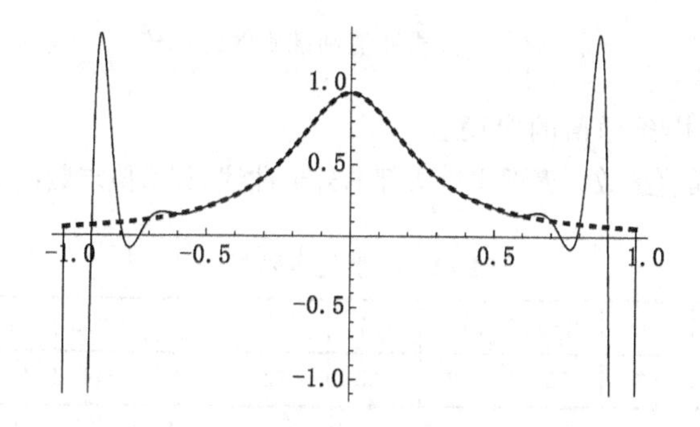

图 12.5　整区间插值和准确解的比较

分段插值：

```
p=Interpolation[t,InterpolationOrder→1]
tu3=Plot[p[x],{x,-1,1},PlotStyle→{Red,Thick}]
Show[tu2,tu3]
```

运行结果：

InterpolatingFunction[{{-1.,1.}},<>]

相应图形为图 12.6 和图 12.7。

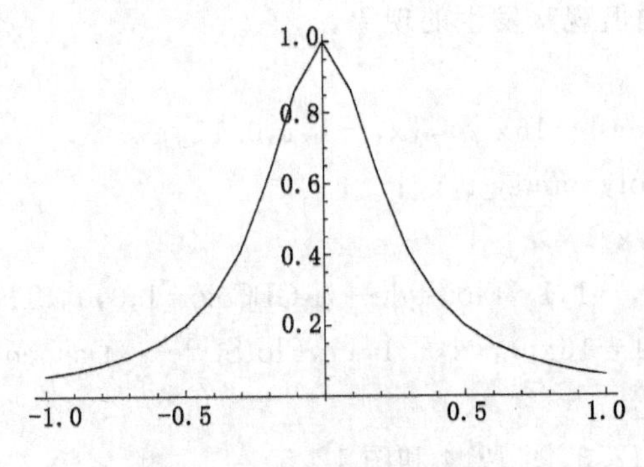

图 12.6　分段插值曲线

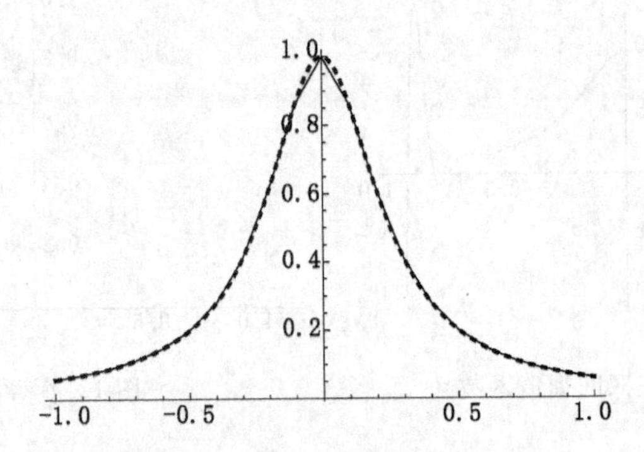

图 12.7　分段插值和准确解的比较

【例 12.3】 样条插值的应用。

用三次样条插值函数去逼近飞机头部的外形曲线，其型值点数据由表 12.1 给出。

表 12.1　型值点数据

x	0	70	130	210	337	578	776	1 012	1 142	1 462	1 841
y	0	57	78	103	135	182	214	244	256	272	275

试计算插值函数在点 $x_k = 50k(k = 1,2,\cdots,36)$ 的值，并绘出飞机头部的外形曲线。

解　程序

```
data={{0,0},{70,57},{130,78},{210,103},{337,135},{578,182},
{776,214},{1012,244},{1142,256},{1462,272},{1841,275}};
yangtiao=Interpolation[data,Method->"Spline"];
zhi=Table[yangtiao[50k],{k,1,36,1}]
chazhitu=Plot[yangtiao[x],{x,0,1841}]
```

运行结果：

{45.8685,68.9337,83.9766,99.8669,114.587,126.919,137.71,147.879,157.855,167.57,176.938,185.878,194.378,202.461,210.149,217.468,224.422,230.975,237.088,242.722,247.857,252.492,256.628,260.267,263.412,266.091,268.34,270.195,271.691,272.862,273.746,274.376,274.79,275.021,275.106,275.079}

相应图形为图 12.8。

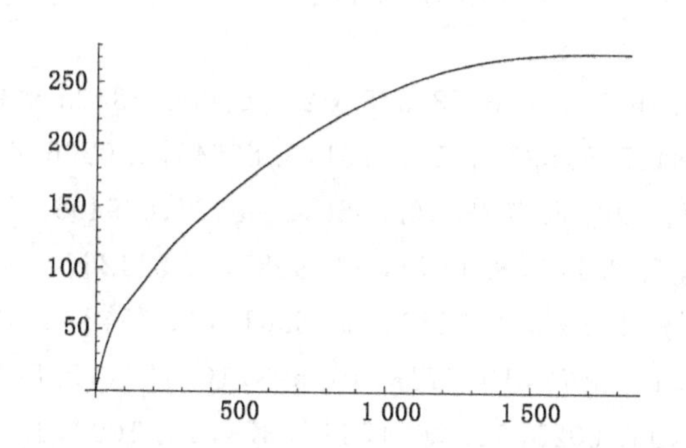

图 12.8　用样条函数画出的飞机头部的外形曲线

【例 12.4】（插值与拟合的比较）

表 12.2 是某工厂 1964 年到 2019 年每隔 5 年生产的某电子元件数，随着生产技术水平的提高和工厂规模的扩大，产量不断提高，采用样条插值和三次多项式拟合的方法，计算出每隔一年的电子元件数，并预测 2022 年的电子元件数。

解：程序

```
data = {{1964,5.4167},{1969,6.0266},{1974,6.7209},{1979,7.0499},
{1984,8.0671},{1989,9.0859},{1994,9.7542},{1999,10.3475},{2004,11},
{2009,11.7674},{2014,12.5909},{2019,12.9986}};
```

表 12.2

x（年份）	1964	1969	1974	1979	1984	1989	1994	1999	2004	2009	2014	2019
y（电子元件数/万个）	5.416 7	6.026 6	6.720 9	7.049 9	8.067 1	9.085 9	9.754 2	10.347 5	11	11.767 4	12.590 9	12.998 6

```
yangtiao = Interpolation[data,Method -> "Spline"];
nihe = Fit[data,{1,x,x^2,x^3},x]
ytjs= Table[yangtiao[x],{x,1964,2019,1}]
t = Table[x,{x,1964,2019,1}];
nhjs = nihe /. x -> t
Print["样条插值在2022=",yangtiao[2022]]
Print["拟合函数在2022=",nihe /. x -> 2022]
Plot[{{yangtiao[x]},{nihe}},{x,1964,2030},
PlotLabels -> {"样条插值","拟合"}]
```

运行结果：

181422. −273.661 x + 0.137528 x^2 −0.000023025 x^3

{5.4167,5.48487,5.58778,5.71761,5.86649,6.0266,6.19008,6.3491,6.4958,6.62235,6.7209,6.78785,6.8366,6.88477,6.94999,7.0499,7.19717,7.38464,7.6002,7.83173,8.0671,8.29587,8.51426,8.72013,8.91139,9.0859,9.24252,9.38397,9.51393,9.63612,9.7542,9.87136,9.98869,10.1068,10.2262,10.3475,10.4713,10.598,10.728,10.8619,11,11.1428,11.2906,11.4437,11.6025,11.7674,11.9378,12.1099,12.2792,12.4411,12.5909,12.7241,12.8361,12.9222,12.9779,12.9986}

{5.41832,5.52549,5.63624,5.75045,5.86797,5.98867,6.11241,6.23905,6.36845,6.50047,6.63498,6.77184,6.91091,7.05205,7.19512,7.33998,7.48651,7.63455,7.78397,7.93463,8.0864,8.23914,8.3927,8.54695,8.70175,8.85697,9.01246,9.16809,9.32372,9.47921,9.63442,9.78922,9.94346,10.097,10.2497,10.4015,10.5521,10.7015,10.8496,10.9961,11.1409,11.2839,11.425,11.5641,11.7009,11.8354,11.9674,12.0967,12.2233,12.347,12.4677,12.5852,12.6993,12.81,12.9171,13.0205}

样条插值在2022=12.8046

拟合函数在 2022＝13.3069

注:从曲线图 12.9 的趋势来看,拟合比样条插值更合理。

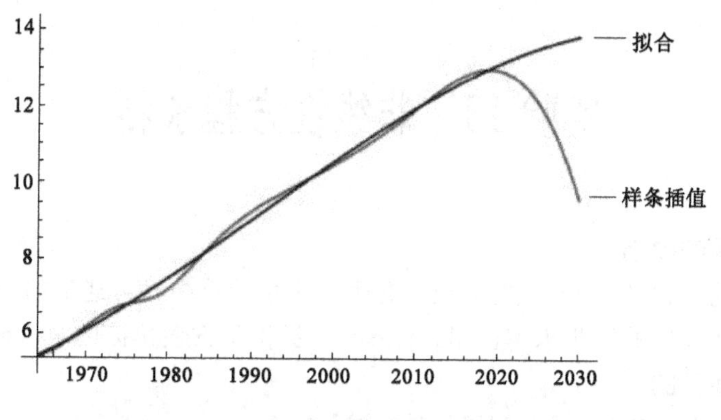

图 12.9　样条函数和拟合函数曲线图

习题 12

1. 一种商品的需求量与其价格有一定的关系,现对一定时期的商品价格 x 与需求量 y 进行观察,得到以下数据(表 12.3)。

表 12.3　需求量与价格

价格/元	2	3	4	5	6	7	8	9	10	11
需求量/kg	58	50	44	38	34	30	29	26	25	24

分别作出上述数据的直线、抛物线、三次多项式拟合,并比较优劣。(用拟合函数在观察点处的近似值和准确值的差的平方和开根号来衡量)

2. 根据人口普查统计,某国新生儿母亲的年龄累计分布为 $N(t)$,其中 t 为母亲年龄,N 为新生儿的母亲年龄低于或等于 t 的新生儿数目。数据见表 12.4。

表 12.4　累计分布数据

t	15	20	25	30	35	40	45	50
N	0	7 442	26 703	41 635	49 785	50 209	50 226	50 230

分别用分段 2 次插值和整区间插值求近似函数,并绘出图形。

实验 13 非线性方程求根

13.1 问题的提出

非线性方程 $f(x)=0$ 的求根问题也是科学计算中经常遇到的,它的求解方法是利用迭代法的思想求解。Mathematica 提供了方便快捷的求解函数。

13.2 实验目的

给出方程的表达式,会利用软件来求解。

13.3 实验内容

实验中用到的 Mathematica 函数命令:

FindRoot[方程式,{自变量,x0}]

对方程从初值 x_0 开始进行迭代求近似根

【例 13.1】 天体力学中的开普勒方程 $x = y - e\sin y$,其中 x 为某个行星的平均近点角,y 是它的偏近点角,e 是它的轨道偏心率。取 $e=0.7$,将区间 $0\leqslant x\leqslant\pi$ 分成 20 等分,求在各分点对应的 y 值。

解 程序:

```
Module[{x=0,e=0.7,h=Pi/20},
Label[h1];
y1=FindRoot[x==y-Sin[y],{y,0.1}];
Print[y1];
x=x+h;
While[x<=Pi,Goto[h1]]]
{y->0.}
{y->0.480857}
{y->0.831347}
{y->1.09277}
{y->1.30345}
{y->1.48268}
{y->1.64077}
{y->1.78375}
```

```
{y->1.91547}
{y->2.03853}
{y->2.15479}
{y->2.2656}
{y->2.37203}
{y->2.47491}
{y->2.5749}
{y->2.67259}
{y->2.76845}
{y->2.86291}
{y->2.95636}
{y->3.04914}
{y->3.14159}
```

【例 13.2】 按揭购房的利率。目前对于大多数工薪阶层来说,一次性付款买到称心如意的房子是很难的,大部分人选择银行的按揭贷款,在若干年内分期还款。如果借了 20 万,那么还款数额必然是不止 20 万,因为我们还需要按一定的贷款利率付给银行利息。表 13.1 给出了某户购房时的付款信息。

表 13.1 某户购房时的付款信息

建筑面积	总价	40%首付	60%按揭	年还款额
120 m^2	84 万	33.6 万	30 年	4 万元

(1) 这个案例中贷款的利率是多少?

(2) 若贷款利率为 6%,则每年还款额为多少?

解 (1) 分析:向银行借了 84−33.6=50.4 万,30 年内总共还了 4×30=120 万,多还近一倍!

假设银行贷款利率为 r,贷款数为 a,借期为 n 年,则总还款额为:$a(1+r)^n$,若每年还款 x 万元,则总还款额为 $\sum_{i=0}^{n-1} x(1+r)^i = x\dfrac{(1+r)^n-1}{r}$,当 $\sum_{i=0}^{n-1} x(1+r)^i = a(1+r)^n$,则还清贷款。

程序:`FindRoot[50.4*(1+r)^30==4*((1+r)^30-1)/r,{r,0.05}]`

运行结果:{r→0.068487}

(2)

程序：FindRoot[50.4*(1+0.06)^30==x*((1+0.06)^30-1)/0.06,{x,4}]

运行结果：{x->3.66151}

习题 13

1. 一半径为 r、密度为 ρ 的球体浸在水中，求浸在水中的深度 h。

2. $N(t)$ 表示某地在时刻 t 的人口数，λ 表示人口的增长率，v 表示外地移民流入的速度，设 v 为常数，则 $N(t)$ 满足微分方程

$$\frac{\mathrm{d}N(t)}{t} = \lambda N(t) + v$$

设初始人口数为 $N_0 = 100$ 万，第一年流入 435 000 人，第一年末该地区人口达到 1 564 000 人，求人口增长率 λ。

实验14 微分方程求解及其应用

14.1 问题的提出

微分方程的求解在数值计算中占非常重要的地位，而且微分方程的应用范围很广。Mathematica 提供了非常简单的函数可供使用，其中 DSolve 命令主要求解精确解，但是适用范围较小，所以 Mathematica 又提供了 NDSolve 命令求解数值解，该命令可根据方程不同的特点自动选择合适的算法。

14.2 实验目的

通过例子，掌握 Mathematica 计算微分方程的方法。

14.3 实验内容

实验中用到的主要 Mathematica 函数命令：

DSolve[方程式函数，自变量]　　求微分方程的解析解

NDSolve[{定解条件}，函数，自变量变化范围]

对微分方程求在所给自变量范围内满足定解条件的数值解

【例 14.1】 某市发生一起凶杀案，法医于晚 8:20 赶到凶杀现场，测得尸体温度为 32.6 ℃；1 小时后，当尸体被抬走时又测得尸体温度为 31.4 ℃，室温在几小时内均保持在 21.1 ℃。警方经周密调查分析，发现张某是此案的主要嫌疑人，但张某声称自己无罪，并有证人说："下午张某一直在办公室，5 点钟时打了一个电话后离开办公室"。从办公室到凶杀现场步行需 5 min，问张某能否被排除在嫌疑人之外？

解 分析：设时刻 t 时尸体的温度为 $T(t)$，若尸体温度的下降服从牛顿冷却定律，则由 $T_0=21.1$ ℃得

程序：s=DSolve[{y'[t]==-k*(y[t]-21.1),y[0]==32.6},y,t]

运行结果：{{y→Function[{t},21.1e$^{-1.kt}$(0.545024+1.e$^{1.kt}$)]}}

程序：Evaluate[y[t]/.s]/.t→1

运行结果：{21.1e$^{-1.kt}$(0.545024+1.e$^{1.kt}$)}

程序：FindRoot[11.5*E^(-k)+21.1==31.4,{k,0.1}]

运行结果：{k→0.110203}

程序：FindRoot[11.5*E^(-0.110203t)+21.1==37,{t,0}]

运行结果:{t→－2.93978}

由此可知死亡时间是$t\approx -2.94$,即－2小时56分,所以推得死亡时间为5点24分。张某不能排除在嫌疑人之外。

【例14.2】 食饵与捕食者的种群状态模型及其计算。

食饵与捕食者在时刻t的数量记为$x(t),y(t)$,假设没有捕食者,食饵将以指数形式增长,及满足$x'(t)=rx(t)$,而捕食者如没有食饵将死亡,即有$y'(t)=-gy(t)$。但是它们存在同一个环境中,会相互制约相互依存,模型可改为

$$\begin{cases}x'(t)=rx(t)-ax(t)y(t)\\y'(t)=-gy(t)+hx(t)y(t)\end{cases}$$

其中a表示捕食者捕食能力,h表示食饵对捕食者的供养能力。

试讨论取参数$r=0.8,a=0.1,g=0.7,h=0.01$及初始条件为$x(0)=200,y(0)=30$情况下食饵和捕食者关于时间的变化规律及画出$(x(t),y(t))$关于t的参数图。

解 程序

```
s=NDSolve[{x'[t]==0.8x[t]-0.1x[t]*y[t],y'[t]==-0.7y[t]+
0.01x[t]*y[t],x[0]==200,y[0]==30},{x,y},{t,0,50}]
```

运行结果:

```
{{x→InterpolatingFunction[{{0.,50.}},<>],y→InterpolatingFunction
[{{0.,50.}},<>]}}
```

程序:

```
Plot[{x[t]/.s,y[t]/.s},{t,0,50},PlotRange→All,PlotStyle→
{Red,Blue}]
```

运行得到图14.1。

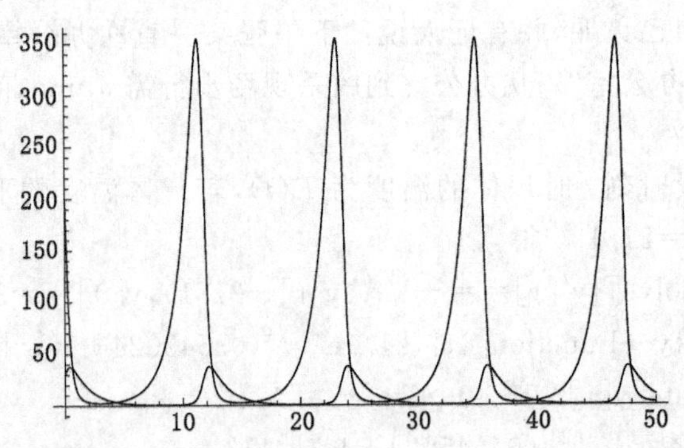

图14.1 食饵和捕食者数量随时间变化的曲线图

程序：

```
ParametricPlot[{x[t],y[t]}/.s,{t,0,50},PlotStyle→Thickness[0.01]]
```

运行得到图 14.2。

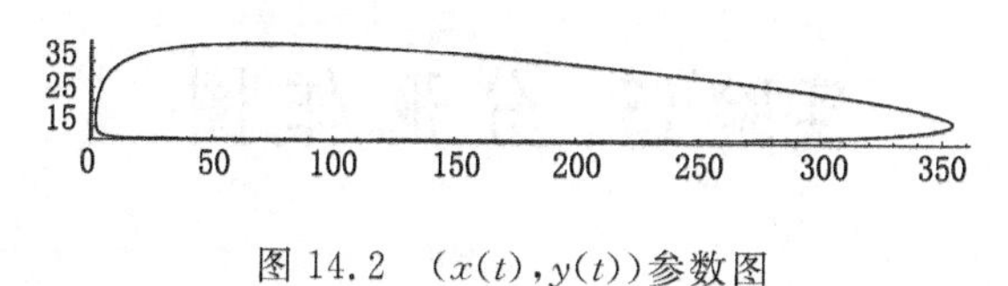

图 14.2　$(x(t),y(t))$参数图

注意　从输出的图形可以看到：当食饵数量居于高位时，捕食者的数量也将增加，从而导致食饵数量减少；食饵减少，捕食者数量随之减少。当捕食者数量在低位徘徊时，为食饵的繁殖创造了条件，数量迅速增加，带动了捕食者数量的增加。如此循环，生物圈呈现了周期性的规律。

习题 14

1. 导弹追踪问题。

我方导弹基地位于坐标原点发现敌舰时，敌舰位于(50,0)，并沿与 x 轴成 θ 角方向行驶，此刻，我方立即发射导弹，该导弹在发射后的任何时刻都对准目标，假设导弹速度 $u=400$，敌舰速度 $v=85$，试问导弹在何时何地击中敌舰？并用动画演示导弹追击敌舰过程。

提示：假设导弹坐标$(x(t),y(t))$，敌舰坐标$(X(t),Y(t))$

则可建立方程组
$$\begin{cases}\dfrac{\mathrm{d}x}{\mathrm{d}t}=\dfrac{u}{\sqrt{(50-x)^2+(vt-y)^2}}(50-x)\\[2ex]\dfrac{\mathrm{d}y}{\mathrm{d}t}=\dfrac{u}{\sqrt{(50-x)^2+(vt-y)^2}}(vt-y)\end{cases}$$

2. 一只游船上有 800 人，其中一名游客患了某种传染病，12 h 后有 3 人发病。由于这种传染病没有早期症状，故感染者不能被及时隔离，已知救援直升机将在 60～72 h 之间将疫苗送到，试估计疫苗在 60 h 或 72 h 送到时患此病的人数，由此数据能得到什么结论？

实验 15　分 形 作 图

15.1　问题的提出

自然界中普遍存在着“不规则”的现象，分形几何学是一门研究以“不规则”几何形态为研究对象的几何学，其应用遍及自然科学和社会科学的各学科，甚至在电影、美术和音乐领域都有广泛应用。分形具有五个基本特征或性质：① 形态的不规则性；② 结构的精细性；③ 局部与整体的自相似性；④ 维数的非整数性；⑤ 生成的迭代性。

15.2　实验目的

① 学习 Mathematica 软件画分形图形的函数；

② 掌握几种分形图形产生的基本方法；

③ 利用 Mathematica 软件提供的命令画一些基本的分形图形。

15.3　实验内容

实验中用到的主要函数命令：

Nest[f,expr,n]	循环调用 f 函数 n 次计算在 expr 的值
Nest[f,x,3]	相当于函数 $f[f[f[x]]]$
NestList[f,expr,n]	循环调用 f 函数 k 次($k=0,1,2,\cdots,n$)，生成一个表格
Flatten[List,n]	将表 List 降 n 维
RandomChoice[{e1,e2,…}]	在 $e_1,e_2,\cdots$中随机选一个数

【例 15.1】　由生成元产生的分形图形：Koch 曲线。

Koch 曲线生成方法：给定一条直线段，将其三等分，两端保留，中间一段用该线段为边的等边三角形代替，得到图形＿╱╲＿，然后对此图形每段都用上述方法修改，直至无穷，得到一条具有自相似的折线，称之为 Koch 曲线。

解　程序

```
koch1[{x1_,y1_},{x2_,y2_}]:={{x1,y1},{x1+(x2-x1)/3,y1+(y2-y1)/3},{(x1+x2)/2-(y2-y1)/(2Sqrt[3]),(y1+y2)/2+(x2-x1)/(2Sqrt[3])},{x2-(x2-x1)/3,y2-(y2-y1)/3},{x2,y2}};
koch2[a_]:=Flatten[Table[koch1[a[[i]],a[[i+1]]],{i,1,Length[a]-1}],1];
```

Graphics[Line[Nest[koch2,{{0,0},{1,0}},4]],ImageSize→100]

运行结果见图15.1。

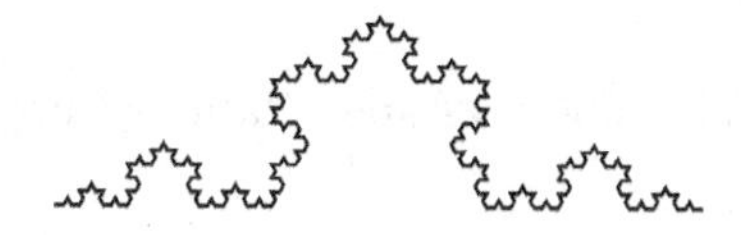

图15.1 Koch曲线

注:(1) 其中Nest[,n]中的n值可取大些,但是计算量会很大,计算速度就会相对慢些。

(2) 可选项ImageSize→指图形显示的大小。

也可利用命令:

Graphics[KochCurve[4]],图形与图15.1相同。

【例15.2】 由迭代函数系生成的分形图形:羊齿叶。

迭代函数系主要包括两部分,一是仿射变换(用矩阵乘向量来表示),二是某个仿射变换调用的概率值。

解 程序

```
A[1]={{0.9,0.04},{-0.04,0.85}};b[1]={0,1.6};
A[2]={{0.2,-0.26},{0.23,0.22}};b[2]={0,1.6};
A[3]={{-0.15,0.28},{0.26,0.24}};b[3]={0,0.44};
A[4]={{0,0},{0,0.16}};b[4]={0,0};
P={0,0};
f[p_]:=Module[{x=RandomChoice[{0.85,0.07,0.07,0.01}→{1,2,3,
4}]},A[x].p+b[x]]
ListPlot[NestList[f,P,50000],AspectRatio→Automatic,PlotStyle→Dar-
ker[Green,0.4]
PlotRange→{{-3,4},{0,10}},Axes→False]
```

结果如图15.2所示。

【例15.3】 利用迭代函数系的方法还可以生成很多分形图形,如Sierpinski垫片的生成,将三角形四等分为四个小三角形,去掉中间一个,然后对每个小三角形重复这样的过程。

解 程序

```
A[1]={{0.5,0},{0,0.5}};b[1]={0,0};
A[2]={{0.5,0},{0,0.5}};b[2]={1,0};
A[3]={{0.5,0},{0,0.5}};b[3]={0.5,1};
```

```
P={0,0};
f[p_]:=Module[{x=RandomChoice[{0.33333,0.33333,0.33333}→{1,
2,3}]},A[x].p+b[x]]
ListPlot[NestList[f,P,50000],AspectRatio→Automatic,Axes→False]
```

结果如图 15.3 所示。

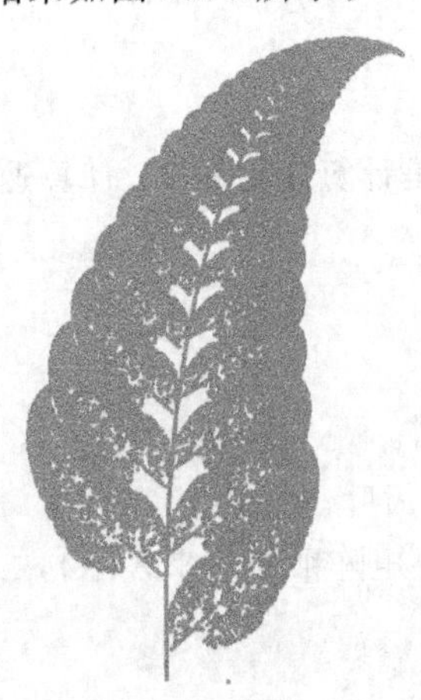

图 15.2 羊齿叶

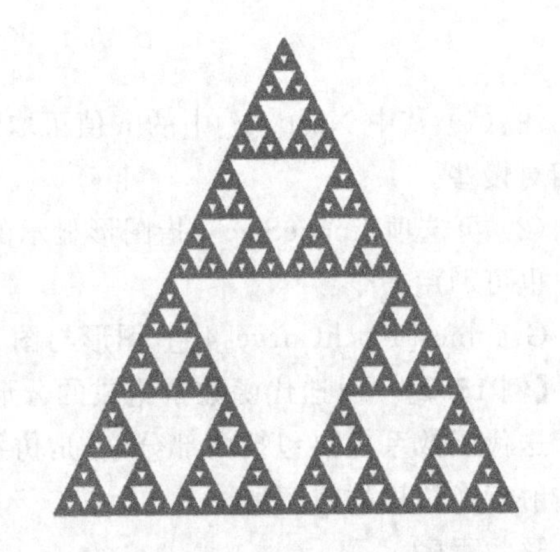

图 15.3 Sierpinski 垫片

习题 15

1. 给出仿射变换及相应的概率值如下，编程将图形画出。

$A1=\begin{pmatrix}0.255 & 0\\ 0 & 0.255\end{pmatrix}$，$b[1]=\begin{pmatrix}0.3726\\ 0.6714\end{pmatrix}$，$p1=0.2$

$A2=\begin{pmatrix}0.255 & 0\\ 0 & 0.255\end{pmatrix}$，$b[2]=\begin{pmatrix}0.1146\\ 0.2232\end{pmatrix}$，$p2=0.2$

$A1=\begin{pmatrix}0.255 & 0\\ 0 & 0.255\end{pmatrix}$，$b[3]=\begin{pmatrix}0.6306\\ 0.2232\end{pmatrix}$，$p3=0.2$

$A1=\begin{pmatrix}0.37 & -0.642\\ 0.642 & 0.37\end{pmatrix}$，$b[4]=\begin{pmatrix}0.6356\\ -0.0061\end{pmatrix}$，$p4=0.4$

2. 按图示方法生成分形图形。

初始元为一条直线：———

生成元：—⊓—

实验 16　数据资料的统计与分析

16.1　问题的提出

随着计算机技术的发展和普及，人们得到越来越多的数据信息。如何从这些庞大的数据群中挖掘出对我们有用的信息，是需要解决的一个首要问题。用数理统计方法从数据中获取信息和判别初步规律，在科学研究中是非常重要的。

16.2　实验目的

① 掌握利用数据描述的常用命令，会求某组样本的均值、中位数、方差、分位数等数字特征；

② 会画样本的条形图；

③ 会画样本的饼图；

④ 会画频率直方图，并理解直方图的意义。

16.3　实验内容

实验中用到的函数命令：

命令	说明
Mean[list]	样本 list 的均值
Median[list]	样本 list 的中位数
Min[list]	样本 list 的最小值
Max[list]	样本 list 的最大值
GeomertricMean[list]	样本 list 的几何平均数
Variance[list]	样本 list 的方差
StandardDeviation[list]	样本 list 的标准差
Quantile[list,α]	样本 list 的 α 分位数
CentralMoment[list,n]	样本 list 的 n 阶中心矩
BinCounts[数据,{最小值,最大值,增量}]	分组后各组内含有的数据个数
BarChart[数据,选项 1,选项 2,…]	绘制条形图
PieChart[data,选项]	绘制饼图

16.3.1　样本的数据统计

【例 16.1】 在某工厂生产的零件中任取 7 个，测得其半径(单位：mm)数据如下：16.5，13.8，16.6，15.7，16.8，16.4，15.2，试计算样本个数、最小值、最大值、中位数、均值、方差、标准差等。

解

```
In[1]:= data = {16.5,13.8,16.6,15.7,16.8,16.4,15.2};
In[2]:=Length[data]
Out[2]=7
In[3]:=Min[data]
Out[3]= 13.8
In[4]:=Max[data]
Out[4]= 16.8
In[5]:=Median[data]
Out[5]= 16.4
In[6]:=Mean[data]
Out[6]= 15.8571
In[7]:=GeometricMean[data]
Out[7]= 15.8248
In[8]:=Variance[data]
Out[8]=1.13952
In[9]:=StandardDeviation[data]
Out[9]= 1.06748
```

【例 16.2】 给出 4 组样本值：

{1.5,2.0,3.7}，{1.3,2.2,3.1}，{1.45,2.65,3.55}，{1.42,2.21,3.37}

试计算样本个数、均值、方差、标准差等。

解

```
In[1]:= data={{1.5,2.0,3.7},{1.3,2.2,3.1},{1.45,2.65,
3.55},{1.42,2.21,3.37}};
In[2]:=Length[data]
Out[2]=4
In[3]:=Median[data]
Out[3]={1.435,2.205,3.46}
In[4]:=Mean[data]
Out[4]= {1.4175,2.265,3.43}
In[5]:=Variance[data]
Out[5]= {0.007225,0.0752333,0.0666}
In[6]:=CentralMoment[data,2]
```

```
Out[6]= {0.00541875,0.056425,0.04995}
In[7]:=x=data[[All,1]];y=data[[All,2]]; z=data[[All,3]];
In[8]:=Covariance[x,y]
Out[8]= -0.000616667
In[9]:=Covariance[z,z]
Out[9]= 0.0666
In[10]:=Correlation[y,z]
Out[10]= -0.00282545
In[11]:=Correlation[x,x]
Out[11]=1.
```

16.3.2　作样本的条形图和饼图

【例 16.3】　已知数据表{{4,1.5},{4,4.5},{5,7.5},{1.10,5},{2,13.5}},画出条形图。

解　输入

```
BarChart[{{4,1.5},{4,4.5},{5,7.5},{1.10,5},{2,13.5}}]
```

则输出如图 16.1 所示的条形图。

【例 16.4】　假设某罐头厂生产水果罐头,其中苹果罐头的产量为 120 t,黄桃罐头的产量为 260 t,橘子罐头的产量为 50 t,葡萄罐头的产量为 60 t,试根据不同水果罐头的产量画出条形图。

解　输入

```
BarChart[{120,260,50,60},ChartLabels→{苹果,黄桃,橘子,葡萄}]
```

则输出如图 16.2 所示的条形图。

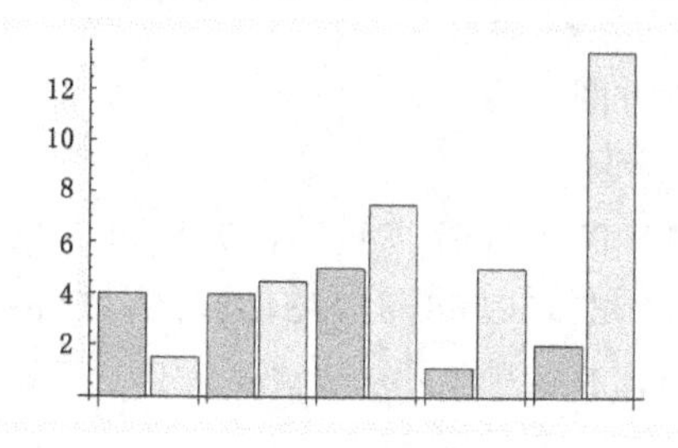

图 16.1　运行结果

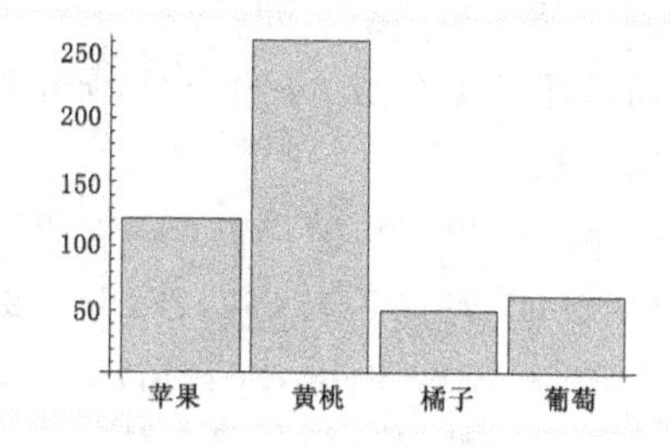

图 16.2　运行结果

【例 16.5】　假设某罐头厂生产水果罐头,其中苹果罐头的产量为 120 t,黄桃罐头的产量为 260 t,橘子罐头的产量为 50 t,葡萄罐头的产量为 60 t,试根据不同水果罐头的产量画出饼图。

解 输入

PieChart[{120,260,50,60},ChartLabels→{"苹果","黄桃","橘子","葡萄"}]

则输出如图 16.3 所示的饼形图。

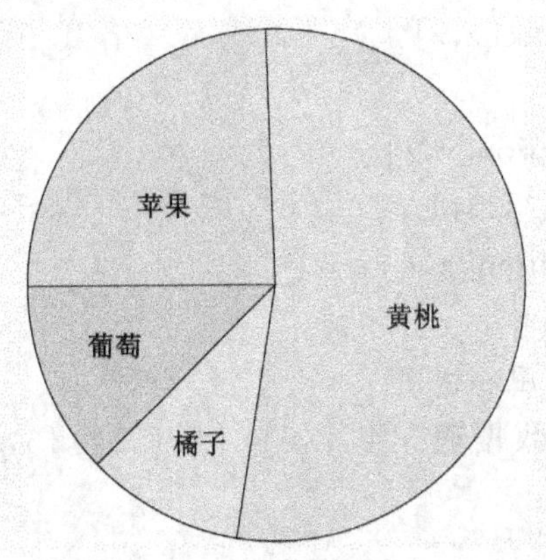

图 16.3 运行结果

16.3.3 作样本的频数直方图

【例 16.6】 下面的数据是某大学某专业 54 名新生在数学素质测验中所得到的分数：

88 74 67 49 69 38 86 77 66 75 94 67 78 69 89 84
50 39 58 79 70 90 79 97 75 98 77 64 69 82 71 65
50 68 84 73 58 78 75 89 91 62 72 74 81 79 81 86
51 78 90 81 53 62

将这组数据分成 6~8 个组，画出频率直方图。

解 输入

data2={88,74,67,49,69,38,86,77,66,75,94,67,78,69,89,84,50,39,58,79,70,90,79,97,75,98,77,64,69,82,71,65,50,68,84,73,58,78,75,89,91,62,72,74,81,79,81,86,51,78,90,81,53,62};

先求数据的最小值和最大值。

输入

Min[data2]

Max[data2]

得到最小值 38，最大值 98。取区间[38,98]，将该区间等分为 6 个小区间，设小区间的长度为 10。

输入

```
f1=BinCounts[data2,{38,98,10}]
```

则输出

```
{2,5,9,15,14,8}
```

输入

```
gc=Table[38+j*10-5,{j,1,6}];
bc=Transpose[{f1/Length[data2],gc}]
```

则输出结果为：

```
{{1/27,43},{5/54,53},{1/6,63},{5/18,73},{7/27,83},{4/27,93}}
```

输入

```
BarChart[bc]
```

则输出所求频数直方图(图 16.4)。

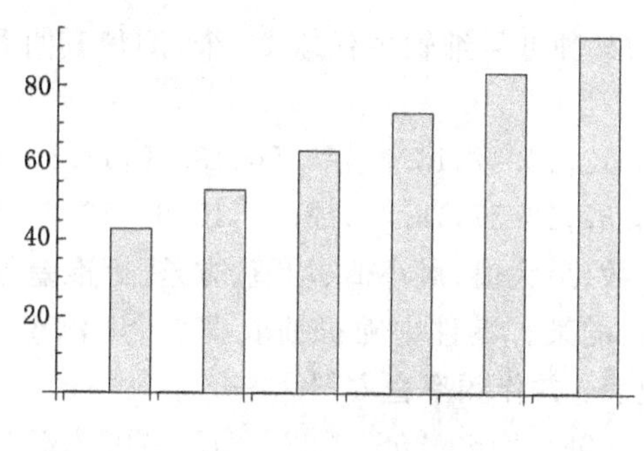

图 16.4　运行结果

【例 16.7】 掷两颗骰子，计算点数之和。

解　输入

```
zsz:={Random[Integer,{1,6}],Random[Integer,{1,6}]};
A=Table[zsz,{10000}];b=Table[0,{10000}];
For[i=1,i<=10000,i++,b[[i]]=A[[i,1]]+A[[i,2]]]
b;
```

分组统计频数

```
BarChart[BinCounts[b,{1,12,1}]]
```

运行结果见图 16.5。

重复实验多次，从频率直方图可以看出，所掷骰子点数之和取 7 的概率最大，而取 2 或 12 的概率最小，这与实际理论计算的结果相符。

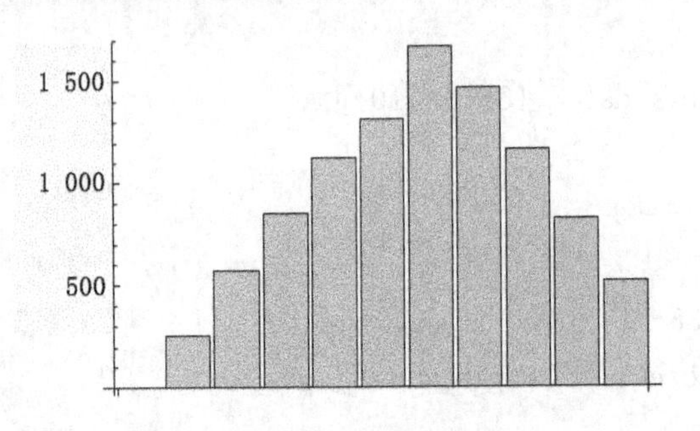

图 16.5 运行结果

习题 16

1. 从某厂生产的某种型号细轴中任取 20 个,测得其直径数据如下(单位:mm):

13.26,13.63,13.13,13.47,13.40,13.56,13.35,13.56,13.38,13.20,
13.48,13.58,13.57,13.37,13.48,13.46,13.51,13.29,13.42,13.69

求以上样本的个数、最大值、最小值、均值、方差、标准差等。

2. 从某工厂生产的某种零件中随机抽取 100 个, 测得其质量(单位:g)如下所示。试列出分组表, 并作频率直方图。

200	198	203	208	216	206	222	213	209	219
216	203	197	208	206	205	201	208	202	203
206	213	218	207	208	202	194	203	212	211
193	213	208	208	202	206	206	208	199	213
203	206	207	196	201	208	207	213	218	210
208	211	211	214	220	211	213	216	211	211
209	218	214	219	211	208	221	211	218	190
219	211	208	199	214	208	207	214	206	217
218	214	209	212	213	211	212	205	216	210
218	216	204	221	208	209	210	211	203	212

实验 17　随机变量的分布及计算

17.1　问题的提出

在概率论中，理解频率稳定性对于正确理解概率的含义以及极限定理都起着至关重要的作用，而频率稳定性这一性质主要来源于对实践的统计。通过改变试验次数 n，可以直观看出随着试验次数的不断增加，频率会趋于定值，这就是频率的稳定性。虽然教材中列举了大量实例，但是要重复实现这些实验是不可能的，从而也无从获得直观的感受。

同时，概率统计中许多随机变量的分布律、分布函数与概率密度函数都需要以图形直观显示，但是这些函数的解析式与图形一般都比较复杂，而且是含有参数的曲线簇。利用数学软件 Mathematica 强大的图形功能，可以轻易画出多个图形。这不仅能使我们对该分布的特点、各个参数的含义有更为直观的理解，而且可以帮助我们理解某些定理的含义。

17.2　实验目的

① 掌握有关频率、古典概型、几何概型等概率的计算方法；

② 掌握随机变量的分布律或分布密度和分布函数的计算方法；

③ 掌握随机变量的期望和方差等数字特征的计算方法。

17.3　实验内容

实验中用到的函数命令：

BernoulliDistribution[p]	伯努利分布
BinomialDistribution[n,p]	二项分布
GeometricDistribution[p]	几何分布
PoissonDistribution[λ]	泊松分布
NormalDistribution[μ,σ]	正态分布
UniformDistribution[min,max]	均匀分布
ExponentialDistribution[λ]	指数分布
StudentTDistribution[n]	t 分布
ChiSquareDistribution[n]	χ^2 分布
Domain[dist]	dist 的定义域

PDF[dist,x]	点 x 处的分布 dist 的密度函数值
CDF[dist,x]	点 x 处的分布函数值
Quantile[dist,q]	使 CDF[dist,x]达到 q 的 x
Mean[dist]	分布 dist 的期望
Variance[dist]	方差
StandardDeviation[dist]	标准差
ExpectedValue[f,dist,x]	函数 $f(x)$的数学期望

17.3.1 频率与概率

【例 17.1】(抛硬币实验) 做 n 次抛掷硬币的随机模拟实验(可用 0、1 随机数来模拟实验结果),记录实验结果并观察样本空间的确定性及每次实验结果的偶然性。统计正面出现的次数，并计算正面出现的频率。进行不同次数 n 的实验，记录下实验结果,通过比较实验结果,你能得出什么结论?

解 随机抛掷一枚硬币,可作为一次随机实验,当随机数取值为 1 时,表示随机事件"硬币的数字一面向上",而当随机数取值为 0 时,则表示随机事件"硬币的国徽一面向上"。

```
In[1]:=g=0;m=0;n=1000000;          (* 输入初始数据与模拟次数 *)
Do[m=Random[Integer,{0,1}];If[m<1,g=g+1,g=g],{n}];
                              (* 产生 1 000 000 个服从(0-1)分布的随机数 *)
In[2]:=Print[g]                     (* 计算国徽一面朝上的次数 *)
Out[2]= 500960
In[3]:=Print[g/n//N]                (* 计算国徽一面朝上的频率 *)
Out[3]= 0.500960
```

【例 17.2】(抽签实验) 有十张外观相同的扑克牌，其中一张是大王，让十人按顺序每人随机抽取一张，讨论谁先抽到大王。

甲方认为：先抽的人比后抽的人机会大；

乙方认为：不论先后,他们抽到大王的机会是一样的。

究竟他们谁说的对?

解 用随机整数 1～10 来模拟实验结果。在 1～10 十个数中,假设 10 代表抽到大王,由 1～10 十个数随机生成一个数,出现 10 代表抽到大王。

输入

```
chouqian[n_Integer]:=Module[{times,tt},times=Table[Random[Inte-
ger,{1,10}],{i,n}];
tt=Tally[times];Print[tt];Table[N[tt[[i]][[2]]/n],{i,1,10}]]
```

n=100;chouqian[n]

n=1000;chouqian[n]

n=10000;chouqian[n]

分别输出模拟实验 100 次、1 000 次、10 000 次、100 000 次的结果。

n=100 时输出结果为：

{{4,10},{5,11},{8,9},{3,11},{10,9},{7,12},{2,7},{6,11},{1,14},{9,6}}

{0.1,0.11,0.09,0.11,0.09,0.12,0.07,0.11,0.14,0.06}

n=1 000 时输出结果为：

{{3,118},{4,109},{5,101},{8,97},{9,100},{1,100},{10,93},{2,92},{6,88},{7,102}}

{0.118,0.109,0.101,0.097,0.1,0.1,0.093,0.092,0.088,0.102}

n=10 000 时输出结果为：

{{3,1012},{4,963},{9,988},{10,1015},{1,956},{2,1027},{7,985},{6,1020},{8,1006},{5,1028}}

{0.1012,0.0963,0.0988,0.1015,0.0956,0.1027,0.0985,0.102,0.1006,0.1028}

将实验结果进行统计分析，给出分析结果，基本上 10 出现的频率稳定在0.1附近。

注：理论上易证明每个人抽到大王的机会均等。

17.3.2　古典概型

【例 17.3】(生日问题)　美国数学家伯格米尼曾经做过一个别开生面的实验：在一个盛况空前、人山人海的世界杯赛场上，他随机地在某号看台上召唤了 22 个球迷，请他们分别写下自己的生日，结果竟发现其中有两人生日相同。怎么会这么凑巧呢？

设随机选取 r 人，$A=\{$至少有两人同生日$\}$，则

$\bar{A}=\{$生日全不相同$\}$，$P(\bar{A})=\dfrac{P_{365}^{r}}{(365)^{r}}$，

而

$$P(A)=1-P(\bar{A})=1-\frac{P_{365}^{r}}{(365)^{r}}$$

当 $r=22$ 时，利用 Mathematica 计算 P 的理论值。

输入 r=22;P=N[1-Binomial[365,r] * r! /365^r] (* 计算“至少有两个人同一天生日”的概率 *)

输出 0.475695

17.3.3　几何概型

【例 17.4】(会面问题)　甲、乙两人约定八点到九点在某地会面，先到者等

20 分钟离去，试求两人能会面的概率。

解 由于甲、乙两人在[0,60]时间区间中任何时刻到达是等可能的，若以 X,Y 分别代表甲、乙两人到达的时刻，则每次试验相当于在边长为 60 的正方形区域 $\Omega=\{(X,Y);0\leqslant X,Y\leqslant 60\}$ 中取一点。

设到达时刻互不影响，因此 (X,Y) 在区域 Ω 内取点的可能性只与区域的面积成正比，而与其形状、位置无关。于是，会面问题可转化为向区域 Ω 随机投点的问题。所关心的事件“两人能会面”可表示为

$$A=\{(X,Y)\mid |X-Y|\leqslant 20\}$$

于是，所求概率的理论值为

$$P(A)=(A\text{ 的面积})/(\Omega\text{ 的面积})=\frac{5}{9}\approx 0.556$$

(1) 画图程序

```
Show[Graphics[{{Line[{{0,0},{60,0},{60,60},{0,60},{0,0}}]},{Hue
[0.9],Line[{{20,0},{60,40}}]},{Hue[0.9],Line[{{0,20},{40,60}}]}}],
Axes→True,AspectRatio→1/1]]
```

(2) 模拟试验

① 模拟向有界区域 Ω 投点 n 次的随机试验，取 $n=100$，统计每次投点是否落在图 17.1 所示区域 A 中，若是则计数 1 次；

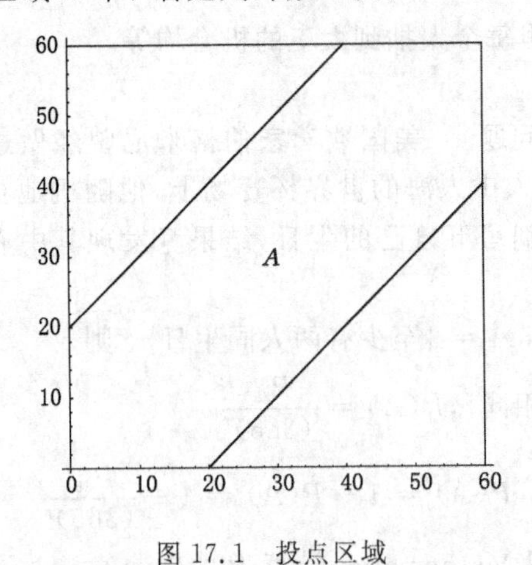

图 17.1 投点区域

② 改变投点次数，取 n 为 1 000,5 000,10 000，统计落入区域 A 的次数。

输入

```
meet[n_Integer]:=Module[{x},
x[k_]:=x[k]=Abs[Random[Integer,{0,60}]-Random[Integer,{0,
```

```
60}]];
    pile=Table[x[k],{k,1,n}];times=Count[pile,x_/;0<=x<=20];
    Print[times];frequence=N[times/n]]
    n=100;meet[n]
    n=1000;meet[n]
    n=5000;meet[n]
    n=10000;meet[n]
```

则输出所求结果，为方便比较，将输出结果列于表 17.1 中。

表 17.1　输出结果

约会次数	约会成功次数	约会成功概率	理论约会成功概率
100	59	0.59	0.556
1 000	554	0.554	
5 000	2 820	0.564	
10 000	5 655	0.565 5	

17.3.4　离散型随机变量及其概率分布

【例 17.5】　求 X 取值为 1,3,5,7,9，$\lambda=3$ 时服从泊松分布的概率值。

解　输入

```
x=Table[i,{i,1,9,2}];
dist=PoissonDistribution[3];
N[Table[PDF[dist,x[[i]]],{i,1,5,1}]]
```

运行结果为：

{0.149361,0.224042,0.100819,0.021604,0.0027005}

【例 17.6】　由某商店过去的销售记录知道，某种商品每月的销售数可以用参数为 25 的泊松分布来描述。为了有 95%以上的把握使得商品不脱销，问商店在每月底应进该种商品多少件？

解　依题意，设每月销售的商品个数为随机变量 X，则 X 服从参数为 25 的泊松分布，输入

```
dist=PoissonDistribution[25];
Quantile[dist,0.95]
```

输出结果为：33

即这家商店只要在月底进该种商品 33 件(假定上月没有存货)，就可以有 95%以上的概率保证该种商品在下个月不会脱销。

17.3.5 连续型随机变量及其概率密度函数

【例 17.7】 设 $X \sim N(3,4)$,确定 c 使得 $P(X>c)=P(X<c)$。

解 由 $P(X>c)=P(X<c)$,得 $P(X>c)=P(X<c)=0.5$,所以

dist=NormalDistribution[3,4];(* 调用参数为3,4的正态分布 *)

输入 Quantile[dist,0.5]

输出结果为:3.

【例 17.8】 绘制 χ^2 分布在 n 分别为 2,5,15 时的分布密度函数图。

解 输入

```
Plot[{PDF[ChiSquareDistribution[2],x],
          PDF[ChiSquareDistribution[5],x],
          PDF[ChiSquareDistribution[15],x]},{x,0,30}]
```

得到如图 17.2 所示的函数图形。

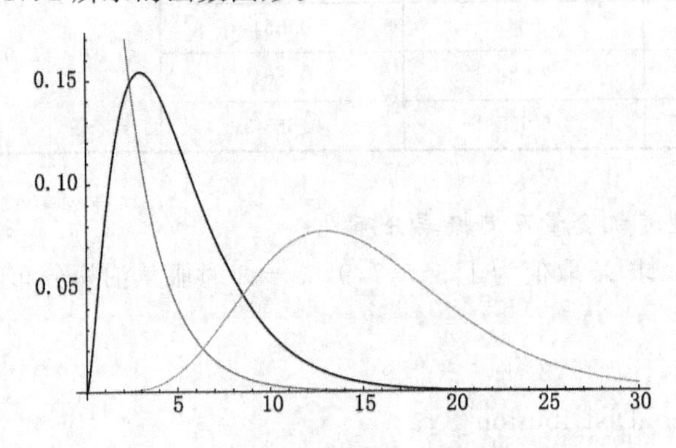

图 17.2 χ^2 分布的分布密度函数图

【例 17.9】 利用 Mathematica 绘出正态分布 $N(\mu,\sigma^2)$ 的概率密度曲线以及分布函数曲线,并通过观察图形,进一步理解正态分布的概率分布与分布函数的性质。

解 (1) 固定 $\sigma=2$,取 $\mu=-4,\mu=0,\mu=4$,观察参数 μ 对图形的影响,输入

```
dist=NormalDistribution[0,2];
dist1=NormalDistribution[-4,2];
dist2=NormalDistribution[4,2];
Plot[{PDF[dist1,x],PDF[dist2,x],PDF[dist,x]},{x,-18,18},
PlotStyle→{Thickness[0.005],RGBColor[0,1,0]},PlotRange→All]
Plot[{CDF[dist1,x],CDF[dist2,x],CDF[dist,x]},{x,-18,18},
```

PlotStyle→{Thickness[0.001],RGBColor[1,0,1]}]

则分别输出相应参数的正态分布的概率密度曲线(图 17.3)及分布函数曲线(图 17.4)。

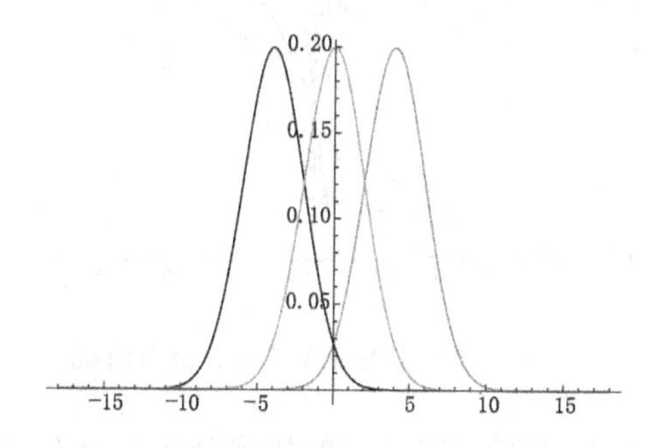

图 17.3　正态分布的概率密度曲线

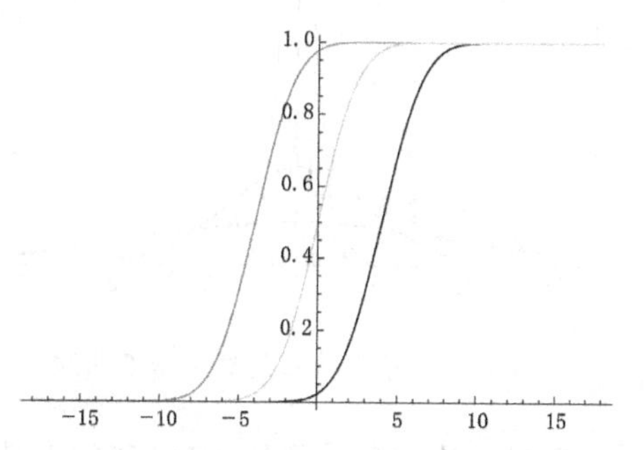

图 17.4　正态分布的分布函数曲线

从图 17.3 可见：

① 概率密度曲线是关于 $x=\mu$ 对称的钟形曲线，即呈现"两头小，中间大，左右对称"的特点；

② 当 $x=\mu$ 时，$f(x)$ 取得最大值，$f(x)$ 向左右伸展时，越来越贴近 x 轴；

③ 当 μ 变化时，图形沿着水平轴平移而不改变形状，可见正态分布概率密度曲线的位置完全由参数 μ 决定，所以 μ 称为位置参数。

(2) 固定 $\mu=0$，取 $\sigma=1,2,3$，观察参数 σ 对图形的影响。输入

```
dist=NormalDistribution[0,1];
dist1=NormalDistribution[0, 2^2];
dist2=NormalDistribution[0,3^2];
Plot[{PDF[dist1,x],PDF[dist2,x],PDF[dist,x]},{x,-18,18},
PlotStyle→{Thickness[0.008],RGBColor[0,0,1]},PlotRange→All]
Plot[{CDF[dist1,x],CDF[dist2,x],CDF[dist,x]}, {x,-18,18},
PlotStyle→{Thickness[0.008],RGBColor[1,0,0]},PlotRange→All]
```

则分别输出相应参数的正态分布的概率密度曲线(图 17.5)及分布函数曲线(图 17.6)。

从图 17.5 与图 17.6 可见，固定 μ，改变 σ 时：σ 越小，在 0 附近的概率密度曲线图形就变得越尖，分布函数在 0 附近增值越快；σ 越大，概率密度曲线图形就越平坦，分布函数在 0 附近增值也越慢，故 σ 决定概率密度曲线图形中峰的陡峭程度；另外，不管 σ 如何变化，分布函数在 0 点的值总是 0.5，这是因为概率密度曲线关于 $x=0$ 对称。

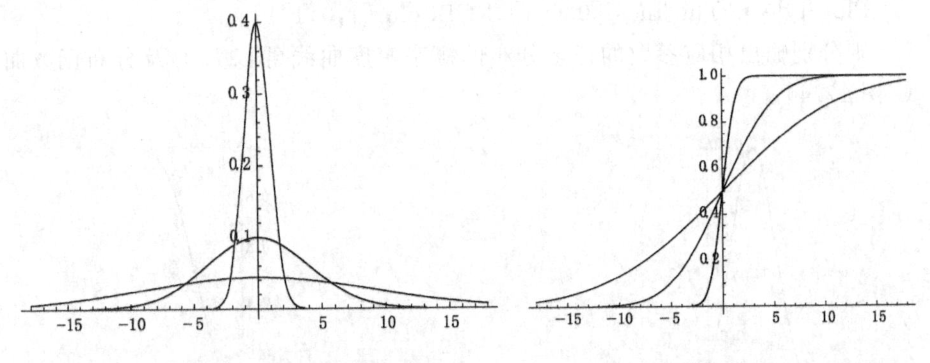

图 17.5 正态分布的概率密度曲线　　图 17.6 正态分布的分布函数曲线

通过改变 μ 与 σ 的值，可以利用上述程序观察正态分布的概率分布与分布函数随着 μ 与 σ 的变化而变化的各种情况。

【例 17.10】 某单位拟招聘 155 人，按考试成绩录用，共有 526 人报名，假设报名者的考试成绩近似服从 $X \sim N(\mu,\sigma^2)$。已知 90 分以上的有 12 人，60 分以下的有 83 人。若从高分到低分依次录取，某人成绩为 78 分，问此人能否被录取？

解 先求 μ,σ^2，由 $P\{X>90\}=\dfrac{12}{526}\approx 0.0228$

$\Rightarrow P\{X\leqslant 90\}=1-P\{X>90\}\approx 0.9772 \Rightarrow \Phi(\dfrac{90-\mu}{\sigma})=0.9772$

由 $P\{X<60\}=\dfrac{83}{526}\approx 0.1558$，即 $\Phi(\dfrac{60-\mu}{\sigma})\approx 0.1558$

```
In[1]:=dist=NormalDistribution[0,1];
In[2]:=Quantile[dist,0.9772]
Out[2]= 1.99908
In[3]:=Quantile[dist,0.1558]
Out[3]=-1.01187
```

$$\begin{cases}\dfrac{90-\mu}{\sigma}=1.99908\\ \dfrac{60-\mu}{\sigma}=-1.01187\end{cases}$$

解得：$\mu=70.0819,\sigma=9.96363$，故 $X\sim N(70.0819, 9.96363^2)$。

设被录取者的最低分数为 x_0，则 $P\{X>x_0\}=\dfrac{155}{526}\approx 0.2947$（录取率）

$\Rightarrow P\{X\leqslant x_0\}=1-P\{X>x_0\}=1-0.2947=0.7053$

于是可得 $\Phi\left(\frac{x_0-\mu}{\sigma}\right)=0.7053$

```
In[4]：=Quantile[dist,0.7053]
Out[4]=0.539706
```

故 $x_0=75.4593$ 。某人成绩为 78 分，在录取线 75.459 3 分以上，所以被录取。

17.3.6　随机变量的数字特征

【例 17.11】 计算二项分布 $B(n,p)$ 的期望值和方差。

解　输入

```
p1=BinomialDistribution[n,p];
Mean[p1]
Variance[p1]
```

输出结果：np

　　　　n(1-p)p

说明二项分布的期望值和方差分别为 np 和 $n(1-p)p$。

【例 17.12】 试求自由度 $n=3$ 的 χ^2 分布的期望与方差。

解　输入

```
Mean[ChiSquareDistribution[3]]
Variance[ChiSquareDistribution[3]]
```

输出结果为：3

　　　　　6

习 题 17

1. 设 $X\sim N(1.0,0.6^2)$，求 $P(X>1.96)$ 和 $P(0.2<X<1.8)$。

2. 求下列分位数：

(1) $t_{0.25}(4)$；(2) $F_{0.1}(14,10)$；(3) $\chi^2_{0.025}(50)$。

3. (泊松分布) 利用 Mathematica 在同一坐标系下绘出参数 λ 取不同值时泊松分布 $\pi(\lambda)$ 的概率密度曲线，通过观察输出的图形，进一步理解泊松分布的概率分布的性质。

实验18 区间估计与假设检验

18.1 问题的提出

区间估计与假设检验是数理统计中的重要内容，也是计算量比较大的一类问题。在理论计算中，通常都需要使用计算器辅助计算和查表，非常麻烦。而Mathematica中的统计软件包，针对试验涉及的多种类型，选择的检验统计量不同，提供相应的指令进行求解，借助计算机可进行方便且快捷的计算。

18.2 实验目的

① 会求一个正态总体的均值、方差的置信区间及两个正态总体的均值差和方差比的置信区间；

② 会求一个正态总体的均值、方差的假设检验及两个正态总体的均值差和方差比的假设检验。

18.3 实验内容

实验中用到的函数命令：

MeanCI[data,KnownVariance→var]

MeanCI[data]

NormalCI[样本均值,样本均值的标准差,置信度选项]

StudentTCI[样本均值,样本均值的标准差的估计,自由度,置信度选项]

MeanDifferenceCI[data1,data2,KnownVariance→{var1,var2}]

VarianceCI[data]

VarianceRatioCI[data1,data2]

ChiSquareCI[样本方差,自由度,置信度选项]

FRatioCI[方差比的值,分子自由度,分母自由度,置信度选项]

18.3.1 区间估计

【例18.1】 假定新生男婴的体重服从正态分布，随机抽取12名男婴，测得体重分别是(单位:g):3 100,2 520,3 000,3 000,3 600,3 160,3 560,3 320,2 880,2 600,3 400,2 540。试求新生男婴平均体重的置信区间(置信度为0.95)。

解 输入

data={3100,2520,3000,3000,3600,3160,3560,3320,2880,2600,3400,2540};

MeanCI[data]

输出{2818.2,3295.13}

即 μ 的置信度为 0.95 的置信区间是(2 818.2,3 295.13)。

【例 18.2】 A、B 两个地区种植同一型号的农作物,现抽取 14 块面积相同的土地,其中 6 块属于地区 A,另外 8 块属于地区 B,测得它们的农作物产量(以 kg 计)分别如下:

地区 A: 198 195 190 225 210 198

地区 B: 191 200 205 195 211 207 206 221

设地区 A 的小麦产量 $X \sim N(\mu_1, \sigma_1^2)$,地区 B 的小麦产量 $Y \sim N(\mu_2, \sigma_2^2)$,$\mu_1, \mu_2, \sigma^2$ 均未知,试求这两个地区小麦的平均产量之差 $\mu_1 - \mu_2$ 的 95%和 90%的置信区间。

解 输入<<"HypothesisTesting`"

list1={198,195,190,225,210,198 };

list2={191,200,205,195,211,207,206,221};

MeanDifferenceCI[list1,list2,EqualVariances→True]

(* 假定方差相等 *)

则输出

{-14.6845,11.0178}

这时 $\mu_1 - \mu_2$ 的置信度为 0.95 的置信区间是(-14.684 5,11.017 8)。

输入

MeanDifferenceCI[list1, list2, ConfidenceLevel→0.90, EqualVariances→True]

则输出

{-12.3457,8.67904}

即 $\mu_1 - \mu_2$ 的置信度为 90%的置信区间是(-12.345 7,8.679 04)。

【例 18.3】 从某厂生产的袋装白糖中随机抽取 9 袋,测得它们的质量(单位:kg)为 6.52,6.41,6.18,6.32,6.64,6.22,6.76,6.22,6.78,若袋装白糖的质量近似地服从正态分布,试求置信度分别为 0.95 与 0.90 的总体方差 σ^2 的置信区间。

解 输入<<"HypothesisTesting`"

data={6.52,6.41,6.18,6.32,6.64,6.22,6.76,6.22,6.78};

VarianceCI[data]

输出{0.0252758,0.203328}

即总体方差 σ^2 的置信度为 0.95 的置信区间是(0.025 275 8,0.203 328)。

又输入

VarianceCI[data,ConfidenceLevel→0.90]

输出{0.0285801,0.162188}

则可以得到 σ^2 的置信度为 0.90 的置信区间是(0.028 580 1,0.162 188)。

【例 18.4】 设两个工厂生产的零件寿命(单位:h)近似服从正态分布 $N(\mu_1,\sigma_1^2)$ 和 $N(\mu_2,\sigma_2^2)$。样本分别为

工厂甲:1 500 1 510 1 550 1 580 1 600 1 620 1 500

工厂乙:1 560 1 560 1 600 1 620 1 740 1 760 1 540

设两样本相互独立,且 $\mu_1,\mu_2,\sigma_1^2,\sigma_2^2$ 均未知,求置信度分别为 0.95 与 0.90 的方差比 σ_1^2/σ_2^2 的置信区间。

解 输入<<"HypothesisTesting"

list1={1500, 1510, 1550, 1580, 1600, 1620, 1500};

list2={1560, 1560, 1600, 1620, 1740, 1760, 1540};

VarianceRatioCI[list1,list2]

输出={0.0535423,1.81345}

则可以得到方差比 σ_1^2/σ_2^2 的置信度为 0.95 的置信区间是(0.053 542 3,1.813 45)。

输入 VarianceRatioCI[list1,list2,ConfidenceLevel→0.90]

输出{0.0727387,1.33486}

则可以得到方差比 σ_1^2/σ_2^2 的置信度为 0.90 的置信区间是(0.072 738 7,1.334 86)。

18.3.2 假设检验

【例 18.5】 某车间用一台包装机包装葡萄糖,所包装葡萄糖的质量是一个随机变量,它服从正态分布。当机器正常时,其均值为 0.5 kg,标准差为 0.015 kg。某日开工后,为检验包装机是否正常,随机抽取 9 袋,称得净质量(单位:kg)分别如下:0.497,0.506,0.518,0.524,0.498,0.511,0.520,0.515,0.512。试问:机器是否正常?(显著性水平为 0.05)

解 依题意,检验假设 $H_0:\mu=0.5,H_1:\mu\neq0.5$

输入<<"HypothesisTesting"

data={0.497,0.506,0.518,0.524,0.498,0.511,0.520,0.515,0.512};

MeanTest[data,0.5,KnownVariance→0.015^2,SignificanceLevel→0.05,

TwoSided→True,FullReport→True]

运行结果为

{FullReport→
Mean	TestStat	Distribution
0.511222	2.24444	NormalDistribution[0,1]

,

TwoSidePValue→0.0248038×10^{-30},Reject null hypothesis at significance level→0.05}

结果表明在显著性水平 0.05 下,可拒绝原假设,即认为包装机工作不正常。

【例 18.6】 用自动车床采用新旧两种工艺加工同一种零件,现测量一批零件的加工偏差(单位:μm)分别为

旧工艺:2.7　2.4　2.5　3.1　2.7　3.5　2.9　2.7　3.5　3.3

新工艺:2.6　2.1　2.7　2.8　2.3　3.1　2.4　2.4　2.7　2.3

假设测量的加工偏差服从正态分布,所得的两个样本相互独立,且总体方差相等。试问:自动车床在新旧两种工艺下的加工精度有无显著差异?(显著性水平为 0.05)

解　设该自动车床在新旧两种工艺下的加工精度分别为 X,Y,则

检验假设 $H_0:\mu_1=\mu_2,H_1:\mu_1\neq\mu_2$

输入

x={2.7,2.4,2.5,3.1,2.7,3.5,2.9,2.7,3.5,3.3};

y={2.6,2.1,2.7,2.8,2.3,3.1,2.4,2.4,2.7,2.3};

MeanTest[x,y,0,EqualVariance→True,SignificanceLevel→0.05,TwoSided→True,FullReport→True]

输出结果为:

{FullReport→
MeanDiff	TestStat	Distribution
0.39	2.4804	StudentDistribution[16.5564]

,

TwoSidePValue→0.0242024,Reject null hypothesis at significance level→0.05}

结果表明,在显著性水平 0.05 下,可拒绝原假设,即认为自动车床在新旧两种工艺下的加工精度有显著差异。

习题 18

1. 从某厂生产的袋装糖果中随机抽取 7 袋,测得它们的质量(单位:kg)为 5.52,5.41,5.18,5.32,5.64,5.22,5.76。若袋装糖果质量近似地服从正态分布 $N(\mu,\sigma^2)$,求:

(1) 总体均值μ与标准差σ的估计值。

(2) 总体均值μ与标准差σ的置信度为95%的置信区间。

2. 用热敏电阻测温仪间接测量地热勘探井底温度(单位:℃),设测量值近似服从$X \sim N(\mu,\sigma^2)$,μ,σ均未知。现在重复测量7次,测得温度如下:

112.0　113.4　111.2　112.0　114.5　112.9　113.6

而温度的真值为112.6℃。试问:用热敏电阻测温仪间接测量温度有无系统偏差?(显著性水平$\alpha=0.05$)

实验19 回归分析

19.1 问题的提出

在现实生活与生产活动中普遍存在变量之间的相互依存关系。回归分析是通过条件期望研究相关关系的一种数学方法，它能帮助我们从一个变量的值去估计另一个变量的取值。人们借助计算机使用数学软件可从庞大而复杂的统计与运算工作中解放出来。

19.2 实验目的

① 会求解一元线性回归方程及多元线性回归方程；

② 会求解非线性回归方程。

19.3 实验内容

实验中用到的函数命令：

LinearModelFit[data,funs,vars]

NonlinearModelFit[data,model,vars,parameters]

【例 19.1】 为研究某一化学反应过程中温度 x（单位：℃）对产品质量 y（单位：g）的影响，测得数据见表 19.1。

表 19.1 测量数据

x	100	110	120	130	140	150	160	170	180	190
y	45	51	54	61	66	70	74	78	85	89

求 y 关于 x 的线性回归方程，并分析回归效果的显著性。

解 输入

data={{100,45},{110,51},{120,54},{130,61},{140,66},{150,70},{160,74},{170,78},{180,85},{190,89}};lf=LinearModelFit[data,{x},{x}]

返回计算结果为：

FittedModel[-2.73939+0.48303x]

所以，得到的线性回归方程为 $y=-2.739\ 39+0.483\ 03x$。

输入 lf["ParameterTable"]

输出

	Estimate	StandardError	t-Statistic	P-Value
1	−2.73939	1.5465	−1.77135	0.11445
x	0.48303	0.0104622	46.169	5.35253×10^{-11}

输入 lf["ANOVATable"]

输出

	DF	SS	MS	F-Statisic	P-Value
x	1	1924.88	1924.88	2131.57	5.35253×10^{-11}
Error	8	7.22424	0.90303		
Total	9	1932.1			

从以上的 P 值看，线性回归是显著的。

【例 19.2】 一项关于某农产品亩产量的研究中，从 10 个农场获得某农产品产量 y(kg)与施肥量 x_1(kg)、播种量 x_2(kg)的数据，如表 19.2 所示。

表 19.2 测量数据

x_1	38	39	40	41	42	43	44	46	47	48
x_2	50	50	52	56	60	64	58	63	62	61
y	50	51	55	59	62	64	66	68	69	71

试写出回归方程并分析回归效果(显著性水平 $\alpha=0.05$)。

解 输入

data={{38,50,50},{39,50,51},{40,52,55},{41,56,59},{42,60,62},{43,64,64},{44,58,66},{46,63,68},{47,62,69},{48,61,71}};

lf=LinearModelFit[data,{x,y},{x,y}]

输出 FittedModel [−30.5772+1.55424x+0.443674y]

输入 lf["ParameterTable"]

输出

	Estimate	StandardError	t-Statistic	P-Value
1	−30.5772	5.41126	−5.65065	0.000773956
x	1.55424	0.228027	6.81603	0.000249547
y	0.443674	0.146339	3.03183	0.0190654

输入 lf[{"RSquared","AdjustedRSquared","EstimatedVariance"}]

输出{0.976872,0.970264,1.67346}

输入 lf["ANOVATable"]

输出

	DF	SS	MS	F-Statisic	P-Value
x	1	479.403	479.403	286.475	6.15668×10^{-7}
y	1	15.3824	15.3824	9.19198	0.0190654
Error	7	11.7142	1.67346		
Total	9	506.5			

所以,回归方程为 $\hat{y}=-30.5772+1.55424x_1+0.443674x_2$。从以上的 P 值看,线性回归是显著的。

19.3.2 非线性回归

【例 19.3】 某职工医院医院用光电比色计检验尿汞时,依据以往经验尿汞含量 x(mg/L)与消光系数 y 之间满足 $y=ax^b$。已知,尿汞含量与消光系数读数的结果如表 19.3 所示。

表 19.3 测量数据

x	70.70	98.25	112.57	122.48	138.46	148.00	152.00	162.00
y	1.00	4.85	6.59	9.01	12.34	15.50	21.25	22.11

试对尿汞含量与消光系数进行回归分析(显著性水平 $\alpha=0.05$)。

解 输入

```
data={{70.70,1.00},{98.25,4.85},{112.57,6.59},{122.48,9.01}
{138.46,12.34},{148.00,15.50},{152.00,21.25},{162.00,22.11}};
nlf=NonlinearModelFit[data, a*x^b,{a,b},x];Normal[nlf]
```

输出

$7.5819\times10^{-7}x^{3.38513}$

输入 nlf[{"ParameterTable", "RSquared"}]

{

	Estimate	Standard Error	t-Statistic	P-Value
a	7.5819×10^{-7}	1.372×10^{-6}	0.552616	0.600492
b	3.38513	0.36162	9.36101	0.0000842953

, 0.99183}

输入 nlf["ANOVATable"]

输出

	DF	SS	MS
Model	2	1469.96	734.981
Error	6	12.1083	2.01806
Uncorrected Total	8	1482.07	
Corrected Total	7	409.068	

输入 nlf["Mean Prediction Confidence Interval Table"]

运行得结果

Observed	Predicted	Standard Error	Confidence Interval
1	1.38132	0.375437	{0.462664,2.29998}
4.85	4.20799	0.651229	{2.61449,5.80149}
6.59	6.66963	0.71789	{4.91302,8.42625}
9.01	8.87445	0.707158	{7.1441,10.6048}
12.34	13.441	0.609942	{11.9485,14.9334}
15.5	16.8417	0.625029	{15.3124,18.3711}
21.25	18.4329	0.696973	{16.7274,20.1383}
22.11	22.8699	1.09871	{20.1815,25.5584}

非线性回归方程的表达式为

$$y=7.5819\times10^{-7}x^{3.38513}$$

习题 19

1. 根据以往经验，在彩色显影中，形成染料光学密度 y 与析出银的光学密度 x 之间呈倒指数曲线关系：$y=ae^{b/x}(a>0)$，已测得 11 对数据 (x_i,y_i)，见表 19.4。

表 19.4 测量数据

x	0.05	0.06	0.07	0.10	0.14	0.20	0.25	0.31	0.38	0.43	0.47
y	0.10	0.14	0.23	0.37	0.59	0.79	1.00	1.12	1.19	1.25	1.29

试对析出银的光学密度与形成染料光学密度进行回归分析（显著性水平 $\alpha=0.05$）。

实验20 模拟演示

20.1 问题的提出

著名的Buffon投针实验是在一张大纸上画出一组间距为2个单位的平行线,将一根长度恰好等于2个单位的针扔到纸面上,针可能与平行线相交,也可能与平行线不相交而位于相邻两线之间。法国科学家Buffon指出:如果不断地扔掷这根针,那么扔掷的总次数的两倍除以针与平行线相交的总次数所得的商就是π的近似值。这是为什么呢?能否用这个思想来求π的近似值,进而解决一些其他数学问题呢?

统计规律性的广泛存在使得对随机现象的深入研究成为可能并很有意义。运用数学软件Mathematica,对大数定律及泊松定理从不同角度进行演示与验证,给出形象直观的解释及说明,使这两个抽象的结论变得易于理解和记忆。

20.2 实验目的

① 学习随机模拟方法,利用计算机进行模拟;

② 能利用Mathematica对一些定理进行演示。

20.3 实验内容

20.3.1 蒙特卡罗实验

【例20.1】(Buffon投针实验) 在平面上有等间距为$a(a>0)$的一些平行线,向平面上随机投一长为$L(L<a)$的针。求针与平行线相交的概率$P(A)$。

解 若以M表示针的中点,以x表示M距离最近平行线的距离,θ表示针与平行线的交角,则针与平行线相交的充要条件是(θ,x)满足

$$0\leqslant x\leqslant L\sin\frac{\theta}{2},0\leqslant\theta\leqslant\pi$$

于是,Buffon投针实验就相当于向平面区域

$$G=\left\{(\theta,x),0\leqslant\theta\leqslant\pi,0\leqslant x\leqslant\frac{a}{2}\right\}$$

投点的几何型随机实验。此时

$$P(A)=\frac{A\text{的面积}}{G\text{的面积}}=\frac{2L}{\pi a}$$

取$a=2\pi,L=2$,输入命令,进行模拟实验:

```
n=Input["n="]
k=0;
For[i=1,i<n,i++,x=Random[Real,{0,Pi}];y=Random[Real,{0,
Pi}];If[y<Sin[x],
k=k+1]]
pi=Sqrt[2*n/k];Print["Pi=",N[pi,18]]
```

① 模拟向平面区域 G 投点 n 次的随机实验，若投点落入 A 则计数 1 次，统计落入区域 A 的次数就是针与线相交的次数，计算针与线相交的频率，并近似计算 π 的值。

② 改变投点次数 n，重复①，并将计算结果填入表 20.1 中。

表 20.1 投针实验数据

投针次数	π 的近似值
1 000	3.178 208 630 818 641 05
10 000	3.123 475 237 772 121 31
100 000	3.138 128 535 701 380 13
1 000 000	3.142 153 763 894 120 95

值得注意的是这里所采用的方法：首先建立一个概率模型，它与某些我们感兴趣的量(这里是常数 π)有关，然后设计适当的随机实验，并通过这个实验的结果来确定这些量。

【例 20.2】(高尔顿钉板实验) 自高尔顿钉板上端放一个小球，任其自由下落。在其下落过程中，当小球碰到钉子时从左边落下的概率为 p，从右边落下的概率为 $1-p$，碰到下一排钉子又是如此，最后落到底板中的某一格子内。因此，任意放入一小球，则此球落入哪个格子事先难以确定。设横排共有 $m=20$ 排钉子，下面进行模拟实验：

① 取 $p=0.5$，自板上端放入一个小球，观察小球落下的位置；将该实验重复做 5 次，观察 5 次实验结果的共性及每次实验结果的偶然性。

② 分别取 $p=0.1,0.5,0.9$，自板上端放入 n 个小球，取 $n=5\ 000$，观察 n 个小球落下后呈现的曲线。作出不同 p 值下 5 000 个小球落入各个格子的频次的直方图。

解 输入

```
Galton[n_Integer,m_Integer,p_]:=Module[{},dist={};
For[l=1,l<=n,l++,k=0;
```

```
t=Table[Random[BernoulliDistribution[p]],{i,1,m}];
    Do[If[t[[i]]==1,k++,k--],{i,1,m}];dist=Append[dist,k];
    pp=Tally[dist];];Histogram[dist,ChartStyle→Orange]];
p=0.1;n=5000;m=20;Galton[n,m,p]
p=0.5;n=5000;m=20;Galton[n,m,p]
p=0.9n=5000;m=20;Galton[n,m,p]
```

运行结果见图 20.1。

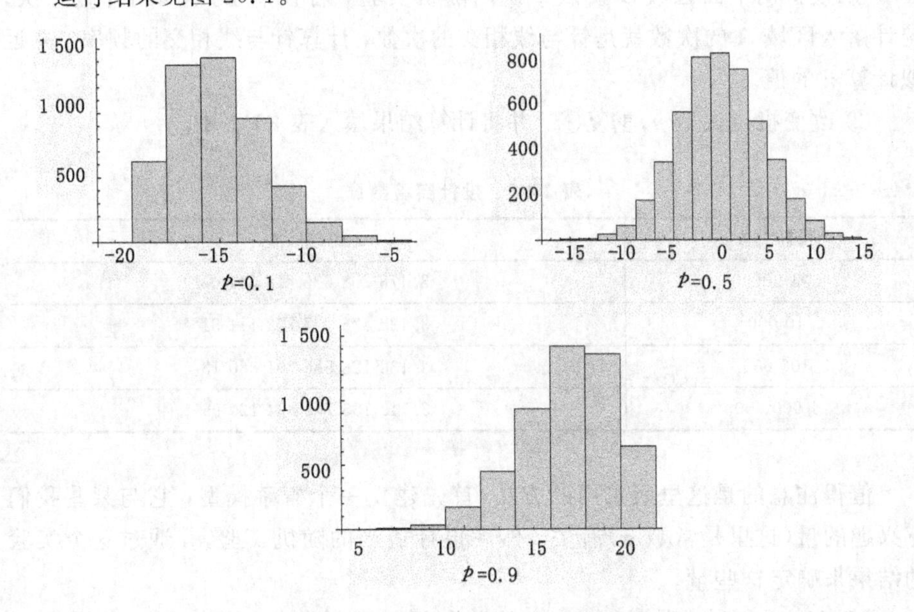

图 20.1 高尔顿钉板实验运行结果

由图 20.1 可见，若小球碰钉子后从两边落下的概率发生变化，则高尔顿钉板实验中小球落入各个格子的频数发生变化，从而频率也相应地发生变化。而且，当 $p>0.5$ 时，曲线峰值的格子位置向右偏；当 $p<0.5$ 时，曲线峰值的格子位置向左偏。

20.3.2 定理演示

(1) 伯努利定理的直观演示

【例 20.3】 ① 产生 n 个服从两点分布 $b(1,p)$ 的随机数，其中 $p=0.5$，$n=50$，统计 1 出现的个数，它代表 n 次实验中事件 A 发生的频数 n_A，计算

$$\left|\frac{n_A}{n}-p\right|;$$

② 将①重复 $m=100$ 组，对给定的 $\varepsilon=0.05$，统计 m 组中

$$\left|\frac{n_A}{n}-p\right|\geqslant\varepsilon$$

成立的次数及出现的频率。

解 输入

```
p=0.5;eps=0.05;m=100;out={};
For[n=10,n<=2000,n*=3,t={};dist={};h=0;
  For[i=1,i<=m,i++,dist=RandomVariate[BernoulliDistribution
[p],n];
   na=Tally[dist];h=Abs[na[[2,2]]/n-p];
   t=Append[t,h]];times=Count[t,h_/;h>=eps];
 out=Append[out,{n,times,N[times/m]}];]
 TableForm[out,TableHeadings→{None,{"n","time","frequence"}}]
```

则输出

n	time	frequence
10	71	0.71
30	60	0.6
90	38	0.38
270	10	0.1
810	0	0.

将上述结果整理成表 20.2 形式。

表 20.2 伯努利实验数据表

n	$\left\|\frac{n_A}{n}-p\right\|\geqslant\varepsilon$ 出现的次数	$\left\|\frac{n_A}{n}-p\right\|\geqslant\varepsilon$ 出现的频率
10	71	0.71
30	60	0.6
90	38	0.38
270	10	0.10
810	0	0

从上表可见：随着 n 的增大，伯努利实验中事件 A 的频率与概率的偏差不小于ε 的概率越来越接近 0，即当 n 很大时，事件的频率与概率有较大偏差的可能性很小。由实际推断原理，在实际应用中，当实验次数很多时，便可以用事

件发生的频率来代替概率。

(2) 泊松定理的演示

【例 20.4】 验证泊松定理：当 n 很大且 p 很小时可以用泊松分布作为二项分布的近似，即 $C_n^k p^k (1-p)^{n-k} \approx \frac{\lambda^k e^{-k}}{k!}, k=0,1,2,\cdots$，其中 $\lambda = np$。

解 不妨取参数 $n=100, p=0.05$ 的二项分布和参数 $\lambda = np = 5$ 的泊松分布为例。

输入

```
p=PoissonDistribution[5];t=Table[PDF[p,i],{i,0,15}]//N;
gg1=ListPlot[t,Style→PointSize[0.02],DisplayFunction→Identity];
gg2=ListPlot[t,Joined→True,DisplayFunction→Identity];
Show[gg1,gg2](*见图 20.3*)
```

输入

```
p=BinomialDistribution[100,0.05];t=Table[PDF[p,i],{i,0,15}]//N;
gg3=ListPlot[t,Style→PointSize[0.02],DisplayFunction→Identity];
gg4=ListPlot[t,Joined→True,DisplayFunction→Identity];Show[gg3,
gg4](*见图 20.4*)
```

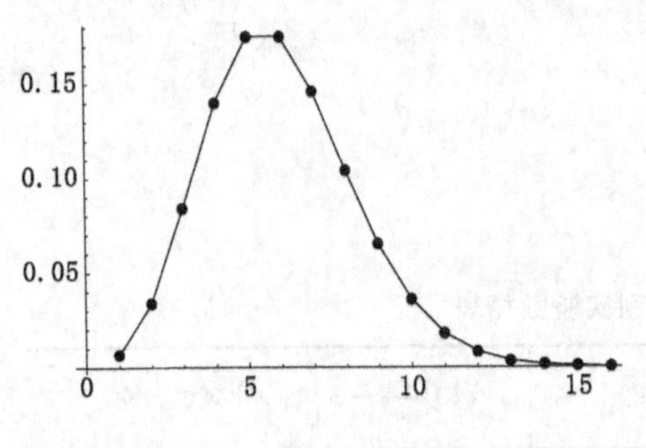

图 20.3 泊松分布图形

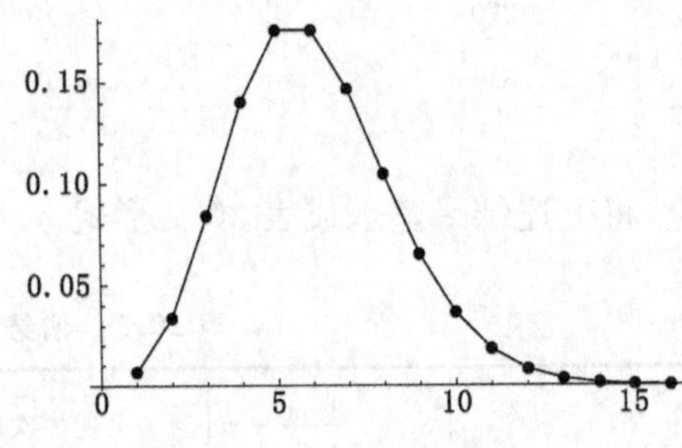

图 20.4 二项分布图形

将两种分布图形放在同一个坐标系中进行比较。

```
Show[gg1,gg2,gg3,gg4](*见图 20.5*)
```

可以看出，两者几乎是完全重合的。反复取不同的 n 值和 p 值，便可观察什么条件下二项分布可以较好地与泊松分布吻合。经过反复实验，可以得到只要 $p<0.1$ 时(此时 n 不用很大就可以，如上例中)，两者就会比较好地吻合，这是因为泊松分布用来描述稀有事件，实验结果与此是相符的。

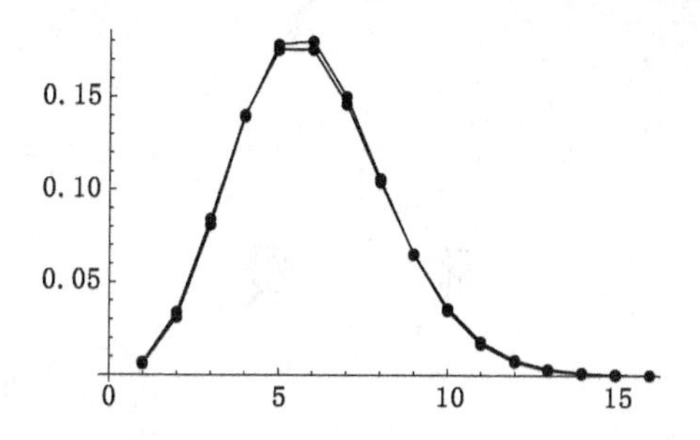

图 20.5　两种分布图形比较

习题 20

（中心极限定理的直观演示）

直观演示中心极限定理的基本结论："大量独立同分布随机变量的和的分布近似服从正态分布。"

提示：可按以下分析过程设计程序。

（1）产生服从二项分布 $b(10,p)$ 的 n 个随机数，取 $p=0.2$，$n=500$，计算 n 个随机数之和 y 以及 $\dfrac{y-10np}{\sqrt{10np(1-p)}}$；

（2）将（1）重复 $m=5\ 000$ 组，用这 m 组 $\dfrac{y-10np}{\sqrt{10np(1-p)}}$ 的数据作频率直方图并进行观察。

附　录

附录1　常用符号与常数

1.1　常用符号

In[k]	第 k 次输入提示符
Out[k]	第 k 次输出提示符
%	上一次输出的结果
%%	倒数第2次输出的结果
%%…%	倒数第 k 次输出的结果
%k	以 k 为序号那一次输出的结果(即Out[k])
( )	圆括号用于组合
[ ]	方括号用于函数
{ }	花括号用于列表
[[ ]]	双括号用于排序
“ ”	双引号用于字符串
(*……*)	注释号可用于任何需要注释的地方
+ － ·(或*)/ ^	加、减、乘、除、乘方运算符
= =与! =	相等与不相等
>与<	大于与小于
>=与<=	大于等于与小于等于
! (Not)	非、逻辑否
&&(And)	与、逻辑乘
||(Or)	或、逻辑加
Xor	逻辑异或
False	逻辑值:假
True	逻辑值:真
? name	显示有关name的信息

?? name	显示有关 name 的详细信息
? Abc *	显示名字开头为 Abc 的所有对象的信息
!! file1	显示文件名为 file1 文件的内容
<<file2	读入文件名为 file2 的文件，并执行
<<dir`Algebra`	从路径中读取代数包(或其他包)
expr>>"file3"	将表达式 expr 保存到文件 file3 中
expr>>>"file4"	将表达式 expr 添加到文件 file4 中
N[f]或 f//	将 f 转换为实数的形式
N[f,n]	将 f 转换为具有 n 位精度的近似数
x=.	清除掉已赋给变量 x 的任何值
Clear[x]	清除掉变量 x 的定义和定义的值
f/. x→a	将表达式 f 中的变量 x 替换为 a
expr/. Rules	对表达式 expr 的每个子式应用一个或多个规则 Rules
expr//. Rules	对表达式 expr 重复使用规则 Rules，直到 expr 不再变化时为止
Alt+(或 Alt.)	强制中断计算
↑+↵	执行或运行后输出结果，是↑Shift+↵Enter 的简写
→	有些地方用→代替↑+↵

1.2　常用常数

Pi	圆周率，$\pi=3.141\,592\,6\cdots$
E	自然对数底 e，$e=2.718\,28\cdots$
I	虚数单位 i，$i=\sqrt{-1}$
Degree	角度的 1 度，1 度$=\pi/180$
Infinity	无穷大，即∞
Indeternminate	不定值，即 $\frac{0}{0},\frac{\infty}{\infty}$
GoldenRatio	黄金分割数 g，$g=(\sqrt{5}+1)/2\approx0.618\,03$
EularGamma	欧拉常数 $u=0.577\,215\cdots$
Ct	卡特兰常数 $Ct=0.915\,965\cdots$

附录2 常用数学函数

函数	说明
Sin[x],Cos[x],Tan[x], Cot[x],Sec[x],Csc[x]	三角函数
ArcSin[x],ArcCos[x],ArcTan[x], ArcCot[x],ArcSec[x],ArcCsc[x]	反三角函数
Sinh[x],Cosh[x],Tanh[x],Coth[x], Sech[x],Csch[x]	双曲函数
ArcSinh[x],ArcCosh[x],ArcTanh[x], ArcCoth[x],ArcSech[x],ArcCsch[x]	反双曲函数
Exp[x]	指数函数,即 e^x
Log[x]	对数函数,以 e 为底,即 $\log_e x = \ln x$
Log[a,x]	对数函数,以 a 为底,即$\log_a x$
Sqrt[x]	开平方函数,即 $\sqrt{x}$
Abs[x]	求实数的绝对值,或复数的模
Sign[x]	符号函数,即 $\text{Sign}[x] = \begin{cases} 1, x > 0 \\ 0, x = 0 \\ -1, x < 0 \end{cases}$
n! (Factorial)	n 的阶乘,即 $n(n-1)(n-2)\cdots 3 \cdot 2 \cdot 1$
n!! (Factorial2)	n 的双阶乘,即 $n(n-2)(n-4)\cdots 1$
Binomial[n,k]	二项式系数,即 $C_n^k = \frac{n!}{k!(n-k)!}$
Rc[z]	复数 z 的实部
In[z]	复数 z 的虚部
Arg[z]	复数 z 的幅角
Conjugate[z]	复数 z 的共轭复数 z^*
BesselJ[n,x]	第一类贝塞尔函数 $J_n(x)$
BesselI[n,x]	修正第一类贝塞尔函数 $I_n(x)$
BesselY[n,x]	第二类贝塞尔函数 $Y_n(x)$
BesselK[n,x]	修正第二类贝塞尔函数 $K_n(x)$

Beta[p,q]	完全与不完全的贝塔函数 $B(p,q)$
Gamma[p]	欧拉伽玛函数 $\Gamma(p)$
Elliptic*	各种椭圆函数 $E(\cdots)$
Zeta[s]	黎曼函数 $\zeta(s)$
Zeta[s,a]	广义黎曼函数 $\zeta(s,a)$
ChebyshevT[n,x]	第一型切比雪夫多项式 $T_n(x)$
ChebyshevU[n,x]	第二型切比雪夫多项式 $U_n(x)$
LegendreP[n,x]	勒让德多项式 $P_n(x)$
LegendreP[m,n,x]	联合勒让德多项式 $P_n^m(x)$
Ceiling[x]	求不小于 $x(\geqslant x)$ 的最小整数
Floor[x]	求不大于 $x(x\leqslant)$ 的最大整数
Round[x]	求最接近 x 的整数
IntegerPart[x]	取数值 x 的整数部分
FractionalPart[x]	取数值 x 的小数部分
Quotient[m,n]	求整数 m,n 相除 m/n 的整数部分
Mod[m,n]	求整数 m,n 相除 m/n 的余数部分
Prime[n]	求第 n 个素数
FactorInteger[n]	将整数 n 分解成素数的乘积
GCD[n_1, n_2, …]	求 $n_1,n_2,\cdots$ 的最大公约数，n_i 为整数
LCM[n_1, n_2, …]	求 $n_1,n_2,\cdots$ 的最小公倍数，n_i 为整数
Max[x_1, x_2, …]	求 $x_1,x_2,\cdots$ 中的最大值，x_i 为数值或表
Min[x_1, x_2, …]	求 $x_1,x_2,\cdots$ 中的最小值，x_i 为数值或表
N[expr]	给出 expr 的近似值
N[expr,n]	给出 expr 具有 n 位精度的近似值
Random	生成各种形式的随机数
Random[]	生成 0 到 1 之间的一个伪随机数

附录 3　常用系统操作与运算函数

Abort[]	中断并退出计算
AbortProtect[expr]	表达式 expr 计算完成后，中止运算
AbsoluteDashing[{d_1, d_2, …}]	图形可选参数，实线段同虚线段重复循环使用
AbsolutePointSize[d]	图形可选参数，d 是图形上点的半径
AbsoluteThickness[d]	图形可选参数，d 是图形上线条的绝对宽度
All	函数的一个选项
And(&&)	逻辑与符号 && 的算子名
Apart[expr]	将有理式 expr 转化为一些最简分式之和
Apply[f,expr]	将 f 作用于 expr
Array[f,n]	生成长度为 n，元素为 $f[i]$的向量
AspectRatio	表示二维图形高度和宽度的比例
Automatic	系统函数的一个选项值
Axes	是否画坐标轴的选项
AxesEdge	三维图形选项，在封闭立体的某个边界上画轴
AxesLabel	规定坐标轴的标记符
AxesOrigin	规定坐标轴的原点
AxesStyle	规定如何画坐标轴的样式
Background	规定图形背景的颜色
BeginPackage["context"]	开始一个程序包
Boxed	规定在三维图形中是否画出立体框图的边界
BoxRatios	规定在三维图形中三个边界的比例
BoxStyle	规定如何绘制立方体框的样式
Break[]	跳出最近的 Do、For 或 While 的循环体
C[i]	用 Dsolve 求解微分方程时产生的第 i 个常数
Cancel[expr]	约去 expr 分子和分母中的公因子
Chop[expr]	将 expr 中数量级小于 10^{-10} 的项当作零处理
Chop[expr,dx]	将 expr 中数量级小于 dx 的项当作零处理
Clear[s_1, s_2, …]	清除 s_i 的值和定义
ClearAll[s_1, s_2, …]	清除与符号 s_i 有关的值、定义、属性、默认值

函数	说明
Coefficient[p,form]	给出多项式 p 中 form 项的系数
CoefficientList[p,{x_1,x_2,…}]	给出多项式 p 的变量 x_i 的各幂次系数表
Collect[p,x]	按 x 的幂次顺序排列多项式 p
ColumnForm[expr]	按列表形式输出 expr
Complement[f,e_1,e_2,…]	删除 f 中与 e_1,e_2,…相同的元素,计算 f 对 e_i 的补集
Context[]	给出当前目录
Context[symbol]	给出含有符号 symbol 的目录
Contexts[]	给出所有目录
Context["string"]	给出与字符 string 匹配的目录
Continue	退出 Do、For 或 While 最内层的循环
ContourPlot[f,{x,x_1,x_2},{y,y_1,y_2}]	画出 f 在范围 $x_1\leqslant x\leqslant x_2$,$y_1\leqslant y\leqslant y_2$ 内的等值线图
CopyDirectory["dir1","dir2"]	将目录 dir1 复制到 dir2 中
CopyFile["file1","file2"]	将文件 file1 复制到 file2 中
CreatDirectory["dir"]	在当前目录中建立新目录 dir
Cross[U,V]	求向量 $\boldsymbol{U}$ 与向量 $\boldsymbol{V}$ 的外积
D[f,x]	求 f 对 x 的偏导数 $\partial f/\partial x$
D[f,{x,n}]	求 f 对 x 的 n 阶偏导数 $\partial^n f/\partial x^n$
Dashing[{r_1,r_2,…}]	二维图形指令,令虚线段的长度依次取 r_1,r_2,…
Decompose[p,x]	化简多项式 p 为一列复合多项式
Definition[s_1,s_2,…]	给出符号 s_1,s_2,…的定义
Degree	1 度对应的弧度值 $\pi/180$
Delete[expr,n]	删除表达式 expr 中第 n 位置上的元素,当 n 为负数时表示倒数位置
Delete[expr,{i,j,…}]	删除 expr 中{i,j,…}位置上的元素
DeleteDirectory["dd"]	删除目录 dd
DeleteFile["ff"]	删除文件 ff
Denominator[expr]	给出表达式 expr 的分母
Derivative[n_1,n_2,…][f]	将 f 对第 1 个变量求 n_1 阶导数,对第 2 个变量求 n_2 阶导数,…
Det[m]	求方阵 $\boldsymbol{m}$ 的行列式值

DialogMatrix[list]	以 list 为对角元素的对角矩阵
Dimension[expr]	给出 expr 的维数
Directory[ ]	显示当前的工作目录
DirectoryStack[ ]	显示当前所有的工作目录(栈)
Divisors[n]	给出所有能被 n 整除的整数
Do[expr,{i,i_1,i_2},{j,j_1,j_2}]	在 i 和 j 的循环范围内运行 expr
Dot	向量、矩阵、张量的乘号算子名
Drop[list,n]	在表列 list 中删除前 n 个元素
Drop[list,－n]	在表列 list 中删除后 n 个元素
Drop[list,{n}]	在表列 list 中删除第 n 个元素
Drop[list,{m,n}]	在表列 list 中删除第 m 到第 n 个元素
Dsolve[eqn, y, x]	求解微分方程 eqn,其中 y 是函数,x 是自变量
Dsolve[{eqn_1,eqn_2,…},{y_1,y_2,…},x]	求解微分方程 eqn_1,eqn_2,…,其中 y_1,y_2,…是函数,x 是自变量
Dt[f,x]	计算全导数 df/dx
Dt[f]	计算全微分 df
Eigensystem[m]	计算方阵 $\boldsymbol{m}$ 的全部特征值和特征向量
Eigenvalues[m]	计算方阵 $\boldsymbol{m}$ 的特征值表
Eigenvectors[m]	计算方阵 $\boldsymbol{m}$ 的特征向量表
Eliminate[eqns,vars]	消去方程组 eqns 中的变量 vars
End[ ]	结束(与 Begin 相对应的)当前内容
EndOffile	表示到达文件末尾
Evaluate[expr]	求表达式 expr 的值
Exit[ ]	终止一个 Mathematica 的程序段
Expand[expr]	将 expr(积或整数幂)展开
ExpandAll[expr]	将 expr 的所有内容展开
ExpandDenominator[expr]	将有理式 expr 的分母展开
ExpandNumerator[expr]	将有理式 expr 的分子展开
Exponent[expr,var]	给出 expr 中 var 的最高次幂
ExpToTrig[expr]	将指数形式表示为三角函数形式
FaceGrid	三维图形选项,设定封闭表面网格线的样式
Factor[poly]	将 poly 进行因式分解
False	逻辑常量:假

FileNames[ ]	列出当前工作目录下的所有文件
FileNames[form]	列出当前工作目录下所有与 form 匹配的文件
FindList["file","text"]	列出文件 file 中含有字符 text 所在的行
FindMinimum[f,{x,x0}]	以 x_0 为初始点，求 f 的一个局部极小值点
FindMinimum[f,{x,x0,x1}]	以 x_0，x_1 为初始点，计算 f 的极小值点，当找不到 f 的显式导数时使用
FindMinimum[f,{x,x0},{y,y0},…]	求多元函数局部极小点，初始点为 x_0，y_0，…
FindRoot[f= =0,{x,x0}]	求方程 $f=0$ 的一个近似根，初始点为 x_0
FindRoot[f= =0,{x,x0,x1}]	求方程 $f=0$ 的一个近似根，以 x_0 与 x_1 为初始点
First[expr]	给出表达式 expr 中的第一个元素
Fit[data,funs,vars]	用数据 data，以 vars 为变量，按 funs 的形式构造拟合函数
FixedPoint[f,expr]	将 f 反复作用于 expr，直到结果不再变化为止
FixedPoint[f,expr,n]	意义同上，最多做到 n 步为止
FixedPointList[f,expr]	列出将 f 反复作用于 expr 的一系列结果，直到结果不再变化为止
Flatten[list]	去掉序列的嵌套
For	For 循环表达式
Format[expr]	按 expr 中的格式输出 expr
Frame	二维图形选项，设置是否在图形框的边缘上写出图形名称
FrameLabel	二维图形选项，设置在图形边框上的名称
FrameStyle	二维图形选项，设置画框线的样式
FrameTicks	二维图形选项，设置外框边界上的坐标刻度
FunctionExpand[expr]	展开带有特殊函数的表达式
FunctionExpand[expr,assume]	展开带有特殊条件的函数表达式
FunctionInterpolation[expr,{x,x1,x2}]	在区间$[x_1,x_2]$上构造 expr 的逼近函数
FunctionInterpolation[expr,	在区域$[x_1,x_2]$，$[y_1,y_2]$，…上构造 expr 的高维逼近函数

{x,x1,x2},{y,y1,y2},…]	
FullForm[expr]	输出表达式expr的完全形式
FullOptions[expr]	列出expr的所有选项
FullOptions[expr,name]	列出expr的选项name的设定值
FullSimplify[expr]	同Simplify类似,但功能更强
FullSimplify[expr,assum]	按条件assum化简expr
Function[body]或body&	纯函数定义形式
Function[x,body]	以x为变量的纯函数
Graphics[primitives,options]	用图形元素primitives,根据选项options构造平面图形
Graphics3D[primitives,options]	用图形元素构造空间图形函数
GraphicsArray	图形数组
GrayLevel[lev]	设定显示图形灰度的数值
GridLines	图形功能选项,设定是否在图形上画出网格线
Head[expr]	给出expr的头部
HiddenSurface	图形功能选项,规定是否画出被遮挡的面
Hold[expr]	将expr保持为非运行(或运算)形式
HoldAll	规定一个函数的所有变量都保持在非运行状态的属性
HoldFirst	规定一个函数的第一个自变量保持在非运行状态的属性
HoldForm[expr]	将表达式expr在非运行状态下输出
If	条件语句
Implies[p,q]	逻辑蕴含,表示逻辑关系$p=q$
Input[ ]	交互读入一个Mathematica表达式
Input["prompt"]	用prompt作为要求输入提示符
InputString[ ]	交互读入一个字符串
InputString["prompt"]	显示提示信息prompt,交互读入一个字符串
Insert[list,expr,n]	在list中的位置n插入expr;当$n<0$时表示倒数第n个位置
Integer	整数的头部和说明符
Integrate	计算不定积分和定积分的函数
InterpolatingFunction[range,	对插值表table在范围range上计算近似函数

table]	
InterpolatingPolynomial	表示插值的近似目标函数
Interpolating[d]	按数据 d 构造插值函数,生成 InterpolatingFunction 目标
Interupt	产生一个中断
Intersection[list1,list2,…]	求元素或表 list1,list2,…的交集
Inverse[m]	求方阵 $\boldsymbol{m}$ 的逆阵 $\boldsymbol{m}^{-1}$
InverseFunction	表示 f 的全体反函数
InverseFunction[f][y]	求出使 $f[x]=y$ 的 x 值
InverseFunction[f,n,t]	求 f 的第 n 个变量的反函数,所有变量为 t 个
Join[list1,list2,…]	将 list1,list2,…序列连接起来
JordanDecomposition[m]	求方阵 $\boldsymbol{m}$ 的 Jordan 分解
Label[tt]	Goto 转向的位置标记
Last[expr]	expr 中的最后一个元素
Length[expr]	求 expr 中元素的数目
Level[expr,n]	求 expr 在第 n 阶上的表达式
Lighting	三维图形功能选项
LightSources	规定了光源的性质
Limit[expr,x→x_0]	求 expr 当 x 趋向于 x_0 时的极限值
Line[{p_1,p_2,…}]	用于图形中连接点 p_1 和 p_2,p_2 和 p_3,…的直线段
LinearProgramming[c,m,b]	求解线性规划 min $C^{T}x$, s. t. $mx\geqslant b, x\geqslant 0$
LinearSolve[m,b]	求解线性方程组 $mx=b$
List	表列{l_1,l_2,…}的说明符和头部
Listable	函数 f 的属性,表示 f 自动作用于表中的每一个元素
ListContourPlot[array]	生成数据 array 的等值线图形
ListDensityPlot[array]	生成数据 array 的密度图形
ListInterpolation[array]	由数组中的数值构造近似插值函数
ListInterpolation[array, {{x_1,x_2},{y_1,y_2}}]	在给出的网格内,由数组中的数值构造近似插值函数
ListPlot[list]	画出点列 list,或者连接点列 list 的平面折线
ListPlot3D[array]	画出点列 array,或者连接点列 array 的空间折线

Literal[expr]	保持 expr 为非运算形式
LogicalExpand[expr]	逻辑展开
LUBackSubstitution[m,b]	利用 LU 分解求解线性方程组 $mx=b$
LUDecomposition[m]	求方阵 $\boldsymbol{m}$ 的 LU 分解
Map[f,expr]	将 f 作用于 expr 中第一层次的每一个元素
MapAt[f,expr,n]	将 f 作用于 expr 中第 n 个位置上的元素，若是 $-n$，则作用于倒数第 n 个位置上的元素
MatrixExp[m]	计算矩阵 e^m，其中 $\boldsymbol{m}$ 是矩阵
MatrixForm[list]	按矩阵形式输出 list
MatrixPower[A,n]	计算矩阵 $\boldsymbol{A}$ 的 n 次幂 $\boldsymbol{A}^n$，当 n 为负数时，则是计算 $\boldsymbol{A}$ 的逆阵 $\boldsymbol{A}^{-1}$ 的 n 次幂，$\boldsymbol{A}^{-n}=(\boldsymbol{A}^{-1})^n$
Mesh	图形选项，设定是否画 $x—y$ 网格
MeshRange→{{x_1,x_2},{y_1,y_2}}	图形选项，设定 $x—y$ 网格线的范围
MeshRange→Automatic	图形选项，由系统自动设定网格线的范围
MeshStyle	图形选项，设定绘制网格线的式样
Message[symbol]	显示与 symbol 有关的信息
Minors[m,k]	产生矩阵 $\boldsymbol{m}$ 中的所有 $k\times k$ 阶子阵
ND[f,x,x_0]	计算 f 在 x_0 处的一阶数值导数
ND[f,{x,n},x_0]	计算 f 在 x_0 处的 n 阶数值导数
NDSolve[eqns,y,{x,x_1,x_2}]	求微分方程或方程组 eqns 的数值解，给定的范围是 $x_1\leqslant x\leqslant x_2$
Needs["condext"]	调入文件 condext
Nest[f,expr,n]	f 对 expr 作用 n 次
Nestlist[f,expr,n]	给出 f 对 expr 分别作用 0 到 n 次函数的序列
NIntegrate[f,{x,a,b}]	计算数值积分 $\int_a^b f\mathrm{d}x$
None	选项设置
Normal[expr]	去掉幂级数表达式中的截断误差
NProduct[f_i,{i,i_0,i_1}]	计算连乘积 $\prod_{i=i_0}^{i_1} f_i$ 的数值结果
NSolve[eqns,var]	计算以 var 为变量多项式方程组 eqns 的数值解
NSum[f_i,{i,i_0,i_1}]	计算和式 $\sum_{i=i_0}^{i_1} f_i$ 的数值结果

Null	表示一个表达式或结果不存在
NullSpace[m]	计算矩阵 **m** 的基础解系
Number	表示 Read 语句中的整数或实数
NumberForm[expr,n]	输出 expr 精确到 n 位小数
Numberator[expr]	给出 expr 的分子
Off	关闭信息函数
On	打开信息函数
Options[symbol]	给出符号 symbol 选项的默认值
Options[expr]	给出 expr 的选项设置
Options[expr,{ne1→va1, ne2→va2,…}]	给 expr 设置选项值
OutputForm[expr,n]	每个数占 n 位,不足则填空格
ParametricPlot3D	三维参数绘图函数
ParentDirectory[]	给出进入当前工作目录的目录
Part[expr,k]	给出 expr 的第 k 个分量,k 是负数时为倒数
Partition[list,n]	将 list 分解为不交迭的子列,其长度为 n
PartitionsP[n]	整数 n 的自由划分数 $p(n)$
PartitionsQ[n]	n 的相异部分的划分数 $q(n)$
Pause[n]	至少暂停 n 秒
Permutations[list]	产生 list 中元素的所有可能的排列形式
Plot[f,{x,x_1,x_2}]	二维作图函数
Plot3D[f,{x,x_1,x_2},{y,y_1,y_2}]	三维作图函数
PlotDivision	二维图形选项,画一条光滑曲线需要的最大划分细度
PlotJoined	二维图形选项,规定图中的点是否用折线连接
PlotLabel	二维图形选项,设置图形的名称
PlotPoints	二维图形选项,规定采样点的数目
PlotRange	二维图形选项,规定函数值所在范围
PlotRegion	二维图形选项,规定填充区域的部分
PlotStyle	二维图形选项,设置线条或点的样式
Plus	加法符号(+)的头部和算子名
Point[{x,y}]或 Point[{x,y,z}]	点坐标的位置
PointSize[r]	设置点的大小 r

PolarPlot	极坐标画图命令
PolynomialLCM[poly1,poly2]	计算多项式 poly1 和 poly2 的最小公倍式
PolynomialMod[poly,m]	计算多项式 poly 的 m 模的约化
PolynomialQuotient[p,q,x]	求多项式相除 p/q 的商式
PolynomialRemainder[p,q,x]	求多项式相除 p/q 的余式
PostScript["string"]	输出图形指令
Power	幂次的头部和算子名
PowerExpand[expr]	将 expr$i$ 展开所有积的乘方
Precision[x]	表示数值 x 精度的位置
Prefix[expr]	按前缀形式输出 expr
Print[expr1,expr2]	输出 expr$i$,输出完毕后换行
PrintForm[expr]	按内部格式输出 expr
Product[f_i,{i,i_1,i_2}]	计算连乘积 $\prod_{i=i_1}^{i_2} f_i$
PseudoInverse[A]	求矩阵 $\boldsymbol{A}$ 的伪逆 $\boldsymbol{A}^+$
Put[expr1,expr2,…,"file"]	将 expr$i$ 保存到文件 file 中
PutAppend[expr1,expr2,…,"file"]	将 expr$i$ 添加到文件 file 中
QRDecomposition[A]	将矩阵 $\boldsymbol{A}$ 进行 QR 分解
Quit	终止一个 Mathematica 程序段
Quotient[n,m]	计算 n 和 m 的整数商
Range	生成数值序列
Rational	有理数的说明符,也是有理式的头部
Rationalize[x]	将数 x 转换为有理数
Rationalize[x,dx]	将数 x 转换为在误差 dx 范围内的有理数
Read["file",type]	按指定类型读取文件的一个数据
Readlist["file",type]	从文件 file 中按类型 type 读出数据,再按列的形式显示
Real	实数的说明符和头部
Reduce[eqns,vars]	化简方程 eqns,尽可能解出变量 vars
RenameDirectory["dir1","dir2"]	将目录 dir1 重新命名为 dir2
RenameFile["file1","file2"]	将文件 file1 改名为 file2

Replace[expr,rules]	对表达式 expr 应用规则 rules
ReplaceAll	相当于 expr/. Rules,对表达式 expr 的每个子式应用一个或多个规则
ReplaceRepeated	相当于 expr//. Rules,对表达式 expr 重复使用规则 Rules,直到 expr 不再变化为止
ResetDirectory[ ]	将当前的工作目录重新设置成原来的工作目录
Rest[expr]	将 expr 去掉第一个元素后得到的表达式
Resultant[poly1,poly2,var]	根据变量 var 进行多项式 poly1 与 poly2 的合成
Return[expr]	返回 expr,Return[ ]返回值是 Null
Reverse[expr]	颠倒 expr 中元素的顺序
RGBColor[r,g,b]	设置颜色红、绿、蓝的指令,$0\leqslant r,g,b\leqslant 1$
Root[p,k]	求多项式方程 $p(x)=0$ 的第 k 个根
RotateLeft[expr,n]	将 expr 中的元素依次循环地向左移 n 个位置
RotateRight[expr,n]	将 expr 中的元素依次循环地向右移 n 个位置
RowReduce[A]	将矩阵 **A** 用行的初等变换化为阶梯矩阵
Rule	变换→的标记
RuleDelayed	延迟变换:>的标记
Run[expr1,expr2,…]	生成表达式 expr$i$ 的打印格式
Save["file",s_1,s_2,…]	将符号或定义的函数等内容存入文件 file 中
Scaled[{x,y}]	图形中的相对坐标
Scan[f,expr]	对表达式 expr 的每个元素进行 f 运算
SchurDecomposition[A]	求数值矩阵 **A** 的 Schur 分解
ScientificForm[expr]	用科学记数法输出 expr 的数值
SeedRandom[n]	以整数 n 设置伪随机数发生器
Select[list,cons]	在 list 中选择满足条件 cons 的元素
Series[f,{x,x_0,n}]	将 f 在 $x=x_0$ 处展开,最高次幂为 n 的幂级数
SeriesCoefficient[Ser,n]	求级数 Ser 的第 n 次项系数
SetPrecision[expr,n]	将表达式 expr 中的所有数值量设置为 n 位精度
Shading	画曲面时的选项,规定图形表面是否画阴影
Share[expr]	改变 expr 的内存方式,使所用的内存量最少
Short[expr]	将表达式 expr 输出成不到一行的缩短形式

Short[expr,n]	将表达式 expr 输出成 n 行的形式
Show[gra,opt]	按 opt 设定的选项输出图形 gra
Simplify[expr]	将 expr 化简成含项数最少最简形式
Simplify[expr,assume]	按条件 assume 化简表达式 expr
SingularValues[A]	求矩阵 **A** 的奇异值分解
Solve[eqns,{x_1,x_2,…}]	对变量 $x_1,x_2,\cdots$求方程组 eqns 的精确解
Solve[eqns,{x_1,x_2,…},{y_1,y_2,…}]	消去变量 $y_1,y_2,\cdots$后,对 $x_1,x_2,\cdots$解方程组 eqns
Sort[list]	将表 list 的元素按从大到小的顺序排列
SphericalRegion	三维图形选项,规定是否将图形按比例缩小
Sqrt[x]	求 x 的平方根
String	字符串的头部和说明符
StringJoin["s1","s2",…]	将字符串 s_i 的内容顺序连接起来
StringLength["str"]	计算字符串 str 的字符数目
StringPosition[s,sub]	给出子串 sub 在 s 的位置信息
StyleForm[expr,opt]	按设定的样式选项 opt 输出 expr
Subscript[expr]	将 expr 中的下标输出成下角标的形式
Subscripted[f[r_1,r_2,…]]	将 $r_1,r_2,\cdots$作为 f 的下角标输出
Sum[f_i,{i,i_1,i_2}]	求 f_i 的和 $\sum_{i=i_1}^{i_2} f_i$
Sum[$f_{ij\cdots}$,{i,i_1,i_2,…},{j,j_1,j_2,…},…]	求多重和 $\sum_{i=i_1}^{i_2}\sum_{j=j_1}^{j_2} f_{ij}\cdots$
Superscript[expr]	将 expr 中的上标输出成上角标的形式
SurfaceGraphics[array]	表示一张曲面,由 array 的值确定每个网格点的高度
Symbol	符号的头部
Table	定义表格函数
TableForm[list]	将 list 中的元素按表格形式输出
Take[list,n]/Take[list,−n]	取出 list 中的前/后 n 个元素
Take[list,{m,n}]	取出 list 的第 m 个到第 n 个元素
Together[expr]	求多项式 expr 的公分母的通分形式
ToLowerCase[s]	将 s 的字符全部转换成小写字母
ToUpperCase[s]	将 s 的字符全部转换成大写字母

Tr[A]	求矩阵 **A** 的迹
Tr[A,list]	按列表给出矩阵 **A** 的对角线元素
Trace[expr]	生成 expr 运算过程中出现的所有表达式序列
Traceprint[expr]	输出 expr 运算过程中出现的所有表达式序列
TransPose[list]	互换 list 中的前两个层次，当 list 为矩阵时，则将给出转置矩阵
True	逻辑常量：真
TrueQ[expr]	当 expr 的值是 True 时，其值是 True，否则为 False
Union[list1,list2,…]	取出 $list_i$ 中所有不同元素，再排序
Union[list]	删除 list 中的重复元素
Variables[poly]	给出多项式 poly 中所有的变量
ViewPoint	三维图形选项，设定观察空间图形的视点
Which[s_1,v_1,s_2,v_2,…]	依次测试 s_i，当 s_i 为 True 时执行 v_i
While[test,body]	当 test 为 True 时运行 body，直到 test 不是 True 时为止
With[{x=x_0,y=y_0,…},expr]	规定 expr 中出现的 $x,y,\cdots$ 由 $x_0,y_0,\cdots$ 代替
Write[cha,expr1,expr2,…]	在空行后将表达式 expr$i$ 写入 cha 中，cha 可为一列文件或通道
WriteString[cha,expr1,expr2,…]	将 expr$i$ 转换成字符后顺序写入 cha 中
Xor[e1,e2,…]	逻辑异或，如果 $e_1,e_2,\cdots$ 中有偶数个值为真，其余为假，则 Xor 给出真，否则给出假

附录4 数学实验报告

实验序号： 日期：

班级		姓名		学号	
问题的提出：					
实验目的：					
实验软件版本：					
主要内容(要点)：					

实验过程记录(主要步骤,主要程序及异常情况):
实验结果总结:
思考与深入:
教师评语:
备注:

参考文献

[1] 蔡大用,白峰杉. 现代科学计算[M]. 北京:科学出版社,2000.
[2] 成丽波,蔡志丹,周蕊. 大学数学实验教程[M]. 北京:北京理工大学出版社,2009.
[3] 丁大正. 科学计算强档 Mathematica 教程[M]. 北京:电子工业出版社,2002.
[4] 盛骤,谢式千,潘承毅,等. 概率论与数理统计[M]. 北京:高等教育出版社,1989.
[5] 同济大学数学系. 高等数学[M]. 北京:高等教育出版社,2007.
[6] 徐安农. Mathematica 数学实验[M]. 2 版. 北京:电子工业出版社,2009.
[7] 荀飞. Mathematica 4 实例教程[M]. 北京:中国电力出版社,2000.
[8] 阳明盛,林建华. Mathematica 基础及数学软件[M]. 2 版. 大连:大连理工大学出版社,2006.
[9] 张韵华,王新茂. Mathematica 7 实用教程[M]. 合肥:中国科学技术大学出版社,2011.
[10] 章美月,刘海媛,金花. Mathematica 数学软件及数学实验[M]. 3 版. 徐州:中国矿业大学出版社,2017.
[11] 章美月,刘海媛,金花. 数学软件 Mathematica 及其应用[M]. 徐州:中国矿业大学出版社,2010.